智能制造应用型人才培养系列教程
工业机器人技术

U0734309

工业机器人技术基础

微课版

吴震 陈雪华 / 主编

兰扬 梁兴建 邓玉伦 李能菲 何春林 丁军博 / 副主编

ELECTROMECHANICAL

人民邮电出版社

北 京

图书在版编目（CIP）数据

工业机器人技术基础：微课版 / 吴震，陈雪华主编.
北京：人民邮电出版社，2025. -- （智能制造应用型人才培养系列教程）. -- ISBN 978-7-115-67089-2

Ⅰ. TP242.2

中国国家版本馆 CIP 数据核字第 202506SH37 号

内 容 提 要

本书根据教育部最新的高等职业教育教学改革要求及工业机器人产业的岗位需求，由职业院校骨干教师联合企业技术人员共同编写而成。本书分为 5 个项目，主要内容包括工业机器人基础认知、工业机器人系统组成、工业机器人基本操作、工业机器人基础编程、工业机器人基础维护与维修。

本书采用"纸质教材+数字资源"的方式，配有教、学、做一体化设计的专业教学资源库，内容丰富。书中的知识点与相应数字资源直接对应，有助于激发学生主动学习，提高学习效率。

本书既可作为职业院校工业机器人技术专业以及装备制造大类相关专业的教材，也可作为工程技术人员的参考资料和培训用书。

- ◆ 主　　编　吴　震　陈雪华
　　副主编　兰　扬　梁兴建　邓玉伦　李能菲　何春林　丁军博
　　责任编辑　刘晓东
　　责任印制　王　郁　焦志炜
- ◆ 人民邮电出版社出版发行　　北京市丰台区成寿寺路 11 号
　　邮编　100164　电子邮件　315@ptpress.com.cn
　　网址　https://www.ptpress.com.cn
　　北京市艺辉印刷有限公司印刷
- ◆ 开本：787×1092　1/16
　　印张：13.75　　　　　　　　　　2025 年 8 月第 1 版
　　字数：325 千字　　　　　　　　2025 年 8 月北京第 1 次印刷

定价：56.00 元

读者服务热线：(010)81055256　印装质量热线：(010)81055316
反盗版热线：(010)81055315

　　工业机器人技术的发展及应用程度是国家制造业水平的重要体现。目前我国正处于产业结构调整和升级的关键时期，同时随着经济的迅猛发展，广阔的国内应用市场为工业机器人的发展提供了巨大的机遇，应用前景非常乐观，但工业机器人的人才缺口也非常大。本书主要讲解工业机器人技术的基础知识，是工业机器人技术及相关专业的一门前导性专业基础课程。本书以介绍工业机器人基础知识，详细介绍工业机器人技术参数、工业机器人运动学和动力学基础知识、工业机器人各系统组成、工业机器人基本操作和基础编程、工业机器人基本系统维护与维修等内容。

　　本书以工业机器人的核心基础知识、基本操作和基础编程为导向，采用项目教学的方式编写内容，站在初学者的角度科学、合理地将内容结合起来。每个任务由任务描述、任务目标、思维导图、相关知识、任务考核与评价、任务思考组成。任务描述简要介绍工程实践中与任务相关的工程实例及问题；任务目标主要针对学习后获得的知识、技能以及职业素养等进行简单概括；思维导图展示任务主要内容；相关知识针对完成项目任务需要掌握的重点理论知识进行介绍；任务考核与评价对学习者的学习过程及学习结果进行评价，旨在检测学习效果；任务思考用于学习后对任务中的重要知识进行复习或拓展学习。每个项目还包括项目总结和思考与练习，项目总结主要围绕项目中重要的理论知识、实践技能和职业素养展开；思考与练习针对项目中的重要知识点，编者精心筛选适量的习题，供学习者检测学习效果。

　　本书的参考学时为 54~64 学时，建议采用理论实践一体化教学模式，各项目的参考学时见下面的学时分配表。

学时分配表

项　目	课　程　内　容	学　时
项目 1	工业机器人基础认知	10~12
项目 2	工业机器人系统组成	8~10
项目 3	工业机器人基本操作	14~16
项目 4	工业机器人基础编程	12~14
项目 5	工业机器人基础维护与维修	10~12
学时总计		54~64

　　本书由重庆工商职业学院吴震、陈雪华任主编，重庆工商职业学院兰扬、重庆市渝北职业教育中心梁兴建、重庆市育才职业教育中心邓玉伦、安徽职业技术学院李能菲、重庆市南川隆化职业中学校何春林、北京华航唯实机器人科技股份有限公司丁军博任副主编。其中项目 1、项目 2由吴震和陈雪华编写，项目 3 由兰扬编写，项目 4 的任务 4.1 由李能菲编写、任务 4.2 由邓玉伦和丁军博编写，项目 5 的任务 5.1 由何春林和吴震编写、任务 5.2 由梁兴建和吴震编写。吴震负

责全书统稿。在本书编写过程中，中国四联仪器仪表集团有限公司、重庆长安汽车股份有限公司和北京华航唯实机器人科技股份有限公司提供了技术支持，在此表示感谢。

由于编者的水平和经验有限，书中难免存在不足或疏漏之处，敬请读者批评指正。

编　者

2025 年 5 月

目　录

| 任务 1.1　工业机器人的定义、特点及发展 |

任务描述

随着科学技术的进步，人类的体力劳动已逐渐被各种机械所取代。工业机器人作为第三次工业革命的重要切入点，即将改变现有工业生产的模式，提升工业生产的效率。

在新时代，我国与世界各国的互联互通迈入新阶段，深刻认识我国与世界协同发展和互动交流的实现方式与运行机制，对于我国及世界各国的持续健康发展都具有全局性价值和战略性意义。运用习近平新时代中国特色社会主义思想认识我国与世界，必须善于从全局和国际战略的高度审视和分析问题，以全球化视野和开放性思维寻求解决问题的最佳方案。

工业机器人是一门多学科交叉的综合学科，涉及机械、电子、运动控制、传感检测、计算机技术等方面，它不是现有机械、电子等技术简单组合的结果，而是这些技术有机融合后所得的一体化装置。

目前，工业机器人技术的应用非常广泛，上至航天探索，下到深海作业，各行各业都离不开工业机器人的支持。工业机器人的应用程度是衡量国家工业自动化水平的重要标志。

任务目标

知识目标

（1）了解工业机器人的定义。

（2）了解工业机器人的发展趋势。

能力目标

（1）能大致介绍国内外工业机器人的发展状况。

（2）能描述工业机器人的定义和特点。

素质目标

（1）具备诚信、友善的社会主义核心价值观。

（2）具备吃苦耐劳、爱岗敬业的职业素养。

（3）具备自主学习、勇于创新的工匠精神。

思维导图

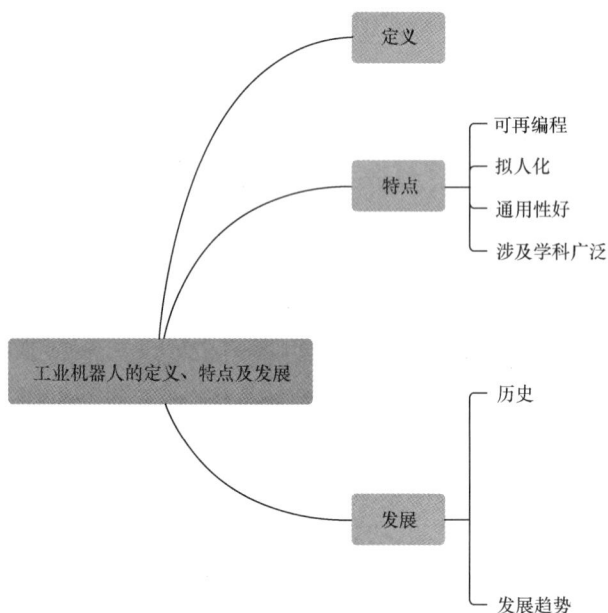

相关知识

我们常在影视剧或新闻中见到机器人，有些外形酷似人类，有些则与人类形态迥异。那么，什么样的机器人才是工业机器人？工业机器人有什么特殊之处？工业机器人又是由谁发明的？

1.1.1　工业机器人的定义与特点

国际上对工业机器人的定义广泛。

美国机器人工业协会（Robotic Industries Association，RIA）对工业机器人的定义为："工业机器人是用来搬运材料、零件、工具等可再编程的多功能机械手，或通过不同程序的调用来完成各种工作任务的特种装置。"

英国机器人协会也采用了相似的定义。

日本工业机器人协会（Japan Industry Robot Association，JIRA）对工业机器人的定义为："工业机器人是一种装备有记忆装置和末端执行器的，能够转动并通过自动完成各种移动来代替人类劳动的通用机器。"

国际标准化组织（International Organization for Standardization，ISO）曾于 1987 年对工

微课

工业机器人的
定义与特点

业机器人进行定义："工业机器人是一种具有自动控制操作和移动功能的，能够完成各种作业的可编程操作机。"

ISO 8373 对工业机器人作出了更具体的解释："工业机器人具备自动控制及可再编程、多用途等功能。工业机器人操作机具有 3 根或 3 根以上的可编程轴。在工业自动化应用中，工业机器人的底座可固定也可移动。"

在我国 1989 年的工业机器人相关国家标准草案中，工业机器人被定义为："一种自动定位控制，可重复编程的、多功能的、多自由度的操作机。"而操作机被定义为："具有和人手臂相似的动作功能，可在空间抓取物体或进行其他操作的机械装置。"

工业机器人有以下几个显著特点。

（1）可再编程。生成自动化的进一步发展是柔性自动化。工业机器人可为了满足随工作环境变化的需求而再编程，因此它在小批量、多品种、均衡、高效的柔性制造过程中能发挥明显优势，是柔性制造系统中的一个重要组成部分。

（2）拟人化。工业机器人在机械结构上有类似人类的行走、腰转、大臂、小臂、手腕、手爪等部分，由计算机对各部分进行控制。此外，智能化工业机器人还有许多类似人类感官的"生物传感器"，如皮肤型接触传感器、力传感器、负载传感器、视觉传感器、声觉传感器等。传感器提高了工业机器人对周围环境的自适应能力。

（3）通用性好。除专门设计的专用的工业机器人外，一般工业机器人在执行不同的任务时具有较好的通用性。例如，更换工业机器人末端执行器（手爪、工具等）便可使其执行不同的任务。

（4）涉及学科广泛。工业机器人技术的核心可归纳为机械技术和微电子技术的融合，即机电一体化技术。第三代智能机器人不仅具有用于获取外部环境信息的各种传感器，而且具有记忆能力、语言理解能力、图像识别能力、推理判断能力等，这些都体现了微电子技术的应用，并且与计算机技术的应用密切相关。因此，机器人技术的发展和应用程度也可以验证国家科学技术和工业技术的发展水平。

1.1.2　工业机器人的发展

1. 全球机器人的发展状况

1954 年，美国的戴沃尔最早提出了工业机器人的概念，借助伺服控制系统驱动机器人的关节，由操作员对机器人进行动作示教，机器人能实现动作的记录和再现。这就是所谓的示教再现机器人。

1958 年，被誉为"工业机器人之父"的 Joseph F.Engelberger（约瑟夫·恩格尔伯格）创立了世界上第一家机器人公司——Unimation 公司，并参与设计了第一台 Unimate 机器人。

1962 年，美国机械与铸造（American Machine and Foundry，AMF）公司也开始研制工业机器人，设计出了 Verstran 机器人。它主要用于机器之间的物料运输，采用液压驱动，其手臂不仅可以绕底座回转，沿垂直方向升降，也可以沿半径方向伸缩。

一般认为，Unimate 机器人和 Verstran 机器人是世界上最早的工业机器人，这两种工业机器人的控制方式与数控机床大致相似，但外形特征迥异，主要由类似人的手和臂组成。

全球工业机器人的需求市场主要集中在制造业规模大、自动化水平相对较高的国家，目前全球 70% 以上的工业机器人部署在中国、日本、美国、韩国和德国。2022 年，这五大市场工业机器人销量占全球的 79.1%。国际机器人联合会的报告显示，2022 年度全球工厂中新安装工业机器人数量为 55.3 万台，其中亚洲占 73%，欧洲占 15%， 美洲占 10%。

国际机器人联合会的报告指出："在数字技术进步的推动下，机器人供应商和系统集成商提供新的应用程序并改进现有应用程序的速度和质量，互联机器人正在改变制造业，机器人将越来越多地作为互联数字生态系统的一部分运行。"

2．我国工业机器人的发展状况

我国于 1972 年开始研制工业机器人。

20 世纪 80 年代后，国家投入资金，对机器人及其零部件进行攻关，完成了示教再现型工业机器人成套技术的开发，研制出了喷涂、电焊、弧焊和搬运机器人。"863 计划"实施后，我国又成功研制了一批特种机器人。

从 20 世纪 90 年代初期起，我国先后研制出了点焊、弧焊、装配、喷漆、切割、搬运、包装、码垛等各种用途的工业机器人，并实施了一批机器人应用工程，形成了一批机器人产业化基地，为我国机器人产业的腾飞奠定了基础。

虽然我国工业机器人起步较晚，但国家的重视程度和支持力度不断加大，发展态势十分迅猛。数据显示，我国连续多年成为全球最大的工业机器人应用国。2022 年，我国工业机器人产量达到 44.3 万套，同比增长超过 20%，装机量占全球比重超过 50%。

与此同时，高速发展的过程中，工业机器人也面临如何从有到优、从量到质的跨越提升：核心零部件的国产化已经实现了突破，但在关键基础零部件的稳定性与可靠性，以及高端整机产品方面仍与发达国家存在差距；挤进工业机器人赛道的企业数量不断增长，同时也带来了产品同质化和低端竞争现象；在品牌影响力上，多年以来市场仍由国外的"四大家族"（发那科、安川电机、库卡和 ABB）主导，国内企业在突破中低端市场，扩大市场份额，提高综合竞争力方面仍有很大的上升空间。

3．发展趋势

工业机器人在许多生产领域的应用实践证明，它在提高生产自动化水平，提高劳动生产率、产品质量及经济效益，改善工人劳动条件等方面，有着举足轻重的地位。随着科学技术的进步，机器人产业必将得到更加快速的发展，工业机器人将得到更加广泛的应用。

（1）技术发展趋势

在技术发展方面，工业机器人正向结构轻量化、智能化、模块化和系统化的方向发展，未来其主要的发展趋势如下。

① 机器人结构的模块化和可重构化。

② 控制技术的高性能化、网络化。

③ 控制软件架构的开放化、高级语言化。

④ 伺服驱动技术的高集成度和一体化。

⑤ 多传感器融合技术的集成化和智能化。

⑥ 人机交互界面的简单化、协同化。

（2）应用发展趋势

自工业机器人诞生以来，汽车行业一直是其应用的主要领域。近年来，全球工业机器人的需求半数以上来自汽车行业和电子电气行业。此外，工业机器人也大量应用于食品、医药等行业的生产线上，通过提高生产效率和准确性，帮助企业降低成本、提升竞争力。

（3）产业发展趋势

近年来，随着工业自动化需求持续增长，全球工业机器人销量和销售额不断提升。国际机器人联合会发布的《2023世界机器人报告》显示，2022年全球工业机器人销量连续两年突破50万台，同比增长5%。中国是全球最大的机器人市场，2022年中国市场工业机器人销量占全球一半以上。

任务考核与评价

以国内或国外某工业机器人品牌为例，描述其特点及发展。本任务的考核与评价细则如表1-1所示。

表 1-1　　　　　　　　　　考核与评价细则

姓名		学号		班级		
实操用时		成绩		教师签字		
	任务要点	评分标准			配分	得分
任务模块考核	描述选定的工业机器人的特点及发展	选定一个工业机器人品牌			10	
		归纳并总结其特点			30	
		归纳并总结其发展历程			40	
职业素养考核	素养意识	具备爱岗敬业、团队协作的意识			5	
		具备自主学习、吃苦耐劳的意识			5	
	实训报告	撰写认真、规范			10	
	总得分				100	

任务思考

（1）查阅资料，归纳并总结我国工业机器人的发展历程。

（2）查阅资料，归纳并总结我国工业机器人的优势和劣势。

| 任务 1.2　工业机器人的分类及技术参数 |

任务描述

关于工业机器人的分类，国际上没有制定统一的标准，有的按负载质量分，有的按控制方式分，有的按自由度分，有的按结构分，还有的按应用分。例如，机器人首先在制造业被大规模使用，所以机器人曾被简单地分为两类，即用于汽车制造、3C、机床制造等领域的机器人被称为工业机器人，其他的机器人被称为特种机器人。随着机器人应用的日益普及，这种分类方式显得过于笼统。目前除制造业领域外，机器人已经广泛应用于农业、建筑、医疗、服务、娱乐，以及空间和水下探索等领域。依据具体应用领域的不同，工业机器人又可分为物流机器人、码垛机器人、服务机器人等搬运型机器人和焊接机器人、车铣机器人、修磨机器人、注塑机器人等加工型机器人。可见，工业机器人的分类方法和标准很多，本任务主要介绍4种工业机器人的分类方法。

任务目标

知识目标

（1）熟悉常见的工业机器人类型及其行业应用。
（2）熟悉工业机器人技术的相关术语。
（3）理解工业机器人技术参数的具体含义。

能力目标

（1）能区分不同类型的工业机器人的特征。
（2）能准确理解工业机器人技术参数的具体含义。

素质目标

（1）具备诚信、友善的社会主义核心价值观。
（2）具备吃苦耐劳、爱岗敬业的职业素养。
（3）具备自主学习、勇于创新的工匠精神。

思维导图

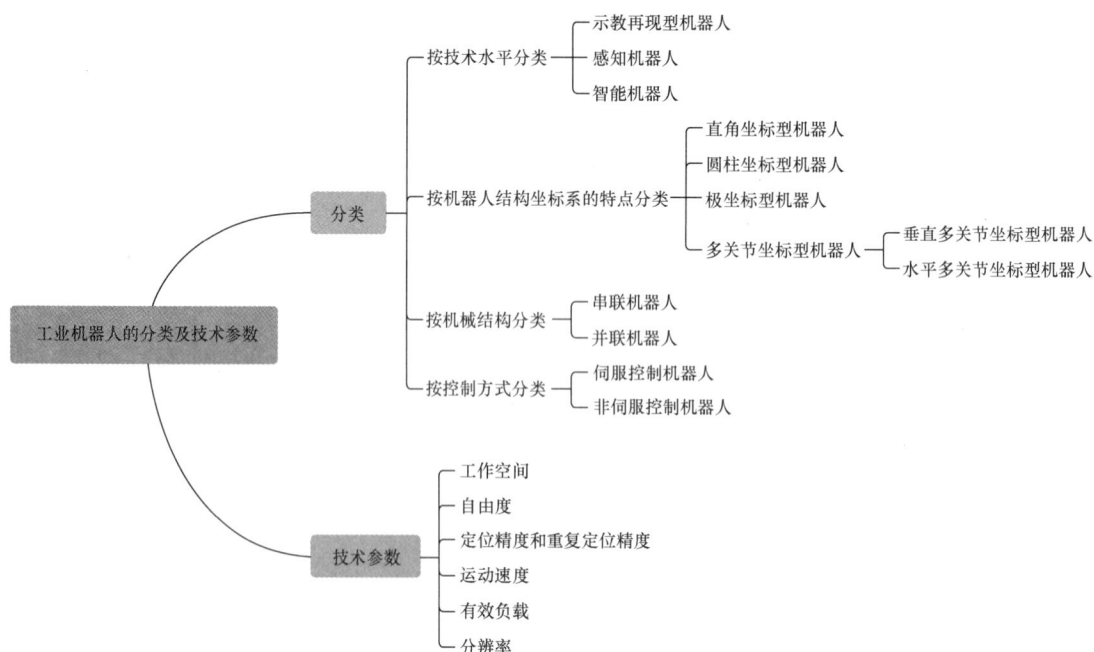

相关知识

工业机器人的种类很多，虽然工作方式、工作环境、工作时间等不同，但它们的基本结构是相同的，需要研究的参数也是一样的。

1.2.1 工业机器人的分类

1.按技术水平分类

（1）示教再现型机器人

第一代工业机器人是示教再现型机器人，具有记忆能力。这类机器人能够按照人类预先示教的轨迹、行为、顺序和速度等重复作业。一种示教方式是由操作员手把手示教，比如操作人员握住机器人上的雕刻工具，沿雕刻路线示范一遍，机器人记住这一连串运动，工作时自动重复这些运动，从而完成指定位置的雕刻工作。另一种比较普遍的示教方式是通过示教器进行，操作人员利用示教器上的开关或按键来控制机器人一步一步地运动，机器人自动记录这些运动并重复。目前，绝大部分应用中的工业机器人均属于这一类。这类机器人的缺点是操作人员的水平影响工作质量。

（2）感知机器人

第二代工业机器人（感知机器人）具有环境感知装置，对外界环境有一定的感知能力，并具有听觉、视觉、触觉等。感知机器人工作时，可根据"感觉器官"（传感器）获得的信息，灵活调整自己的工作状态，保证在适应环境的情况下完成工作。

目前，该类机器人已进入应用阶段。例如，具有触觉的机械手可轻松地抓取皮球，具有嗅觉的机器人能分辨出不同的饮料等，如图 1-1 所示。

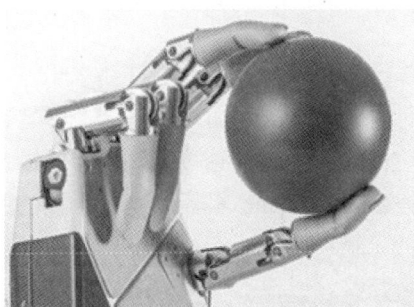

(a) 具有触觉的机械手   (b) 具有嗅觉的机器人

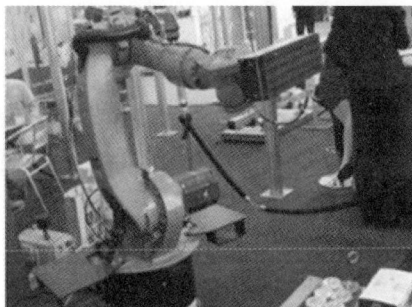

图 1-1 感知机器人

（3）智能机器人

第三代工业机器人称为智能机器人，如图 1-2、图 1-3 所示，其具有高度的适应性，具备自行学习、推理、决策等功能，尚处在研究阶段。

图 1-2 智能机器人示例 1   图 1-3 智能机器人示例 2

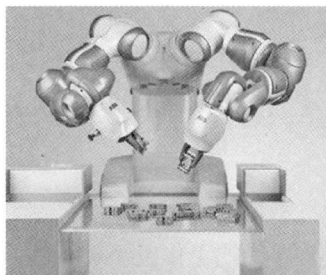

2．按机器人结构坐标系的特点分类

按机器人结构坐标系的特点，工业机器人主要分为直角坐标型机器人、圆柱坐标型机器人、极坐标型机器人、多关节坐标型机器人等。

（1）直角坐标型机器人

直角坐标型机器人的手部在空间3个相互垂直的 x、y、z 轴方向移动，构成一个直角坐标系，3个方向的运动是独立的（有3个独立自由度），其工作空间为长方体。如图1-4所示，其特点是易控制，运动直观性强，易达到高精度，但操作灵活性差，运动的速度较低，工作空间较小且所占空间相对较大。

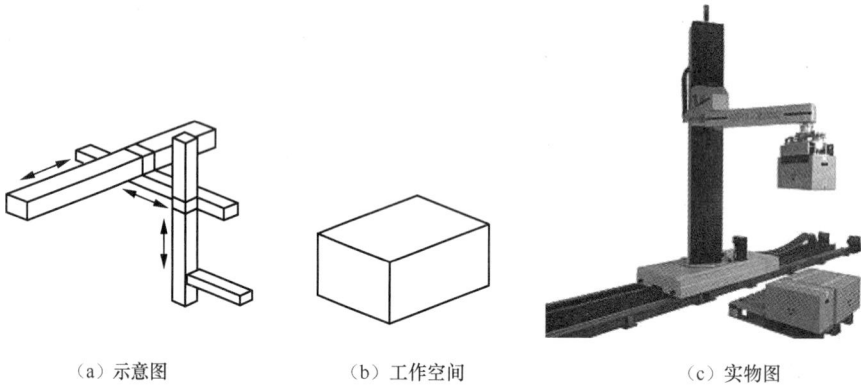

（a）示意图　　　　　　　（b）工作空间　　　　　　　（c）实物图

图1-4　直角坐标型机器人

（2）圆柱坐标型机器人

圆柱坐标型机器人的机座上具有一个水平转台，在转台上装有立柱和水平臂，水平臂能上下移动和前后伸缩，并能绕立柱旋转，在空间构成部分圆柱面（具有一个回转自由度和两个平移自由度）。如图1-5所示，其特点是工作空间较大，运动速度较高，但随着水平臂沿水平方向伸长，其线位移的分辨精度越来越低。著名的 Verstran 机器人就是典型的圆柱坐标型机器人。

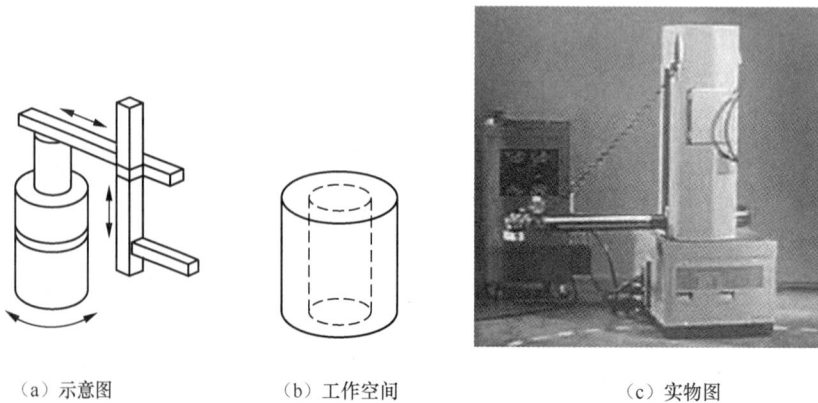

（a）示意图　　　　　　　（b）工作空间　　　　　　　（c）实物图

图1-5　圆柱坐标型机器人

（3）极坐标型机器人

极坐标型机器人的工作臂不仅可绕垂直轴旋转，还可绕水平轴做俯仰运动，且能沿工作臂轴线做伸缩运动（有旋转自由度、摆动自由度和平移自由度3个自由度）。如图1-6所示，

著名的 Unimate 机器人就是极坐标型机器人，其特点是结构紧凑，所占空间体积小于直角坐标型机器人和圆柱坐标型机器人，但仍大于多关节坐标型机器人，其操作比圆柱坐标型机器人更为灵活。

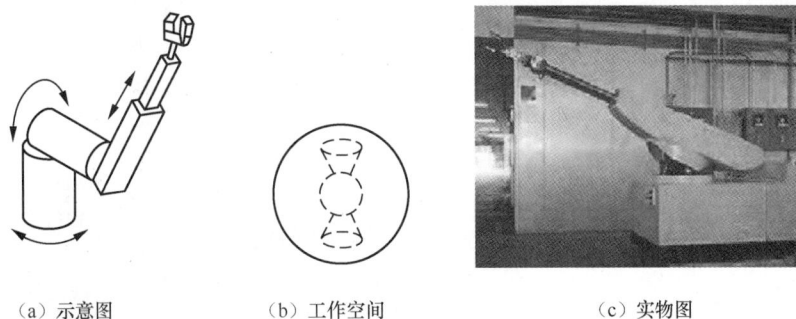

| （a）示意图 | （b）工作空间 | （c）实物图 |

图 1-6　极坐标型机器人

（4）多关节坐标型机器人

多关节坐标型机器人由多个旋转机构和摆动机构组合而成，其特点是操作灵活性较好，运动速度较高，操作范围大，但因精度受臂部位姿的影响，不易实现高精度运动。多关节坐标型机器人对喷涂、装配、焊接等多种作业都有良好的适应性，应用范围越来越广。不少著名的机器人采用了这种形式，其摆动方向主要有垂直方向和水平方向两种。因此，这类机器人又可分为垂直多关节坐标型机器人和水平多关节坐标型机器人。例如，美国 Unimation 公司 20 世纪 70 年代末推出的 PUMA 机器人就是一种垂直多关节坐标型机器人，日本山梨大学研制的 SCARA 机器人则是一种典型的水平多关节坐标型机器人。目前世界工业界装机最多的多关节坐标型机器人是串联关节型垂直 6 轴机器人和 SCARA 型 4 轴机器人。

① 垂直多关节坐标型机器人：如图 1-7 所示，其操作机由多个关节连接的机座、臂部、腕部、手部、小臂和手腕等构成，臂部既可在垂直于机座的平面内运动，也可实现绕垂直轴的转动，模拟了人类手臂的功能，腕部通常有 2～3 个自由度。其工作空间近似一个球体，所以也称为多关节球面机器人。其优点是能自由地在三维空间变换各种姿态，生成各种形状复杂的轨迹。相对于机器人的安装面积，其动作范围较宽。其缺点是结构刚度较小，动作的绝对位置精度较低。

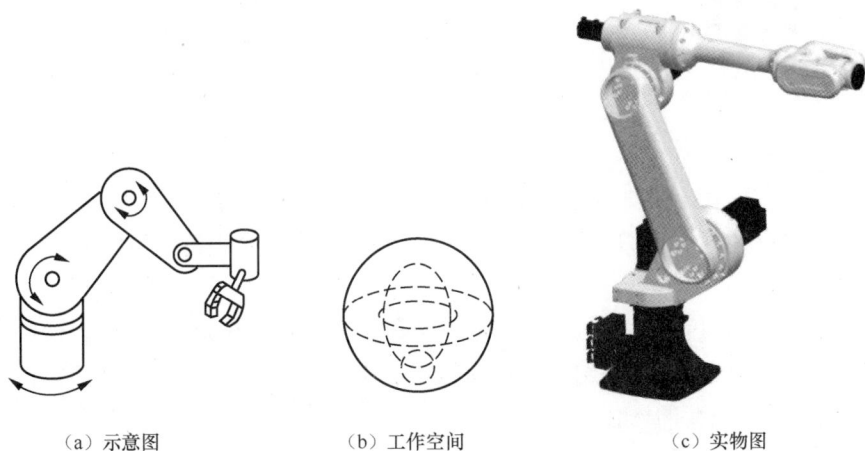

| （a）示意图 | （b）工作空间 | （c）实物图 |

图 1-7　垂直多关节坐标型机器人

② 水平多关节坐标型机器人：如图 1-8 所示，水平多关节坐标型机器人在结构上具有采用串联配置的两条能够在水平面内旋转的臂部，可以根据用途选择 2～4 个自由度，工作空间为圆柱体。其优点是在垂直方向上的刚性好，能方便地完成在二维平面上的动作，在装配作业中得到普遍应用。

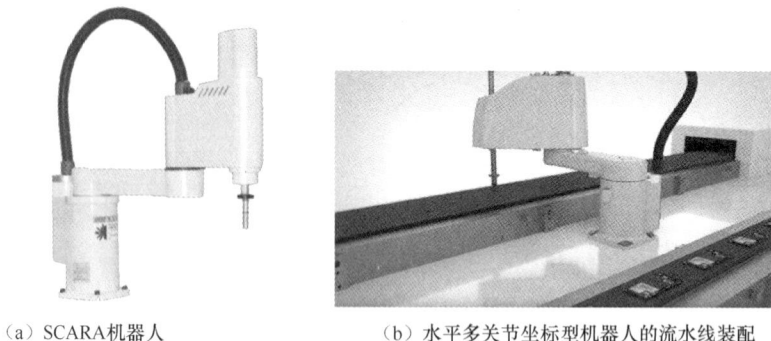

（a）SCARA机器人　　　　　　（b）水平多关节坐标型机器人的流水线装配

图 1-8　水平多关节坐标型机器人

3．按机械结构分类

工业机器人按机械结构的不同，可分为串联机器人和并联机器人。串联机器人（见图 1-9）的特点是一根轴运动会改变另一根轴的坐标原点；并联机器人（见图 1-10）采用并联机构，一根轴运动不会改变另一根轴的坐标原点。

图 1-9　串联机器人　　　　　　　　图 1-10　并联机器人

（1）串联机器人

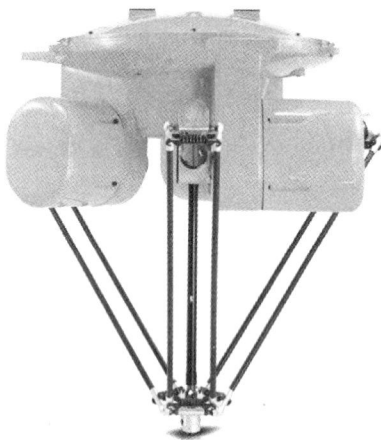

串联机器人的自由度比并联机器人的多，通过计算机控制系统，可实现复杂的空间作业运动。串联机器人结构简单、易于控制、成本低、工作空间大，是当前应用较多的机器人。

（2）并联机器人

并联机器人具有刚度大、结构稳定、运动负荷小等特点。在位置求解上，串联结构的正解容易，但反解十分困难；并联结构的正解困难，反解却十分容易。并联机器人非常适用于高速度、高精度或高负荷的场合。

4．按控制方式分类

按控制方式的不同，工业机器人可分为伺服控制机器人和非伺服控制机器人两种。

（1）伺服控制机器人

伺服控制机器人的控制方式可分为连续控制和点位（点到点）控制两种。无论使用哪一种控制方式，都要对位置和速度的信息进行连续监测，并将信息反馈到与机器人各关节有关的控制系统中，因此各轴都是闭环控制的。闭环控制的应用，使机器人的构件能按照指令移动到各轴行程范围内的任何位置。

伺服控制机器人主要具有以下几个特点。

① 记忆存储容量较大。

② 价格贵，可靠性稍差。

③ 机械手端部可按 3 种不同类型的运动方式移动，即点到点移动、直线移动和连续轨迹移动。

④ 在机械允许的极限范围内，位置精度可通过调节伺服回路中相应放大器的增益加以调整。

⑤ 一般通过示教模式进行编程。

⑥ 机器人的几根轴之间的"协同运动"一般可在小型计算机或微型计算机的控制下自动进行。

（2）非伺服控制机器人

从控制的角度来看，非伺服控制是较简单的控制形式。非伺服控制机器人又称为端点机器人或开关式机器人。非伺服控制机器人的每根轴只有两个位置，即起始位置和终止位置。轴开始运动后会一直保持运动，只有当碰到适当的定位挡块时才会停止，运动过程中没有监测。因此，这类机器人处于开环控制状态。

非伺服控制机器人主要具有以下几个特点。

① 臂的尺寸小且轴的驱动器提供的是满动力，速度相对较快。

② 价格低廉，工作稳定，易于操作和维修。

③ 工作重复性为 ± 0.254 mm，即工作时返回同一点的误差为 ± 0.254 mm。

④ 在定位和编程方面的灵活性有限。

1.2.2　工业机器人的技术参数

工业机器人的技术参数是各工业机器人制造商在供货时所提供的技术数据，以 ABB 公司的 IRB 1100-4/0.47 型机器人为例，其部分技术参数如表 1-2 所示。

表 1-2　　　　ABB 公司 IRB 1100-4/0.47 型机器人的部分技术参数

分类	说明	分类	说明
型号	IRB 1100-4/0.47	工作范围	0.475 m
有效负载	4 kg	机械臂负载	0.5 kg
轴数量	6 根	重复定位精度	± 0.08 mm
安装方式	任意角度	防护等级	IP40
集成信号和电源	手腕上 8 路信号	控制器	OmniCore
集成以太网	1 Gbit/s 端口	集成气源	外臂上 4 路气源
重量	20.5 kg	机器人底座尺寸	160 mm×160 mm

续表

轴运动	运动工作范围	轴最高速度
Axis1 旋转	+230°至−230°	460°/s
Axis2 臂转	+113°至−115°	380°/s
Axis3 臂转	+55 至−205°	280°/s
Axis4 腕摆	+230°至−230°	560°/s
Axis5 弯曲	+120°至−125°	420°/s
Axis6 翻转	+400°至−400°	750°/s
工作空间图例		

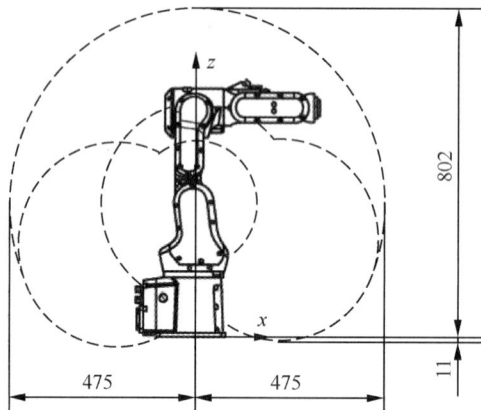

1．工作空间

工作空间又称工作范围或工作区域，指机器人腕部参考点或末端执行器安装点（不包括末端执行器）所能到达的所有空间区域。因为末端执行器的形状和尺寸存在多样性，为准确表征机器人本体的技术参数，工作空间一般不包括末端执行器本身所能到达的区域，如图1-11所示。工作空间的形状和大小反映了机器人工作能力的强弱。

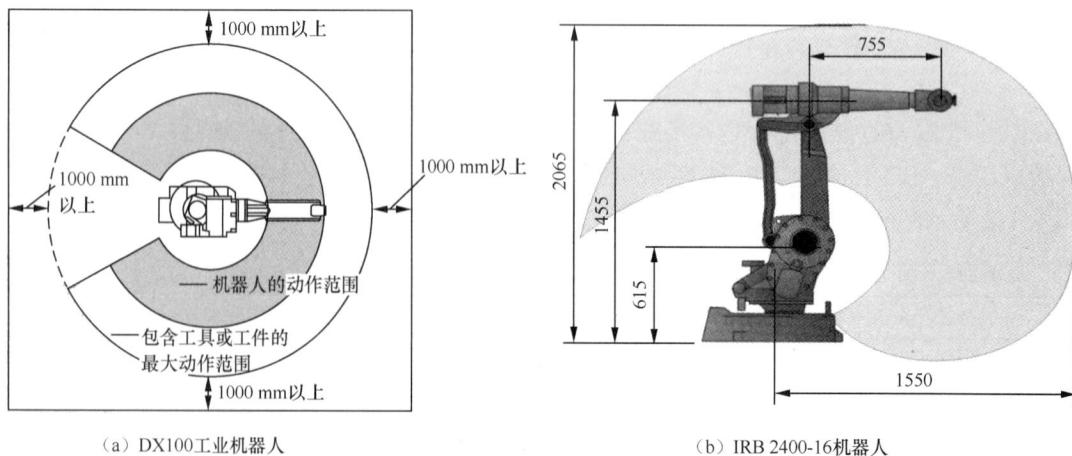

（a）DX100工业机器人

（b）IRB 2400-16机器人

图1-11　工业机器人的工作空间

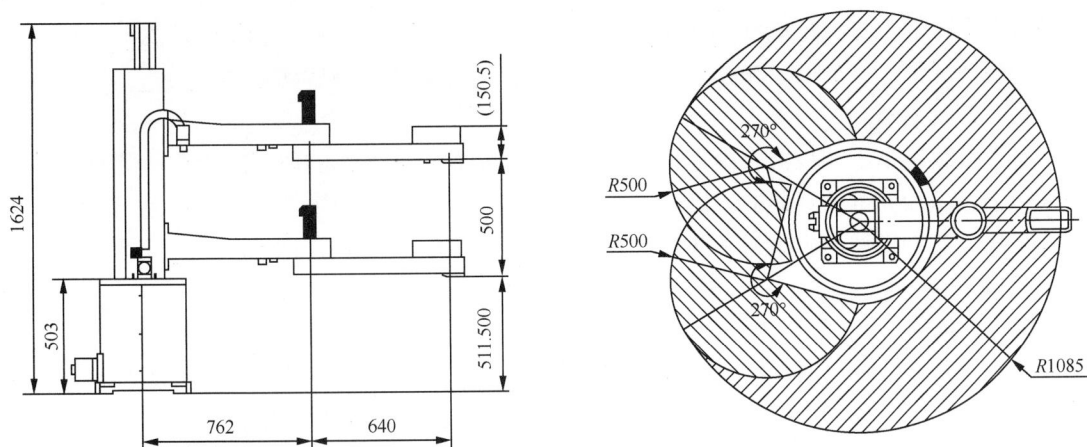

（c）类SCARA机器人

图 1-11　工业机器人的工作空间（续）

2．自由度

自由度是指机器人在空间中运动所需的变量数，用于表示机器人动作灵活程度的参数，一般以沿轴线移动和绕轴线转动的独立运动的数目来表示。

描述一个物体在三维空间内的位姿需要 6 个自由度（3 个转动自由度和 3 个移动自由度）。但是，工业机器人一般为开式连杆机构，即每个关节运动副只有一个自由度，因此一般工业机器人的自由度等于其关节数。机器人的自由度越多，功能就越强，当前工业机器人通常具有 4～6 个自由度。当机器人的关节数（自由度）增加到对末端执行器的定向和定位不再起作用时，便出现了冗余自由度。冗余自由度的出现提高了机器人工作的灵活性，但也使控制变得更加复杂。

3．定位精度和重复定位精度

定位精度是指工业机器人末端执行器的实际到达位置与目标位置之间的差值，如图 1-12 所示。重复定位精度是指工业机器人将其末端执行器重复定位于同一目标位置的能力，可以用标准偏差这个统计量来表示，它用于衡量误差值的密集度（重复度），如图 1-13 所示。一般情况下，重复定位精度是呈正态分布的，描述方式：如 ±0.08 mm。

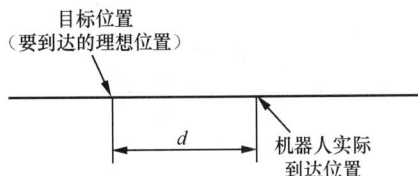

图 1-12　定位精度

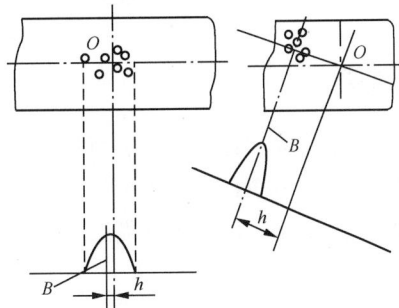

图 1-13　重复定位精度

4．运动速度

运动速度会影响工业机器人的工作效率和运动周期，它与工业机器人所承受的载荷和位置精度均有密切的关系。运动速度提高，工业机器人所承受的运动载荷会增大，加减速时所承受的惯性力也会增大，这会影响工业机器人的工作平稳性和位置精度。以目前的技术水平而言，一般工业机器人的最高直线运动速度在 1000 mm/s 以下，最高旋转速度一般不超过 120°/s。

一般情况下，生产商会在技术参数中标明出厂机器人的最高运动速度。

5. 有效负载

有效负载是指工业机器人操作机在工作时臂端能搬运的物体的质量或所能承受的力或力矩，用于表示操作机的负荷能力。若工业机器人将目标工件从一个工位搬运到另一个工位，则其工作负荷为工件的质量与工业机器人末端执行器的质量之和。目前，工业机器人的有效负载范围为 0.5～800 kg。

6. 分辨率

分辨率是指能够由末端执行器完成的最小增量距离。在由传感器控制的机器人运动和精确定位的过程中，分辨率是非常重要的。尽管大多数制造商会依据关节位置编码器的分辨率或伺服电动机和传动装置的步长来计算系统的分辨率，但这其实是一种误导，因为摩擦、扭曲、齿隙游移和运动配置等都会影响系统的分辨率。多节点串联连接机械臂的分辨率不如其单个关节的分辨率。

任务考核与评价

以国内外某一种型号的工业机器人为例，按任务所述分类方法对其进行详细归类，并写出其技术参数。考核与评价细则如表 1-3 所示。

表 1-3　　　　　　　　　　　　　　考核与评价细则

姓名		学号		班级		
实操用时		成绩		教师签字		
	任务要点	评分标准			配分	得分
任务模块考核	以国内外某一种型号的工业机器人为例，对其进行详细归类，并写出其技术参数	选择国内外某种型号的工业机器人			10	
		对该型号工业机器人进行详细归类			25	
		写出该型号工业机器人的技术参数			45	
职业素养考核	素养意识	具备爱岗敬业、团队协作的意识			5	
		具备自主学习、吃苦耐劳的意识			5	
	实训报告	撰写认真、规范			10	
总得分					100	

任务思考

（1）工业机器人的分类方法有哪几种？各有什么特点？

（2）什么是 SCARA 机器人？其在应用上有何特点？

（3）并联机器人有哪些特点？它适用于哪些场合？

| 任务 1.3　工业机器人的典型应用 |

任务描述

党的二十大报告在强调加快实施创新驱动发展战略时指出，加快实现高水平科技自立自强，以国家战略需求为导向，集聚力量进行原创性引领性科技攻关，坚决打赢关键核心技术攻坚战。在激烈的国际竞争中，科技创新已经成为影响综合国力的决定性因素。

工业机器人技术在许多行业得到了广泛的应用。在设计工业机器人应用系统时，除要考虑工业机器人本体外，还应该根据不同的应用需求，选用相应的外围设备。

以典型的工业机器人应用系统为例，在进行喷涂作业之前，需要为喷涂机器人工作站配备喷枪、相关喷涂装置、传送带、工件检测装置等设备；在进行弧焊作业之前，需要为弧焊机器人工作站配备焊枪、焊丝进给装置、相关弧焊装置、气体检测装置等设备。

任务目标

知识目标

（1）熟悉常用的工业机器人外围设备。

（2）了解焊接机器人、装配机器人、搬运机器人和喷涂机器人等的应用领域。

能力目标

（1）能根据项目的需求初步选择合适的工业机器人。

（2）能为焊接机器人、装配机器人等选择合适的外围设备。

素质目标

（1）具备诚信、友善的社会主义核心价值观。

（2）具备吃苦耐劳、爱岗敬业的职业素养。

（3）具备自主学习、勇于创新的工匠精神。

思维导图

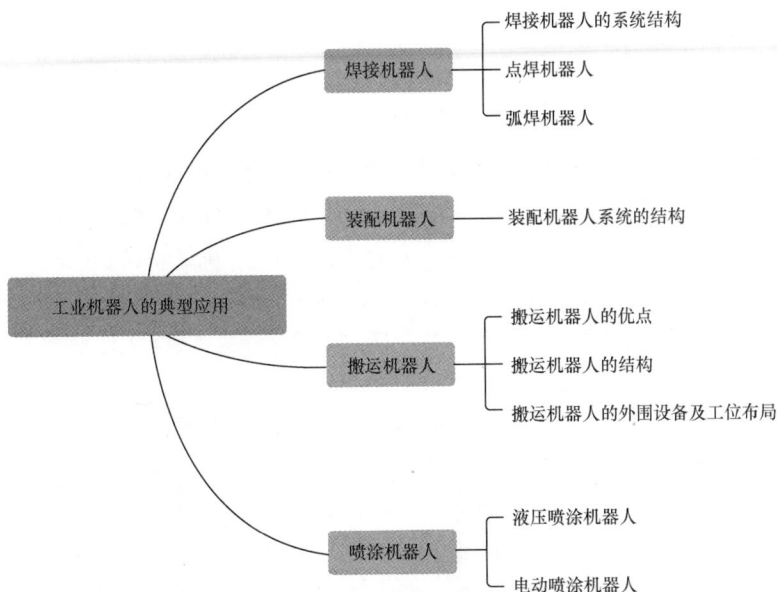

相关知识

工业机器人广泛服务于国民经济的各个领域，从简单的单机器人系统（如机械手），到复杂的多机器人系统（如机器人工作单元、装配线等），它可以高耐力、高速度和高精度地完成任务。随着机器人技术的不断发展，可以预见的是机器人的应用领域将进一步扩大。

1.3.1　焊接机器人

焊接机器人是指能将焊接工具按要求送到预定的空间位置，按要求的轨迹及速度移动焊接工具的工业机器人，分为点焊机器人与弧焊机器人两种。使用机器人进行焊接作业，可以保证焊接的一致性和稳定性，有效避免人为因素导致的波动，提高产品质量。此外，工人可以远离焊接场地，减少了有害烟尘对工人的侵害，改善了劳动条件，也降低了劳动强度。同时采用机器人工作站，多工位并行作业，可以提高生产效率。

微课
焊接机器人

1. 焊接机器人的系统结构

焊接机器人一般由机械手、变位机、机器人控制器、焊接系统（专用焊接电源、焊枪或焊钳等）、焊接传感器、中央控制计算机和相应的安全设备等组成，其系统结构如图1-14所示。

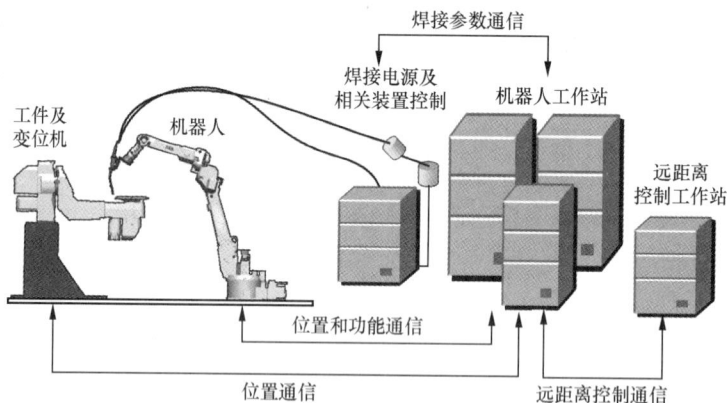

图 1-14　焊接机器人的系统结构

机械手由一条具有6个自由度的机械臂组成，是焊接机器人的执行机构，能够精确地到达焊枪所要求的空间位置，保证姿态并实现其运动。由于具有6个旋转关节的关节型机器人已被证明能在机构尺寸相同的情况下获得最大的工作空间，并且能以较高的位置精度和最优的路径到达指定位置，因此这种类型的机器人在焊接领域得到广泛的应用。

变位机能将被焊工件旋转（或平移）到最佳的焊接位置。在焊接作业前和焊接过程中，变位机通过夹具来装卡和定位被焊工件，对工件的不同要求决定了变位机的负载能力及运行方式。为了使机械手充分发挥效能，焊接机器人系统通常采用两台变位机，当其中一台进行焊接作业时，另一台则完成工件的装卸，从而提高整个系统的效率。

机器人控制器是整个机器人系统的神经中枢，它由计算机硬件、软件和一些专用电路等组成，其软件包括控制器系统软件、机器人专用语言软件、机器人运动学及动力学软件、机器人控制软件、机器人自诊断及自保护软件等。机器人控制器负责处理焊接机器人工作过程中的全部信息并控制其全部动作。

焊接系统是焊接机器人完成作业的核心装备，由焊钳或焊枪、焊接控制器及水、电、气等辅助部分组成。其中，焊接控制器根据预定的焊接监控程序完成焊接参数输入、焊接程序控制及焊接系统故障自诊断等，并实现与机器人控制器的通信。

焊接传感器用于实现工件坡口的定位、跟踪以及焊缝熔透信息的获取。

中央控制计算机在同一层次或不同层次的计算机间形成通信网络，同时与传感系统相配合，实现焊接路径和参数的离线编程、焊接专家系统的应用以及生产数据的管理等。

安全设备是焊接机器人安全运行的重要保障，其功能主要包括驱动系统过热自断电保护、动作超限位自断电保护、超速自断电保护、机器人系统工作空间干涉自断电保护及人工急停等，这些安全设备具有各类触觉传感器或接近传感器。

2．点焊机器人

在我国，点焊机器人约占焊接机器人总数的46%，主要应用在汽车、农机、摩托车等行业，就其发展而言，尚处于第一代工业机器人阶段，对环境没有应变能力。

点焊机器人有直角坐标型、极坐标型、圆柱坐标型和关节型等类型，常用的是直角坐标型简易型（有2~4个自由度）点焊机器人和关节型（有5~6个自由度）点焊机器人。关节型点焊机器人既可采用落地式安装，也可采用悬挂式安装，所占空间比较小，驱动系统多采用直流或交流伺服电动机。

通常，装配一台汽车的车身需要完成4000~5000个焊点。例如，某汽车厂采用以196台Unimate通用型机器人为核心的柔性生产线焊接K型轿车，机器人完成约98%的焊点，仅少数焊点因机器人无法进入车体内部而需手动完成。该车型有二门轿车、四门轿车和面包车等，设置在生产线上的传感器可将车型信息通知机器人控制器，以选择适合该车型的预先存储的任务程序并规定机器人的初始状态，图1-15所示为汽车的焊接生产线。

图1-15 汽车的焊接生产线

点焊机器人可以代替人类进行笨重、单调、重复的体力劳动；不仅能更好地保证点焊质量，还能长时间、重复工作，工作效率提高30%以上；同时可以组成柔性自动生产系统，特别适用于新产品开发和多品种产品生产，增强企业应变能力。

目前，科研人员正在开发一种新的点焊机器人系统。该系统可把焊接技术与 CAD/CAM（计算机辅助设计/计算机辅助制造）技术完美地结合起来，提高生产准备工作的效率，缩短产品设计投产的周期，使整个机器人系统取得更高的效益。这种系统拥有关于汽车车身结构信息、焊接条件计算信息和机器人机构信息等的数据库，CAD 系统利用该数据库可方便地进行焊钳选择和机器人配置方案设计；采用离线编程的方式规划路径，控制器具有很强大的数据转换功能，能针对机器人本身的不同精度和工件之间的相对几何误差及时进行补偿，以确保足够的工作精度。

3. 弧焊机器人

弧焊机器人（见图1-16）的应用范围很广，除汽车行业外，在通用机械、金属结构、航空、航天、机车车辆及造船等行业都有应用。目前应用的弧焊机器人主要用于多品种、中小批量生产，配有焊缝自动跟踪系统（如电弧传感器、激光视觉传感器等）和熔池形状控制系统等，可根据环境的变化进行一定范围的适应性调整。

图1-16 弧焊机器人

弧焊机器人机械体常用的是关节型（有5～6个自由度）机械手。对于特大型工件（如机车车辆、船体、锅炉、大电动机等）的焊接作业，为增加工作空间，往往将机器人悬挂起来，或安装在运载小车上使用，多采用直流或交流伺服电动机驱动。按焊接工艺常将弧焊机器人分为熔化极弧焊机器人和非熔化极弧焊机器人。

当前，焊接生产自动化的主要标志之一是焊接生产系统柔性化，其发展方向是以弧焊机器人为主体，配合多自由度变位机及相关的焊接传感控制设备、先进的弧焊电源，在计算机的综合控制下实现对空间焊缝的精确跟踪及焊接参数的在线调整，并实现对熔池形状动态变化过程的智能控制，这使机器人制造厂家面临严峻的挑战。图1-17所示为弧焊机器人柔性加工单元（工作站），其主要由中央控制计算机、机器人控制器、弧焊电源、焊缝跟踪系统和熔透控制系统5个部分组成，各部分由独立的计算机控制，通过总线实现各部分与中央控制计算机之间的双向通信。弧焊电源采用专用的 IGBT 逆变电源，利用单片机实现对焊接电流波形的实时控制，可满足熔化极弧焊和非熔化极弧焊的焊接工艺要求。焊缝跟踪系统采用基于三角测量原理的激光扫描式视觉传感器，除完成焊缝自动跟踪外，同时还具备焊缝接头起始点寻找、焊枪高度控制及焊缝接头剖面信息获取等功能。熔透控制系统利用焊接熔池谐

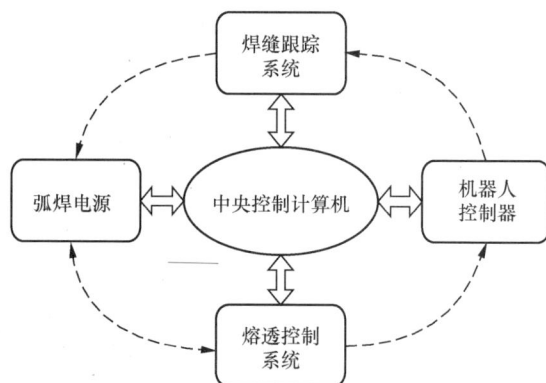

图1-17 弧焊机器人柔性加工单元

振频率与熔池体积之间存在的函数关系，采用外加激振脉冲的方法实现非熔化极弧焊焊缝熔透情况的实时监测与控制。

1.3.2　装配机器人

装配是产品生产的后续环节，在制造业中具有重要地位，其人力、物力和财力投入占比较高。作为一项新兴的工业技术，装配机器人应运而生。装配机器人是专门为装配而设计的工业机器人，可以完成一种产品或设备的某一特定装配任务，属于高、精、尖的机电一体化产品。它是集光学、机械、微电子、自动控制和通信技术等于一体的高科技产品，具有很强大的功能和很高的附加价值。

统计资料表明，在现代工业化生产过程中装配作业所占的比例日益增大，其作业量达到40%左右，作业成本占产品总成本的50%～70%，因此装配作业成了产品生产自动化的焦点。通常而言，要实现装配工作，可以采用人工、专用装配机械和装配机器人3种方式。如果以装配速度来比较，那么人工和装配机器人都不及专用装配机械。如果装配作业内容更改频繁，那么采用装配机器人要比采用专用装配机械更经济。

此外，对于大量、高速的生产作业，采用专用装配机械更为有利。但对于大件、多品种、小批量且人不能胜任的装配工作，采用装配机器人更合适。例如，30 kg 以上的重物的安装，单调、重复及有污染的作业，在狭窄空间的装配等，这些需要改善工人作业条件、提高产品质量的作业，都可采用装配机器人来完成。

自动装配作业的内容主要是将一些对应的零件装配成一个部件或产品，包含零件的装入、压入、铆接、嵌合、黏结、涂封、拧螺钉等作业，此外还有一些为装配工作服务的作业，如输送、搬运、码垛、监测、安置等。一个柔性自动装配作业系统的工作基本由以下几个部分构成。

（1）工件的搬运：识别工件，将工件搬运到指定的安装位置，实现工件的高速分流输送等。

（2）定位：决定工件、作业工具的位置。

（3）零件或装配所使用的材料的供给。

（4）零部件的装配。

（5）监测和控制。

据此，要求装配机器人应满足如下条件：具有高性能、高可靠性、高通用性，操作和维修容易、人工介入容易、成本及售价低、经济合理。与一般的工业机器人相比，装配机器人具有精度高、柔顺性好、工作范围小、能与其他系统配套使用等特点。

以装配机器人为主的装配作业自动化系统近年来发展迅猛，主要应用于小型电动机、汽车及其部件、计算机、玩具、机电产品及其组件的装配等方面，如美国、日本等国家的汽车装配生产线上采用装配机器人来装配汽车的零部件，在电子电气行业中用装配机器人来装配电子元件和器件等。

在汽车装配中，处理和定位金属薄板，安装和运输发动机、车身框架等大部件对工人来说有一定的风险，需要消耗很多体力。为适应现代化生产、生活需求，使用装配机器人（见图 1-18）可以轻松自如地将发动机、后桥、油箱等大部件自动运输、装配到汽车上，极大地提高生产效率，改善劳动条件。实际上从一开始，车身装配就在机器人应用实例中占据了主导地位。汽车车身的装配过程通常采用以下步骤：先用金属板压出车体，进行固定和拼接，再点焊以及喷涂车体，最终装配车体（包括装配车门、仪表盘、挡风玻璃、电动座椅和轮胎等）。在冲压环节，金属薄板被切成了准备装入车身仪表盘的平板。在随后的步骤中，机器人将这些平板放在固定仪表盘的托盘上，供其他机器人进行焊接。检验合格后，这些焊接好的车身由传送带传送到喷涂车间。将喷涂之后的车身于规定时间内放在装配线上，机器人按顺序将底盘、发动机和驱动器座位、门等部件一一装配到车身上。

图 1-18 装配机器人

汽车工厂每天使用 1000 个以上的机器人进行 2～3 个班次的作业。这种连续操作对机器人和设备的可靠性要求极高。有数据显示，典型的 MTBF（平均故障间隔时间）大约是50000h。

装配机器人是柔性自动化装配系统的核心设备，由机器人操作机、控制器、末端执行器和传感系统等组成。末端执行器为适应不同的装配对象而被设计成各种手爪和手腕等形式。传感系统用来获取装配机器人与环境、装配对象之间相互作用的信息。

装配机器人系统的结构如下。

（1）装配机器人（包含装配单元、装配线）

水平多关节型机器人是装配机器人的典型代表。它有 4 个自由度：两个回转关节的运动，以及上下移动和腕部的转动。最近开始在一些机器人上装配各种可换手爪，以提高通用性。手爪主要有气动手爪和电动手爪两种形式：气动手爪相对来说结构比较简单，价格便宜，因而在一些要求不太高的场合用得比较多；电动手爪造价较高，主要适用于一些特殊场合。

带有传感器的装配机器人可以更好地适应对象，实现轻柔的操作。装配机器人经常使用的传感器有视觉传感器、触觉传感器、接近传感器、力传感器等。视觉传感器主要用于实现零件或工件的位置补偿，零件的判别、确认等。触觉传感器和接近传感器一般固定在指端，用来补偿零件或工件的位置误差，防止碰撞等。力传感器一般装在腕部，用来检测腕部受力情况，一般在精密装配或去飞边等需要控制力的作业中使用。

（2）装配机器人的外围设备

在机器人进行装配作业时，除机器人主机、手爪、传感器外，零件供给装置和输送装置也十分重要。无论是投资额还是占地面积，这些外围设备所占的比例往往比机器人主机所占的比例大。外围设备常由可编程控制器控制，此外一般还要有台架和安全栏等。

① 零件供给装置。零件供给装置主要由给料器和托盘等组成。给料器的作用是通过振动或回转机构把零件排齐，并逐个送到指定位置。而大零件或者容易磕碰、划伤的零件加工完毕后一般应被放在托盘中运输，托盘能按一定的精度要求把零件放在指定位置，然后由机器人逐个取出。

② 输送装置。在机器人装配线上，输送装置承担把工件搬运到各作业地点的任务，零件供给装置把零件放到输送装置上进行传送。

1.3.3　搬运机器人

1．搬运机器人的优点

搬运机器人作为先进的自动化设备，具有通用性好和工作稳定的优点，并且操作简便，功能丰富，逐渐向第三代智能机器人发展。本节只针对目前我国应用广泛的第一代搬运机器人（示教再现型机器人）进行介绍，其主要优点如下。

（1）动作稳定，可提高搬运准确性。

（2）提高生产效率，避免工人进行繁重体力劳动，实现"无人"或"少人"生产。

（3）改善工人劳动条件，摆脱有毒害的环境。

（4）柔性好、适应性强，可进行多形状、不规则物料的搬运。

（5）定位准确，保证批量生产的一致性。

（6）降低制造成本，提高生产效益。

搬运机器人的基本结构形式与其他类型机器人相似，如图 1-19 所示。

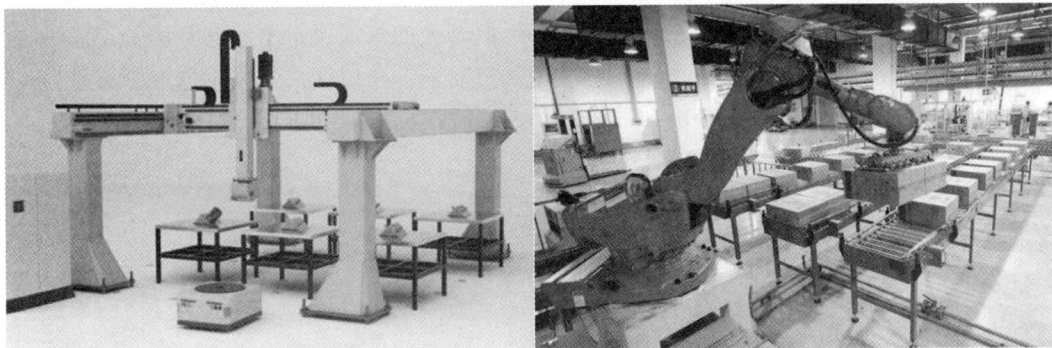

图 1-19　搬运机器人

2．搬运机器人的结构

搬运机器人是包括相应附属装置及外围设备的一个完整系统。以关节型搬运机器人为例，其主要由机器人本体、控制系统、搬运系统（气体发生装置、真空发生装置和手爪等）和安全保护装置等组成。操作者可通过示教器和控制面板进行对搬运机器人的运动位置和动作程序的示教，并设定运动速度等搬运参数。

（1）机器人本体

以关节型搬运机器人为例，其机器人本体一般有 4～6 根轴，如图 1-20 所示。搬运机器人本体在结构设计上与其他关节型工业机器人本体类似，在负载较轻时两者可以互换，但负载较重时搬运机器人本体通常会有附加连杆，其依附于轴形成平行四杆机构[见图 1-20（b）]，起支撑整体和稳固末端的作用，且不因机械臂的伸缩而产生变化。

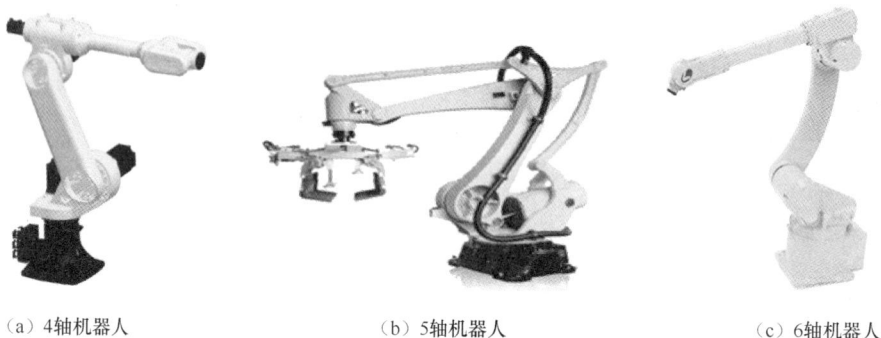

| （a）4轴机器人 | （b）5轴机器人 | （c）6轴机器人 |

图 1-20　关节型搬运机器人

（2）末端执行器

常见的搬运机器人的末端执行器有夹持式、吸附式等，详见 2.1.4 节。末端执行器在一定的范围内具有可调性，并可配置传感器，以确保其具有足够的夹持力和夹持精度。

3．搬运机器人的外围设备及工位布局

用机器人完成一项搬运工作时，除需要搬运机器人（机器人本体和其他搬运设备等）以外，还需要一些外围设备。同时，为了节约生产空间，进行合理的工位布局也尤为重要。

（1）外围设备

目前，常见的搬运机器人的外围设备有扩大移动范围的滑移平台、合适的搬运系统和安全保护装置等。

① 滑移平台。

在某些搬运场合，由于搬运空间过大，搬运机器人的末端执行器无法到达指定搬运位置或实现指定姿态，此时可通过外加轴的办法增加机器人的自由度，常采用增加滑移平台，滑移平台可安装在地面或龙门架上，如图 1-21 所示。

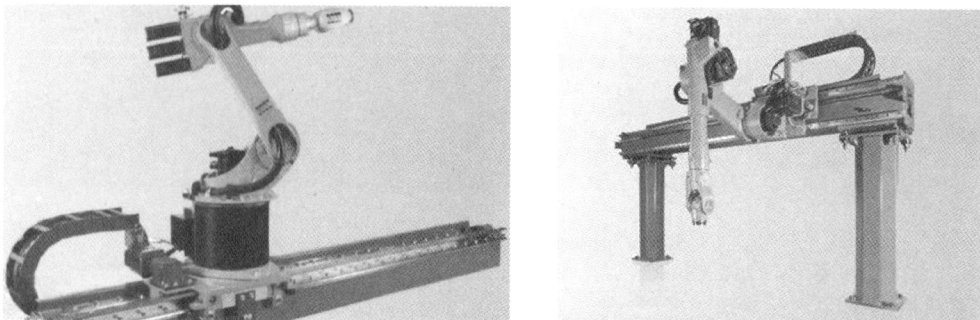

图 1-21　滑移平台

② 搬运系统。

搬运系统主要包括真空发生装置、气体发生装置和液压发生装置等，均为标准件。一般的真空发生装置和气体发生装置均可提供吸盘和气动夹钳所需的动力，企业常用空气控压站为整个车间提供压缩空气和抽真空功能；液压发生装置的动力元件（电动机、液压泵等）布置在搬运机器人周围，执行元件（液压缸）与夹钳一体，需要装在搬运机器人的末端法兰上，与气动夹钳类似。

（2）工位布局

由搬运机器人组成的加工单元或柔性化生产线，可完全代替人工实现物料自动搬运，因此搬运机器人的工位布局是否合理将直接影响搬运速率和生产节拍。根据车间场地面积，在有利于加快生产节拍的前提下，搬运机器人的工位可采用 L 形、环状和“一”字形等布局形式。

① L 形布局：将搬运机器人安装在龙门架上，使其在机床上方行走，可最大限度节约地面资源。

② 环状布局：采用环状布局的搬运机器人组成的系统称为岛式加工单元，以关节型搬运机器人为中心，机床围绕其四周形成环状进行工件的搬运与加工，可提高生产效率、节约空间，适合小空间厂房作业。

③ “一”字形布局：直角桁架机器人通常要求工件呈“一”字形排列，且对厂房的高度和长度皆有一定的要求，因其工作运动方式采用直线编程，故很难完成对放置位置或相位等有特别要求的工件的上下料作业。

1.3.4　喷涂机器人

喷涂机器人是指能自动喷漆或喷涂其他涂料的工业机器人，如图 1-22 所示。用机器人代替人工进行喷漆是大势所趋，而且用机器人喷漆具有节省漆料、提高劳动效率和产品合格率等优点。在我国工业机器人的发展历程中，喷漆机器人是较早开发的项目之一，到目前为止，其已被广泛用于汽车车体、家电产品和各种塑料制品的喷涂作业。目前所有的喷涂材料均可以被其使用，如溶剂型喷漆、水质喷漆或粉末材料等。在车辆制造中，机器人并行工作，用于提高车体的吞吐量和通过率。大多数程序包括机器人的同步程序。

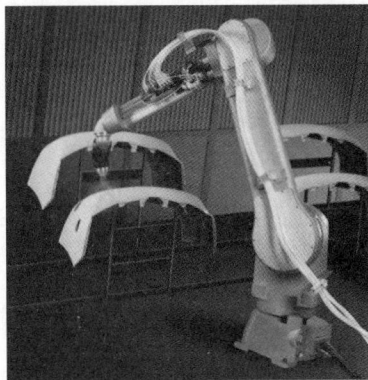

图 1-22　喷涂机器人

喷涂机器人主要由机器人本体、计算机和相应的控制系统等组成，配有自动喷枪、供涂料装置、变更颜色装置等喷涂设备，喷枪是保证喷涂质量的关键。该类机器人多采用5轴或6轴关节式结构。一般其臂部具有较大运动空间，并可做复杂的轨迹运动，其腕部一般有2～3个自由度，可灵活运动。较先进的喷涂机器人采用柔性手腕，其既可向各个方向弯曲，也可转动，其动作类似人手腕的动作，能方便地通过较小的孔伸入工件内部，喷涂其内表面。另外，现在大部分可编程喷涂机器人可以利用相应的程序进行集成化的过程仿真，以此优化喷漆沉积、厚度及覆盖面等方面。

喷涂机器人一般分为液压喷涂机器人和电动喷涂机器人两类。

液压喷涂机器人：该类喷涂机器人的结构为6轴多关节式，工作空间大，腰回转采用液压马达驱动，臂部采用油缸驱动，手腕采用柔性结构，可绕臂部的中心轴沿任意方向做±110°的转动，而且在转动状态下可绕腕部的中心轴扭转约420°，由于腕部不存在奇异位形，因此能喷涂形态复杂的工件且具有很高的生产效率。

电动喷涂机器人：近年来，由于交流伺服电动机的应用和高速伺服技术的发展，在喷涂机器人中采用电动机驱动已经成为可能。电动喷涂机器人的电动机多采用耐压或内压防爆结构，限定在1级危险环境（在通常条件下有生成危险气体介质的可能）和2级危险环境（在异常条件下有生成危险气体介质的可能）下使用。电动喷涂机器人一般有6根轴，工作空间大，臂部质量轻，结构简单，惯性小，轨迹精度高。电动喷涂机器人具有与液压喷涂机器人完全一样的控制功能，只是改用交流伺服电动机驱动，维修、保养十分方便。

喷涂机器人的成功应用，给企业带来了非常明显的经济效益，产品质量得到了大幅度的提高，产品合格率达99%以上，大大提高了劳动生产率，降低了成本，扩大了企业的竞争力和产品的市场占有率。

1. 防爆系统

当喷涂机器人采用交流或直流伺服电动机驱动时，电动机运转可能会产生火花，在电缆线与电气接线盒的接口处等位置也可能产生火花；而喷涂机器人用于在封闭的空间内喷涂工件内外表面，涂料的微粒在此空间中形成的雾是易燃、易爆的，如果机器人的某个部件处产生火花或温度过高，就会引燃喷涂空间内的易燃物质，引起大火，甚至爆炸，造成严重的人员伤亡和巨大的经济损失。所以，防爆系统的设计对电动喷涂机器人而言至关重要，绝不可掉以轻心。

喷涂机器人的电动机、电气接线盒、电缆线等都应封闭在密封的壳体内，将它们与危险的易燃物质隔离，同时配备一套净化系统，用供气管向这些密封的壳体内不断地运送清洁的、不可燃的、高于周围大气压的保护气体，以防止外界易燃气体的进入。按此方法设计的防爆结构称为通风式正压防爆结构。

2. 净化系统

机器人通电前，净化系统先进入工作状态，将大量的带压空气输入机器人密封腔内，以排出原有的气体，清吹过程中空气压力约为0.5 MPa，流量为10～32 m³/h，快速清洁操作过程的用时为3～5 min。使用净化系统将机器人密封腔内原有的气体全部换掉后，机器人电动机及其他部件通电时就能安全工作了。

快速清洁操作完成以后，净化系统进入维持工作状态，在这种状态下，此系统在机器人内维持一个非常微弱的正压力。一旦密封腔有少量的泄漏，不断输入的带压气体进入腔内，防止易燃气体的进入；若泄漏过多，则净化系统无法保持正压力，易燃气体会进入腔内。当腔内压力低于 0.07 MPa 时，低压报警开关被触发，开关信号使得控制面板上的警报发光二极管点亮，表示净化系统需要维修。

任务考核与评价

以实训现场某工业机器人工作站为例（实地观察或播放相应视频），描述其结构及功能。考核与评价细则如表 1-4 所示。

表 1-4　　　　　　　　　　　　考核与评价细则

姓名		学号		班级		
实操用时		成绩		教师签字		
任务模块考核	任务要点		评分标准		配分	得分
任务模块考核	以实训现场某工作站为例（实地观察或播放相应视频），描述其组成及功能		描述该工作站的组成		20	
任务模块考核			描述该工作站的功能		30	
任务模块考核			指出该工作站的外围设备		30	
职业素养考核	素养意识		具备爱岗敬业、团队协作的意识		5	
职业素养考核			具备自主学习、吃苦耐劳的意识		5	
职业素养考核	实训报告		撰写认真、规范		10	
总得分					100	

任务思考

（1）简述焊接机器人的结构。

（2）简述装配机器人的结构。

（3）简述搬运机器人的结构。

（4）简述喷涂机器人的结构。

| 任务 1.4　工业机器人运动学和动力学基础 |

任务描述

经过多年的发展，工业机器人技术已经实现了革命性的突破。为了满足制造业持续发展的需求和适应工作任务的复杂性，工业机器人将以系统化、智能化为重点，着力开发适用于某些动态性强和任务十分复杂的作业的多机器人系统。然而，我国对多机器人系统的研发还处于起步阶段，缺乏成熟的产品，应用范围仅限于一些大型企业和部分高校实验室，基础理论知识的研究成果缺乏系统性，不仅存在一定的局限性，而且参考性较低。

基于上述问题及现状，亟须通过机器人运动学模型总结出一套普遍适用于设计、开发多机器人系统的理论、方法，以缩短从产品设计、研发到获得实际产品的转化周期，此举具有很强的现实意义。

工业机器人运动学如此重要，其主要的研究内容是什么?本任务将介绍工业机器人运动学和动力学的基础知识，引导学生利用抽象的理论来解决实际生活中的问题。

任务目标

知识目标

（1）掌握坐标系的分类、关系描述和坐标变换的方法。

（2）了解工业机器人的D-H表示法。

（3）掌握工业机器人运动学的基础计算方法。

能力目标

（1）能进行坐标变换（平移、旋转等）的计算。

（2）能准确把握各类坐标系的用途等。

（3）能说出工业机器人的D-H建模流程。

素质目标

（1）具备诚信、友善的社会主义核心价值观。

（2）具备吃苦耐劳、爱岗敬业的职业素养。

（3）具备自主学习、勇于创新的工匠精神。

思维导图

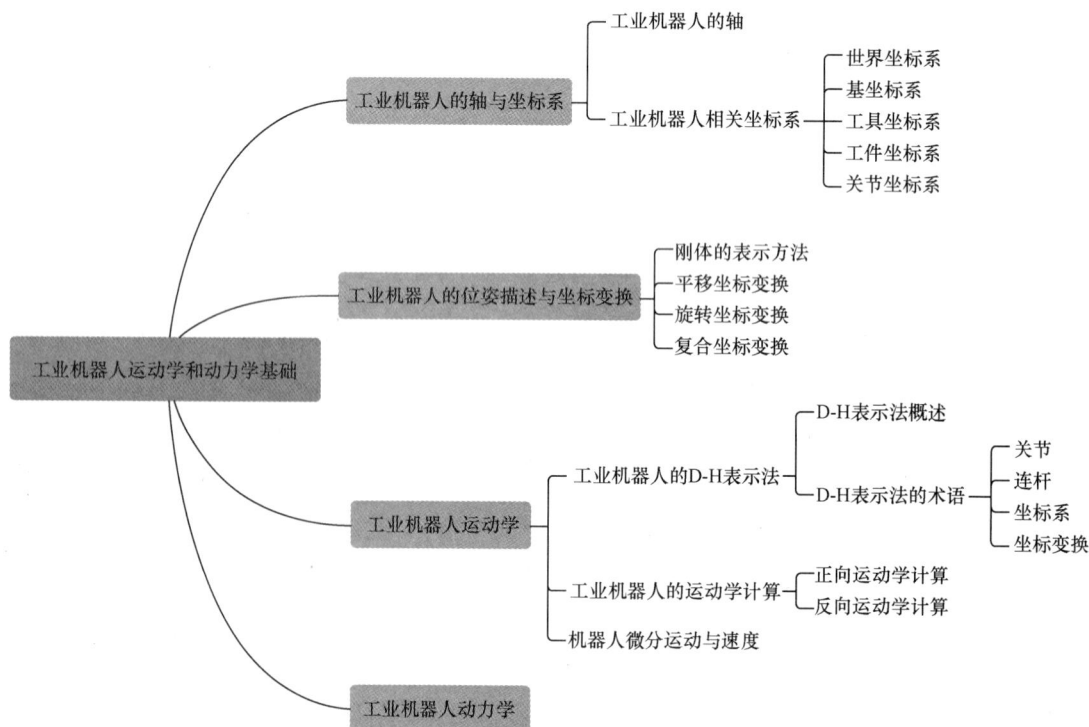

相关知识

机器人运动学研究的是机器人的工作空间和关节空间之间的映射关系，以及机器人的运动学模型（Model），包括正向（Forward）运动学和反向（Inverse）运动学两部分内容。工业机器人的操作和编程涉及机械手各关节和坐标系之间的关系、各物体之间的关系、物体和机械手之间的关系等，这些关系都可以用齐次坐标变换来描述。

齐次坐标变换不仅能解决机器人位置和姿态的描述问题，而且在处理视觉、三维图像识别、计算机辅助设计等方面也是十分有用的工具。

1.4.1　工业机器人的轴与坐标系

工业机器人是由一个个关节连接起来的多刚体，每个关节均有伺服驱动单元，每个单元的运动都会影响机器人末端执行器的位置与姿态。为了分析与描述机器人的运动情况，研究各关节的运动对机器人末端执行器位置与姿态的影响，需要用标准语言来描述机器人在工作空间中的位姿，该标准语言就是坐标系。

1. 工业机器人的轴

轴是机器人控制、运行学和动力学的中心对象。以安川电机 MA1400 型 6 自由度机器人为例，从紧靠机座安装面开始将机器人各轴分别取名为 S 轴、L 轴、U 轴、R 轴、B 轴与 T 轴。若轴以数字来定义，则紧靠机座安装面的第一根运动轴称为轴 1，第二根运动轴称为轴 2，以此类推，如图 1-23 所示。

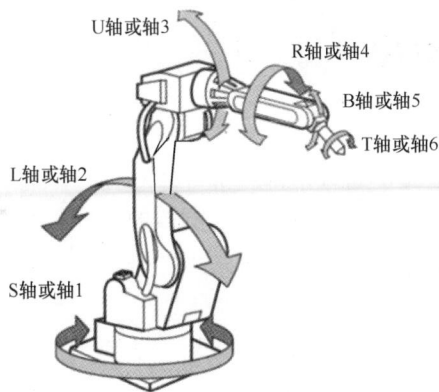

图 1-23　安川电机 MA1400 型 6 自由度机器人的轴

2. 工业机器人相关坐标系

工业机器人的运动实际是根据不同的作业内容和轨迹要求，在各种坐标系下的运动。工业机器人相关坐标系主要包括以下几种，如图 1-24 所示。

（1）世界坐标系（也称大地坐标系）：系统的绝对坐标系，在没有建立用户坐标系（用户坐标系是在机器人之外由用户自己定义的坐标系）之前，机器人上所有点的坐标都是以该坐标系的原点来确定的。

（2）基坐标系：机器人其他坐标系的参考基础，是机器人示教与编程时经常使用的坐标

系之一，对它的位置没有硬性规定，一般定义在机器人安装面与第一根运动轴的交点处。

（3）工具坐标系：原点位于机器人末端的工具中心点的坐标系，原点及方向都随着末端的位置与角度不断变化，该坐标系实际是将基坐标系通过旋转及位移变化而来的。

（4）工件坐标系：用户自定义的坐标系，也可称为用户坐标系，用户可根据需要定义多个工件坐标系，当配备有多个工作台时，选择工件坐标系更为简单。

（5）关节坐标系：原点设置在机器人关节中心点处，反映了该关节处每根轴相对于该关节坐标系原点位置的绝对角度。

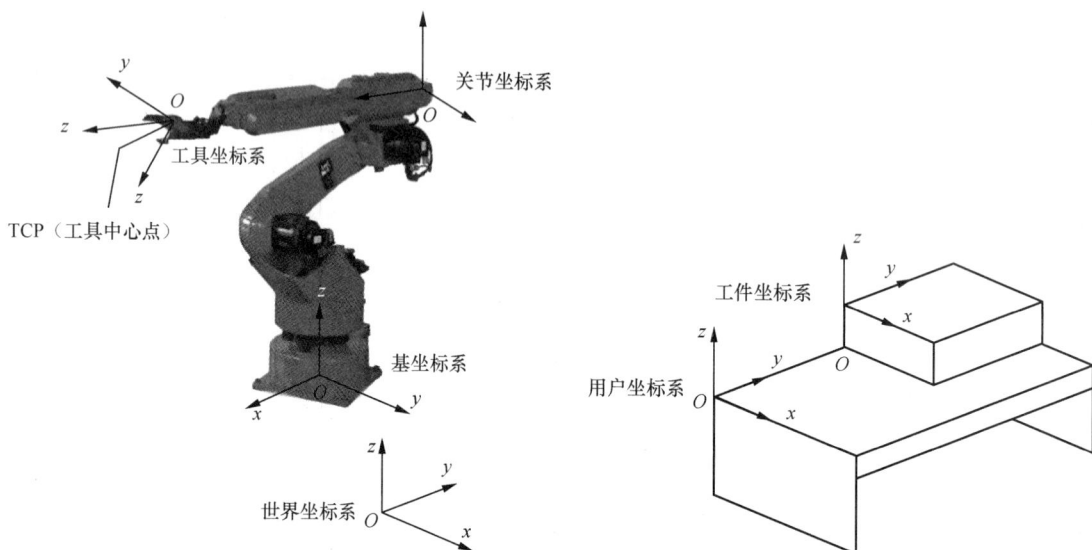

图 1-24　工业机器人相关坐标系

1.4.2　工业机器人的位姿描述与坐标变换

1．刚体的表示方法

在外力作用下，物体的形状和尺寸保持不变，而且内部各部分相对位置保持恒定，这种理想物理模型称为刚体。在机器人学里，任一刚体的位置、姿态可由其上的任一基准点（通常选择物体的质心）和过该点的坐标系相对于参考坐标系的关系来确定。

如图 1-25 所示，设有一运动的椭圆刚体 A，选其上的圆心 O_m 为基准点，长轴为 y_m，短轴为 x_m，椭圆面的法向为 z_m，可构建坐标系 O_m-$x_m y_m z_m$。再选一固定坐标系 $\{O\}$，于是，该椭圆刚体 A 的空间位置和姿态可用式（1-1）所示矩阵来表示，即

$$M_m^O = \begin{pmatrix} \boldsymbol{i} \cdot \boldsymbol{i}_m & \boldsymbol{i} \cdot \boldsymbol{j}_m & \boldsymbol{i} \cdot \boldsymbol{k}_m & d_x \\ \boldsymbol{j} \cdot \boldsymbol{i}_m & \boldsymbol{j} \cdot \boldsymbol{j}_m & \boldsymbol{j} \cdot \boldsymbol{k}_m & d_y \\ \boldsymbol{k} \cdot \boldsymbol{i}_m & \boldsymbol{k} \cdot \boldsymbol{j}_m & \boldsymbol{k} \cdot \boldsymbol{k}_m & d_z \\ 0 & 0 & 0 & 1 \end{pmatrix} = \begin{pmatrix} \boldsymbol{A}_m^O & \boldsymbol{O}_m^O \\ 0 & 1 \end{pmatrix} \tag{1-1}$$

微课

工业机器人的位姿描述与坐标变换

其中
$$A_m^O = \begin{pmatrix} \boldsymbol{i} \cdot \boldsymbol{i}_m & \boldsymbol{i} \cdot \boldsymbol{j}_m & \boldsymbol{i} \cdot \boldsymbol{k}_m \\ \boldsymbol{j} \cdot \boldsymbol{i}_m & \boldsymbol{j} \cdot \boldsymbol{j}_m & \boldsymbol{j} \cdot \boldsymbol{k}_m \\ \boldsymbol{k} \cdot \boldsymbol{i}_m & \boldsymbol{k} \cdot \boldsymbol{j}_m & \boldsymbol{k} \cdot \boldsymbol{k}_m \end{pmatrix}, \quad \boldsymbol{O}_m^O = \begin{pmatrix} d_x \\ d_y \\ d_z \end{pmatrix}$$

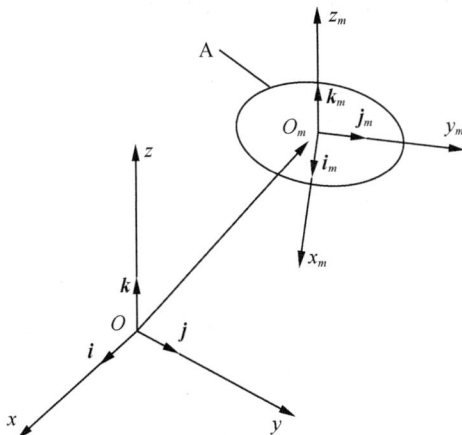

图 1-25　椭圆刚体 A 的位姿确定

坐标变换即坐标系状态的变化。当空间坐标系相对于固定的参考坐标系发生运动时，可以用坐标变换矩阵来表示这一运动关系。坐标变换可以通过平移坐标变换、旋转坐标变换和复合坐标变换这 3 种方式实现。

2．平移坐标变换

如图 1-26 所示，设有一固定直角坐标系 $O\text{-}xyz$（简称 $\{O\}$ 系）和一运动直角坐标系 $O_m\text{-}x_m y_m z_m$（简称 $\{m\}$ 系）具有相同方位，但 $\{O\}$ 系的原点与 $\{m\}$ 系的原点不重合，用位置向量 $^O\boldsymbol{P}_{Om}$ 描述 $\{m\}$ 系相对 $\{O\}$ 系的位置，称 $^O\boldsymbol{P}_{Om}$ 为 $\{m\}$ 系相对 $\{O\}$ 系的平移向量，且

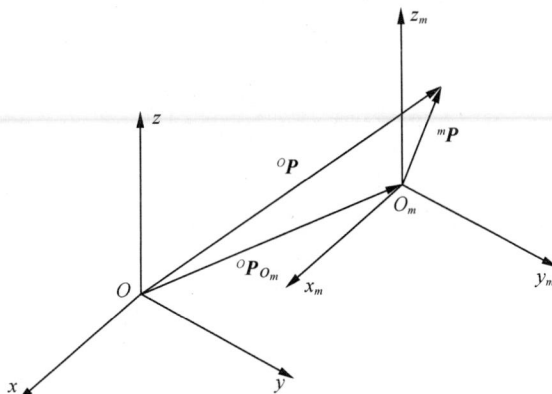

图 1-26　平移坐标变换

$$^O\boldsymbol{P}_{Om} = \begin{pmatrix} d_x \\ d_y \\ d_z \end{pmatrix}$$

其中，d_x、d_y、d_z 是平移向量 $^O\boldsymbol{P}_{Om}$ 相对于固定坐标系 $\{O\}$ 的 x 轴、y 轴和 z 轴的 3 个分量。如果点 P 在 $\{m\}$ 系中的位置为 $^m\boldsymbol{P}$，那么它相对于 $\{O\}$ 系的位置向量 $^O\boldsymbol{P}$ 可由向量相加得出，即

$$^{O}\boldsymbol{P} = {}^{m}\boldsymbol{P} + {}^{O}\boldsymbol{P}_{Om} \tag{1-2}$$

式（1-2）称为坐标平移方程。式（1-1）所示的 {m} 系相对于 {O} 系的位姿可简单表示为

$$\boldsymbol{T}_{m}^{O} = \begin{pmatrix} 1 & 0 & 0 & d_x \\ 0 & 1 & 0 & d_y \\ 0 & 0 & 1 & d_z \\ 0 & 0 & 0 & 1 \end{pmatrix}$$

也可将坐标系 {m} 看作最初与坐标系 {O} 重合，然后平移到图 1-26 所示位置。因此，可将坐标系 {m} 对应的矩阵看作如下两个矩阵的乘积，即

$$\boldsymbol{T}_{m\text{new}}^{O} = \text{Trans}(d_x, d_y, d_z) \times \boldsymbol{T}_{m\text{old}}^{O} \tag{1-3}$$

其中

$$\text{Trans}(d_x, d_y, d_z) = \begin{pmatrix} 1 & 0 & 0 & d_x \\ 0 & 1 & 0 & d_y \\ 0 & 0 & 1 & d_z \\ 0 & 0 & 0 & 1 \end{pmatrix}, \quad \boldsymbol{T}_{m\text{old}}^{O} = \begin{pmatrix} 1 & 0 & 0 & 0 \\ 0 & 1 & 0 & 0 \\ 0 & 0 & 1 & 0 \\ 0 & 0 & 0 & 1 \end{pmatrix}$$

$\boldsymbol{T}_{m\text{old}}^{O}$ 矩阵表示坐标系 {m} 最初相对于坐标系 {O} 的位姿，而 $\boldsymbol{T}_{m\text{new}}^{O}$ 矩阵表示坐标系 {m} 最终相对于坐标系 {O} 的位姿。

平移坐标变换具有以下特点。

（1）新坐标系位姿可通过在原坐标系矩阵前面左乘平移变换矩阵得到。

（2）方向向量经过平移后保持不变。

（3）这种坐标变换便于用矩阵乘法进行计算，并使得到的新矩阵的维数与变换前的相同。

例 1-1 初始状态时，运动坐标系 {m} 相对于固定坐标系 {O} 的位姿为 $\boldsymbol{T}_{m\text{old}}^{O}$，经过一段时间后，运动坐标系 {m} 沿固定坐标系 {O} 的 y 轴正向移动 5 个单位，沿 z 轴正向移动 5 个单位。求运动终了时，运动坐标系 {m} 相对于固定坐标系 {O} 的位姿 $\boldsymbol{T}_{m\text{new}}^{O}$。

$$\boldsymbol{T}_{m\text{old}}^{O} = \begin{pmatrix} 0.866 & 0.5 & 0 & 10 \\ -0.5 & 0.866 & 0 & -10 \\ 0 & 0 & 1 & 2 \\ 0 & 0 & 0 & 1 \end{pmatrix}$$

解：由式（1-3）得

$$\boldsymbol{T}_{m\text{new}}^{O} = \text{Trans}(d_x, d_y, d_z) \times \boldsymbol{T}_{m\text{old}}^{O} = \text{Trans}(0, 5, 5) \times \boldsymbol{T}_{m\text{old}}^{O}$$

$$= \begin{pmatrix} 1 & 0 & 0 & 0 \\ 0 & 1 & 0 & 5 \\ 0 & 0 & 1 & 5 \\ 0 & 0 & 0 & 1 \end{pmatrix} \begin{pmatrix} 0.866 & 0.5 & 0 & 10 \\ -0.5 & 0.866 & 0 & -10 \\ 0 & 0 & 1 & 2 \\ 0 & 0 & 0 & 1 \end{pmatrix} = \begin{pmatrix} 0.866 & 0.5 & 0 & 10 \\ -0.5 & 0.866 & 0 & -5 \\ 0 & 0 & 1 & 7 \\ 0 & 0 & 0 & 1 \end{pmatrix}$$

3．旋转坐标变换

为简化对绕轴旋转过程的推导，首先假设运动坐标系与参考坐标系重合，之后将结果推广到其他的旋转以及旋转的组合。

如图 1-27（a）所示，假设运动坐标系 {m} 与参考坐标系 {O} 重合，运动坐标系 {m} 绕参

考坐标系的 z 轴逆时针旋转 θ，再假设运动坐标系 $\{m\}$ 上有一点 P 相对于参考坐标系的坐标为 $(p_x,\ p_y,\ p_z)$，相对于运动坐标系的坐标为 $(p_{xm},\ p_{ym},\ p_{zm})$。

当坐标系绕 z 轴旋转时，坐标系上的点 P 也随坐标系一起旋转。在旋转之前，点 P 在两个坐标系中的坐标是相同的。旋转后，该点坐标 $(p_{xm},\ p_{ym},\ p_{zm})$ 在运动坐标系 $\{m\}$ 中保持不变，但在参考坐标系 $\{O\}$ 中 p_x 和 p_y 改变了，如图 1-27（b）所示。

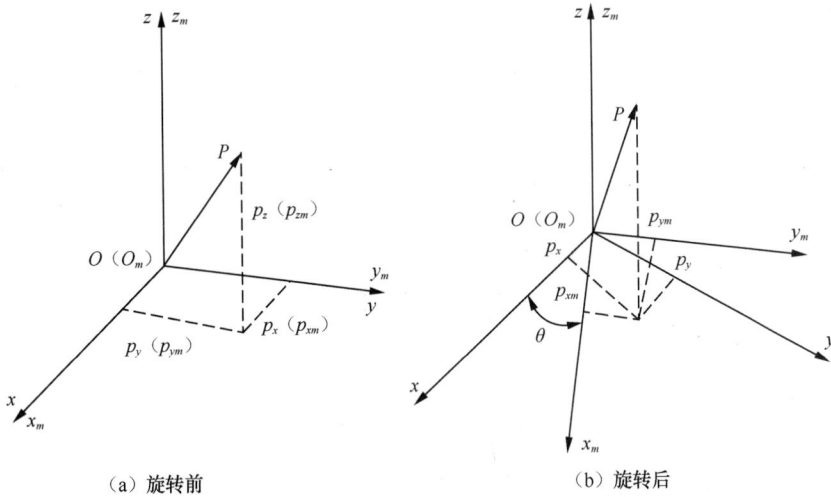

（a）旋转前　　　　　　　　　　（b）旋转后

图 1-27　绕 z 轴旋转的过程

从 z 轴俯视点 P 在二维平面上的坐标，如图 1-28 所示，可以得到

$$p_x = p_{xm}\cos\theta - p_{ym}\sin\theta$$
$$p_y = p_{xm}\sin\theta + p_{ym}\cos\theta$$
$$p_z = p_{zm}$$

写成矩阵形式为

$$\begin{pmatrix} p_x \\ p_y \\ p_z \end{pmatrix} = \begin{pmatrix} \cos\theta & -\sin\theta & 0 \\ \sin\theta & \cos\theta & 0 \\ 0 & 0 & 1 \end{pmatrix} \begin{pmatrix} p_{xm} \\ p_{ym} \\ p_{zm} \end{pmatrix}$$

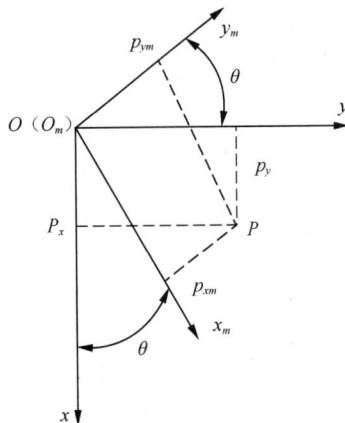

图 1-28　旋转坐标系后从 z 轴俯视

由此可见，旋转后为了得到点 P 在固定参考坐标系 $\{O\}$ 中的坐标矩阵，必须在点 P 所在运动坐标系 $\{m\}$ 的坐标矩阵的左边乘一个矩阵，该矩阵也就是绕 z 轴旋转的旋转矩阵 $\mathrm{Rot}(z,\theta)$，即

$$\mathrm{Rot}(z,\theta)=\begin{pmatrix} \cos\theta & -\sin\theta & 0 \\ \sin\theta & \cos\theta & 0 \\ 0 & 0 & 1 \end{pmatrix}$$

则

$$\begin{pmatrix} p_x \\ p_y \\ p_z \end{pmatrix}=\mathrm{Rot}(z,\theta)\begin{pmatrix} p_{xm} \\ p_{ym} \\ p_{zm} \end{pmatrix} \tag{1-4}$$

同理，可推出绕 x 轴旋转的旋转矩阵为

$$\mathrm{Rot}(x,\theta)=\begin{pmatrix} 1 & 0 & 0 \\ 0 & \cos\theta & -\sin\theta \\ 0 & \sin\theta & \cos\theta \end{pmatrix}$$

则

$$\begin{pmatrix} p_x \\ p_y \\ p_z \end{pmatrix}=\mathrm{Rot}(x,\theta)\begin{pmatrix} p_{xm} \\ p_{ym} \\ p_{zm} \end{pmatrix} \tag{1-5}$$

绕 y 轴旋转的旋转矩阵为

$$\mathrm{Rot}(y,\theta)=\begin{pmatrix} \cos\theta & 0 & \sin\theta \\ 0 & 1 & 0 \\ -\sin\theta & 0 & \cos\theta \end{pmatrix}$$

则

$$\begin{pmatrix} p_x \\ p_y \\ p_z \end{pmatrix}=\mathrm{Rot}(y,\theta)\begin{pmatrix} p_{xm} \\ p_{ym} \\ p_{zm} \end{pmatrix} \tag{1-6}$$

例 1-2 运动坐标系 $\{m\}$ 中有一点 P 的坐标矩阵为 $(1,2,3)^{\mathrm{T}}$，它随运动坐标系一起绕固定参考坐标系的 z 轴旋转 $90°$。求旋转后该点在固定坐标系中的坐标。

解： 由式（1-4）得

$$\begin{pmatrix} p_x \\ p_y \\ p_z \end{pmatrix}=\begin{pmatrix} \cos\theta & -\sin\theta & 0 \\ \sin\theta & \cos\theta & 0 \\ 0 & 0 & 1 \end{pmatrix}\begin{pmatrix} p_{xm} \\ p_{ym} \\ p_{zm} \end{pmatrix}=\begin{pmatrix} 0 & -1 & 0 \\ 1 & 0 & 0 \\ 0 & 0 & 1 \end{pmatrix}\begin{pmatrix} 1 \\ 2 \\ 3 \end{pmatrix}=\begin{pmatrix} -2 \\ 1 \\ 3 \end{pmatrix}$$

4．复合坐标变换

复合坐标变换是由固定参考坐标系 $\{O\}$ 或当前运动坐标系 $\{m\}$ 的一系列沿轴平移和绕轴旋转的坐标变换组成。任何坐标变换都可以分解为按一定顺序组成的一组平移坐标变换和旋转坐标变换。例如，为了完成所要求的坐标变换，可以先绕 y 轴旋转，再沿 x、y、z 轴平移，最后绕 x 轴旋转。上述变换顺序很重要，如果颠倒任意两个变换的顺序，结果可能会截然不同。

为探讨如何分析复合坐标变换，假定运动坐标系 $\{m\}$ 相对于固定参考坐标系 $\{O\}$ 依次进行了以下 3 种变换。

（1）绕 y 轴旋转 α。

（2）分别沿 x、y、z 轴平移 d_x、d_y、d_z。

（3）绕 x 轴旋转 β。

根据式（1-6）、式（1-3）和式（1-5）可分别写出每步变换后的位姿矩阵，即

$$T_{m1}^O = \text{Rot}(y, \alpha) \times T_{m0}^O$$

$$T_{m2}^O = \text{Trans}(d_x, d_y, d_z) \times T_{m1}^O$$

$$T_{m3}^O = \text{Rot}(x, \beta) \times T_{m2}^O$$

即

$$T_{m3}^O = \text{Rot}(x, \beta) \times \text{Trans}(d_x, d_y, d_z) \times \text{Rot}(y, \alpha) \times T_{m0}^O \tag{1-7}$$

例 1-3 运动坐标系 $\{m\}$ 中有一点 P 的坐标矩阵为 $(2, 4, 6)^T$，经历了如下变换，求变换后该点在固定坐标系中的坐标。

（1）绕 x 轴旋转 $90°$。

（2）分别沿 x、y、z 轴平移 1、0、0。

（3）绕 z 轴旋转 $90°$。

解： 根据式（1-5）、式（1-3）和式（1-4）可得点 P 在固定坐标系中的坐标为

$$
\begin{pmatrix} p_x \\ p_y \\ p_z \\ 1 \end{pmatrix} = \text{Rot}(z, 90°) \times \text{Trans}(1, 0, 0) \times \text{Rot}(x, 90°) \times \begin{pmatrix} p_{xm} \\ p_{ym} \\ p_{zm} \\ 1 \end{pmatrix}
$$

$$
= \begin{pmatrix} 0 & -1 & 0 & 0 \\ 1 & 0 & 0 & 0 \\ 0 & 0 & 1 & 0 \\ 0 & 0 & 0 & 1 \end{pmatrix} \begin{pmatrix} 1 & 0 & 0 & 1 \\ 0 & 1 & 0 & 0 \\ 0 & 0 & 1 & 0 \\ 0 & 0 & 0 & 1 \end{pmatrix} \begin{pmatrix} 1 & 0 & 0 & 0 \\ 0 & 0 & -1 & 0 \\ 0 & 1 & 0 & 0 \\ 0 & 0 & 0 & 1 \end{pmatrix} \begin{pmatrix} 2 \\ 4 \\ 6 \\ 1 \end{pmatrix}
$$

$$
= \begin{pmatrix} 6 \\ 3 \\ 4 \\ 1 \end{pmatrix}
$$

上述结果可通过图 1-29 验证。

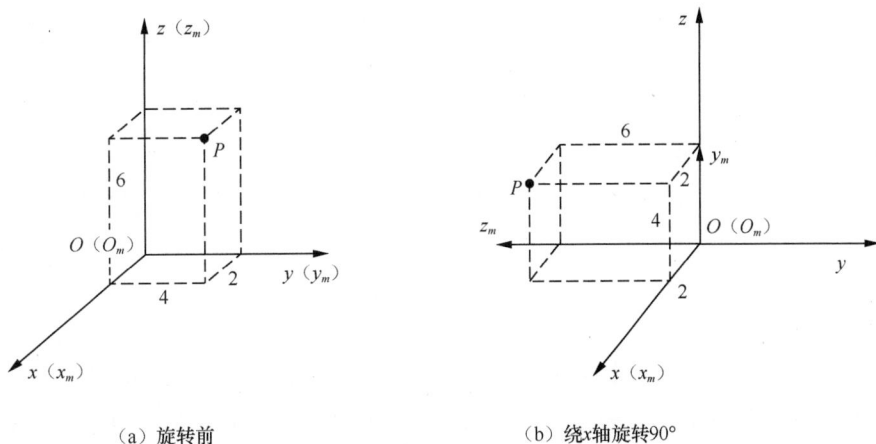

（a）旋转前　　　　　　　　　　　　（b）绕 x 轴旋转 $90°$

图 1-29　例 1-3

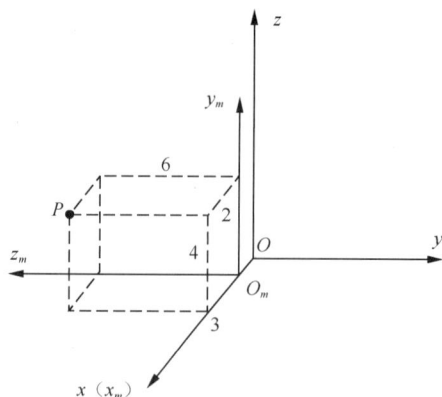

（c）沿x轴移动1个单位 　　　　　（d）绕z轴旋转90°

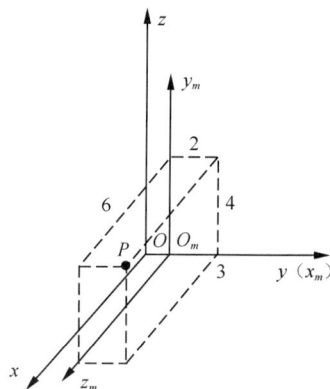

图1-29　例1-3（续）

1.4.3　工业机器人运动学

工业机器人运动学主要分析和研究工业机器人相对于固定坐标系的运动几何学关系，它与产生相应运动所需的力和力矩无关。本节主要讲解工业机器人末端执行器的位置、姿态与关节变量之间的关系。

1. 工业机器人的D-H表示法

（1）D-H表示法概述

1955年，Denavit和Hartenberg发表了一篇论文，人们在该论文的基础上阐述如何对机器人进行表示和建模，并导出了运动方程，这成为日后人们表示机器人和对机器人运动进行建模的标准方法，称为Denavit-Hartenberg表示法，即D-H表示法。

D-H表示法是一种对机器人的连杆和关节进行建模的方法，可用于表示任何坐标的变换，如直角坐标、圆柱坐标、球坐标、欧拉坐标等。此外，它还可用于表示全旋转的链式机器人、SCARA机器人或任何可能的关节和连杆的组合等。

假设机器人由一系列关节和连杆组成，这些关节既可能是滑动（线性）的，也可能是旋转（转动）的，它们可以按任意的顺序排列，并位于不同的平面上；这些连杆的长度可以是任意值（包括零），连杆可以被弯曲或扭曲，也可以位于任意平面上。所以，任何一组关节和连杆都可以构成一个可建模和表示的机器人。

D-H表示法的基本思路如下。

①给每个关节指定一个参考坐标系。

②确定从一个关节到下一个关节（一个坐标到下一个坐标）的变换步骤。

③若将从机座到第一个关节，再从第一个关节到第二个关节直至最后一个关节的所有变换结合起来，便能得到机器人的总变换矩阵。

（2）D-H表示法的术语

如图1-30所示，可采用D-H表示法表示3个顺序连接的关节和两根连杆。虽然这些关节和连杆并不一定与任何实际机器人的关节和连杆相似，但是它们十分常见，且能很容易地表示实际机器人的任何关节和连杆。

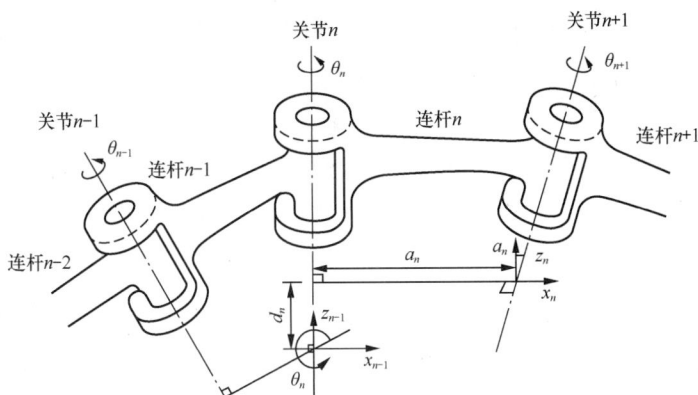

图 1-30　D-H 表示法示意

① 关节。

图 1-30 中，每个关节都是可以转动或平移的。将第一个关节指定为关节 n，它前面的是关节 $n-1$，后面的是关节 $n+1$，在这些关节的前后可能还有其他关节。

② 连杆。

连杆的表示与关节一样，连杆 $n-1$ 位于关节 $n-1$ 与关节 n 之间，连杆 n 位于关节 n 与关节 $n+1$ 之间，以此类推。

③ 坐标系。

a.若关节为旋转副，则 z 轴方向为按右手定则规定的旋转方向；若关节为移动副，则 z 轴方向为沿直线运动的方向。在各种情况下，关节 n 处的 z 轴的编号为 $n-1$。对于旋转关节，其关节变量为 θ；对于移动关节，其关节变量为 d。

b.通常关节不一定平行或相交，因此定义前后两根 z 轴的公垂线为 x 轴，且 x 轴的指向为下一根 z 轴。

c.y 轴由右手定则和已定的 z 轴与 x 轴来确定。

④ 坐标变换。

坐标变换目标为由 $\{n\}$ 系变换到 $\{n+1\}$ 系，具体操作如下。

a.绕 z_n 轴旋转 θ_{z-n+1}，使得 x_n 轴和 x_{n+1} 轴互相平行。

b.沿 z_n 轴平移 d_{z-n+1}，使得 x_n 轴和 x_{n+1} 轴共线。

c.沿 x_n 轴平移 d_{x-n+1}，使得两坐标系原点重合。

d.将 z_n 轴绕 x_{n+1} 轴旋转 θ_{x-n+1}，使得 z_n 轴和 z_{n+1} 轴对准。

前面 4 个运动变换的两个依次坐标系之间的变换是 4 个运动变换矩阵的乘积，又因为是参照运动坐标系的变换，所以所有的变换矩阵都采用右乘，从而得到的结果为

$$^{n}T_{n+1} = \mathrm{Rot}(z, \theta_{z-n+1}) \times \mathrm{Trans}(0, 0, d_{z-n+1}) \times \mathrm{Trans}(d_{x-n+1}, 0, 0) \times \mathrm{Rot}(x, \theta_{x-n+1})$$

2．工业机器人的运动学计算

（1）正向运动学计算

已知工业机器人各关节的变量，求末端执行器位姿的计算称为正向运动学计算，又称为顺运动学计算。

工业机器人中，若第 1 根连杆相对于固定坐标系的位姿可用矩阵 A_1 表示，第 2 根连杆相

对于第 1 个连杆坐标系的位姿用 A_2 表示，则第 2 根连杆相对于固定坐标系的位姿可用矩阵 T_2 表示为

$$T_2 = A_1 A_2 \qquad (1\text{-}8)$$

例 1-4 如图 1-31 所示，SCARA 工业机器人有 2 个关节，分别位于 O_A、O_B，末端执行器中心为 O_C。这 3 个点分别为 3 个坐标系的原点，调整机器人各关节使得末端执行器最终到达指定位置（未沿 z 轴发生平移）。其中，$l_1 = 100$，$l_2 = 50$，$\theta_1 = 45°$，$\theta_2 = -30°$。求机器人末端执行器的位姿。

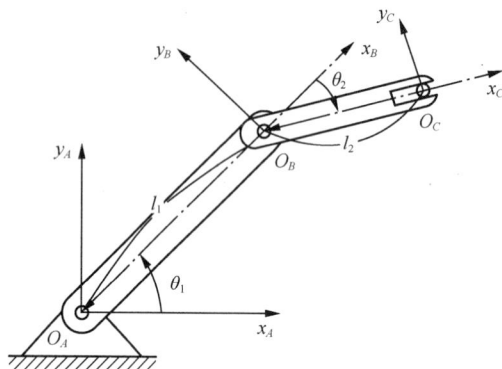

图 1-31　例 1-4

解法 1： 由题意可知，求机器人末端执行器的位姿即求末端执行器的坐标及与 x 轴的夹角。SCARA 机器人为平面关节型机器人，两个关节的轴线相互平行。图 1-31 中末端执行器与 x 轴的夹角也是 x_A 与 x_C 的夹角，即 $45° - 30° = 15°$。

末端执行器的坐标值为

$$x_{AC} = l_1 \cos\theta_1 + l_2 \cos(\theta_1 + \theta_2) = 100 \times \frac{\sqrt{2}}{2} + 50 \times \left(\frac{\sqrt{6}}{4} + \frac{\sqrt{2}}{4} \right) = 25\frac{\sqrt{6}}{2} + 125\frac{\sqrt{2}}{2}$$

$$y_{AC} = l_1 \sin\theta_1 + l_2 \sin(\theta_1 + \theta_2) = 100 \times \frac{\sqrt{2}}{2} + 50 \times \left(\frac{\sqrt{6}}{4} - \frac{\sqrt{2}}{4} \right) = 25\frac{\sqrt{6}}{2} + 75\frac{\sqrt{2}}{2}$$

解法 2： 根据式（1-8）可知，机器人的位姿为

$$T = \text{Rot}(z_A, \theta_1) \times \text{Trans}(l_1, 0, 0) \times \text{Rot}(z, \theta_2) \times \text{Trans}(l_2, 0, 0)$$

$$= \begin{pmatrix} \cos 45° & -\sin 45° & 0 & 0 \\ \sin 45° & \cos 45° & 0 & 0 \\ 0 & 0 & 1 & 0 \\ 0 & 0 & 0 & 1 \end{pmatrix} \begin{pmatrix} 1 & 0 & 0 & 100 \\ 0 & 1 & 0 & 0 \\ 0 & 0 & 1 & 0 \\ 0 & 0 & 0 & 1 \end{pmatrix} \begin{pmatrix} \cos(-30°) & -\sin(-30°) & 0 & 0 \\ \sin(-30°) & \cos(-30°) & 0 & 0 \\ 0 & 0 & 1 & 0 \\ 0 & 0 & 0 & 1 \end{pmatrix} \begin{pmatrix} 1 & 0 & 0 & 50 \\ 0 & 1 & 0 & 0 \\ 0 & 0 & 1 & 0 \\ 0 & 0 & 0 & 1 \end{pmatrix}$$

$$= \begin{pmatrix} \frac{\sqrt{6}}{4} + \frac{\sqrt{2}}{4} & \frac{\sqrt{2}}{4} - \frac{\sqrt{6}}{4} & 0 & 25\frac{\sqrt{6}}{2} + 125\frac{\sqrt{2}}{2} \\ \frac{\sqrt{6}}{4} - \frac{\sqrt{2}}{4} & \frac{\sqrt{2}}{4} + \frac{\sqrt{6}}{4} & 0 & 25\frac{\sqrt{6}}{2} + 75\frac{\sqrt{2}}{2} \\ 0 & 0 & 1 & 0 \\ 0 & 0 & 0 & 1 \end{pmatrix}$$

（2）反向运动学计算

已知工业机器人末端执行器的位姿，求各关节变量的计算称为反向运动学计算，又称为逆运动学计算。

例 1-5　如图 1-32 所示，某工业机器人有 3 个关节，分别位于 O_A、O_B、O_C，末端执行器中心为 O_D。调整机器人各关节，令末端执行器最终到达指定位置（未沿 z 轴发生平移）。坐标系 $\{A\}$ 中，点 O_D 的坐标为 $\left(\dfrac{9}{2}\sqrt{3},\dfrac{19}{2},0\right)$，其中 $l_1=5$，$l_2=5$，$l_3=4$，$\theta_4=30°$。求机器人各个关节的角度 θ_1、θ_2、θ_3。

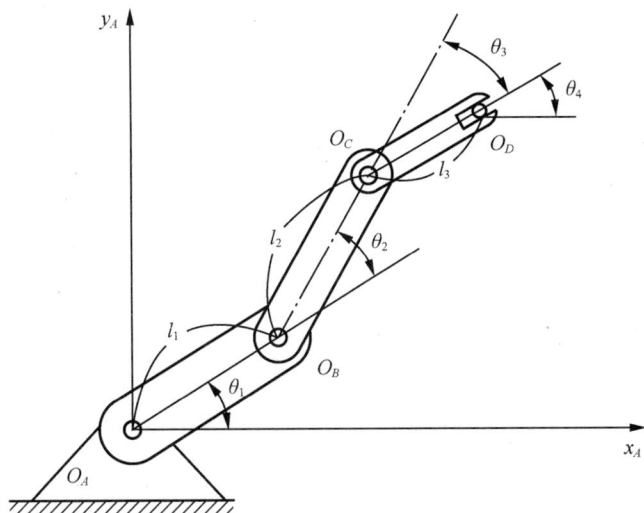

图 1-32　例 1-5

解：由题意可知，第 3 关节的坐标可通过末端执行器的坐标求得，即

$$x_{AC}=\frac{9}{2}\sqrt{3}-4\cos30°=\frac{5}{2}\sqrt{3}$$

$$y_{AC}=\frac{19}{2}-4\sin30°=\frac{15}{2}$$

所以 O_C 点到坐标系 $\{A\}$ 原点 O_A 的距离为

$$l_{AC}^2=x_{AC}^2+y_{AC}^2=\left(\frac{5}{2}\sqrt{3}\right)^2+\left(\frac{15}{2}\right)^2=75$$

由余弦定理可知

$$\begin{aligned}l_{AC}^2&=l_1^2+l_2^2-2l_1l_2\cos(\pi-\theta_2)\\&=l_1^2+l_2^2-2l_1l_2(-\cos\theta_2)\\&=50+50\cos\theta_2\end{aligned}$$

结合上述两式，可知 $\theta_2=\pm60°$。又因为 $x_{AC}=l_1\cos\theta_1+l_2\cos(\theta_1+\theta_2)$，则有

$$5\cos\theta_1+5(\cos\theta_1\cos\theta_2-\sin\theta_1\sin\theta_2)=\frac{5}{2}\sqrt{3}$$

当 $\theta_2=60°$ 时，解得 $\theta_1=30°$ 或 $\theta_1=-90°$（舍去），又因 $\theta_1+\theta_2+\theta_3=30°$，故 $\theta_3=-60°$。

当 $\theta_2=-60°$ 时，同理可得 $\theta_1=90°$，$\theta_3=0$。可能的机器人姿态如图 1-33 所示。

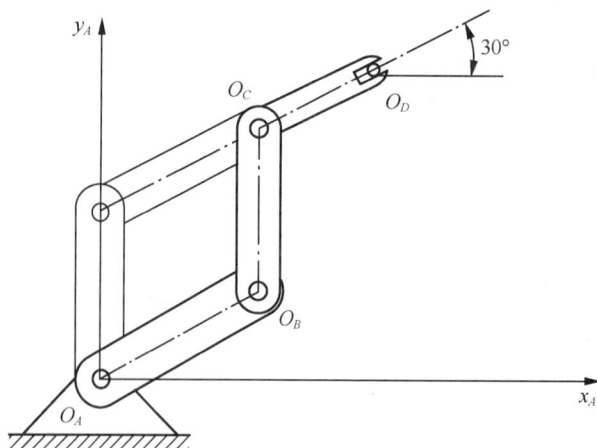

图 1-33　可能的机器人姿态

3．机器人微分运动与速度

在工业机器人运动过程中，若要通过控制各关节的速度，实现末端执行器按指定的方向及速度运动，需要知道各关节运动速度与末端执行器运动速度的关系。

以图 1-33 所示机器人为例，坐标系 $\{A\}$ 中末端执行器中心点 O_C 的坐标值 x、y 与关节角位移 θ_1、θ_2 的关系为

$$\begin{cases} x = l_1 \cos\theta_1 + l_2 \cos(\theta_1 + \theta_2) \\ y = l_1 \sin\theta_1 + l_2 \sin(\theta_1 + \theta_2) \end{cases}$$

根据三角函数加法定理可知

$$\begin{cases} x = l_1 \cos\theta_1 + l_2(\cos\theta_1 \cos\theta_2 - \sin\theta_1 \sin\theta_2) \\ y = l_1 \sin\theta_1 + l_2(\sin\theta_1 \cos\theta_2 + \cos\theta_1 \sin\theta_2) \end{cases}$$

求微分得

$$\begin{cases} \mathrm{d}x = -l_1\big(\sin\theta_1 + \sin(\theta_1 + \theta_2)\big)\mathrm{d}\theta_1 - l_2 \sin(\theta_1 + \theta_2)\mathrm{d}\theta_2 \\ \mathrm{d}y = l_1\big(\cos\theta_1 + \cos(\theta_1 + \theta_2)\big)\mathrm{d}\theta_1 + l_2 \cos(\theta_1 + \theta_2)\mathrm{d}\theta_2 \end{cases}$$

写成矩阵形式为

$$\begin{bmatrix} \mathrm{d}x \\ \mathrm{d}y \end{bmatrix} = \begin{bmatrix} -l_1\big(\sin\theta_1 + \sin(\theta_1 + \theta_2)\big) & -l_2 \sin(\theta_1 + \theta_2) \\ l_1\big(\cos\theta_1 + \cos(\theta_1 + \theta_2)\big) & l_2 \cos(\theta_1 + \theta_2) \end{bmatrix} \begin{bmatrix} \mathrm{d}\theta_1 \\ \mathrm{d}\theta_2 \end{bmatrix}$$

简写成　　　　$\mathrm{d}X = J\mathrm{d}\theta$

J 用于反映关节微小角位移 $\mathrm{d}\theta$ 与末端执行器微小位移 $\mathrm{d}X$ 的关系，称为雅可比矩阵。

若将上式两边同时除以 $\mathrm{d}t$，得

$$\frac{\mathrm{d}X}{\mathrm{d}t} = J\frac{\mathrm{d}\theta}{\mathrm{d}t} \quad \text{或} \quad v = J\omega$$

v 表示末端执行器运动速度，ω 表示关节运动角速度。

若已知关节运动角速度，可计算出末端执行器运动速度。反之，若已知末端执行器运动速度，也可求出关节运动角速度 $\omega = J^{-1}v$。

1.4.4　工业机器人动力学

机器人动力学研究物体的运动与受力之间的关系。机器人动力学方程是机器人机械系统的运动方程，它表示机器人各关节的位置、速度、加速度与各关节执行器驱动力或力矩之间的关系。

机器人的动力学中有两个相反的问题：一是已知机器人各关节执行器的驱动力或力矩，求解机器人各关节的位置、速度、加速度，这是动力学正问题；二是已知各关节的位置、速度、加速度，求各关节所需的驱动力或力矩，这是动力学逆问题。

机器人的动力学正问题主要用于机器人的运动仿真。例如，在设计机器人时，需根据连杆质量、运动学和动力学参数、传动机构特征及负载大小等进行运动仿真，从而决定机器人的结构参数和传动方案，验证设计方案的合理性和可行性，以及结构优化的程度；在机器人的离线编程中，为了评估机器人高速运动引起的动态载荷和轨迹偏差，要进行路径控制仿真和动力学仿真。

研究机器人的动力学逆问题的目的是对机器人的运动进行有效的实时控制，以实现预期的轨迹运动，并达到良好动态性能和最优指标。由于机器人是个复杂的动力学系统，由较多连杆和关节组成，具有多个输入和输出，存在错综复杂的耦合关系和非线性关系，因此动力学的实时计算很复杂，在实际控制时需要做一些简化假设。

目前研究机器人动力学的方法很多，有牛顿-欧拉方法、拉格朗日方法、阿贝尔判别法和凯恩方法等，详细内容可查阅相关书籍。

任务考核与评价

以实训现场某工业机器人为例，按 D-H 表示法画出该工业机器人的关节坐标系和基坐标系。考核与评价细则如表 1-5 所示。

表 1-5　　　　　　　　　　　　考核与评价细则

姓名		学号		班级		
实操用时		成绩		教师签字		
	任务要点	评分标准			配分	得分
任务模块考核	以实训现场某工业机器人为例，按 D-H 表示法画出该工业机器人的关节坐标系和基坐标系	画出该工业机器人的基坐标系			30	
		画出该工业机器人的关节坐标系			50	
职业素养考核	素养意识	具备爱岗敬业、团队协作的意识			5	
		具备自主学习、吃苦耐劳的意识			5	
	实训报告	撰写认真、规范			10	
总得分					100	

任务思考

（1）工业机器人的坐标变换分为哪几种？

（2）写出绕 x 轴旋转 θ 的旋转变换矩阵。

（3）写出绕 y 轴旋转 θ 的旋转变换矩阵。

（4）写出绕 z 轴旋转 θ 的旋转变换矩阵。

| 项目总结 |

　　工业机器人是一种能实现自动定位控制并可重新编程的多功能机器。它有多个自由度，可用来搬运材料、零件和握持工具等，以完成各种不同的作业。

　　工业机器人可分为3类。第一类为示教再现型机器人，它可以按照预先设定的程序，自主完成规定动作或操作，在当前工业领域中应用较多。第二类为感知机器人，可感知力觉、触觉和视觉等，它具有对某些外界信息进行反馈的能力，目前已进入应用阶段。第三类为智能机器人，尚处于研究阶段。

　　工业机器人对于新兴产业的发展和传统产业的转型都起到非常重要的作用。目前工业机器人在生产中的应用范围越来越广，受市场需求等原因的驱动，也将直接推动机器人产业的快速发展。

　　对工业机器人的运动学和动力学部分，本项目主要介绍了位姿描述的方法、坐标变换的概念，说明了不同种类的坐标系的应用范围，然后介绍了工业机器人的D-H表示法，最后介绍了工业机器人的正向运动学计算、反向运动学计算和雅可比矩阵等。

| 思考与练习 |

一、选择题

1. 世界第一台真正意义上的工业机器人诞生于（　　　）行业。

A. 汽车制造　　　　　　　　　　　B. 玻璃制造

C. 食品制造　　　　　　　　　　　D. 冶金加工

2. （　　　）是我国的工业机器人品牌。

A. 库卡　　　　　B. 安川电机　　　　C. 新松　　　　　D. ABB

3. 世界上第一台工业机器人的名字是（　　　）。

A. Unimate　　　　B. Verstran　　　　C. 斯坦福手臂　　　D. IRB-6

4. 以下设备中，（　　　）不是焊接机器人系统需要的。

A. 焊接电源　　　B. 焊枪　　　　　　C. 喷枪　　　　　　D. 机械手

5. （　　　）为电动喷涂机器人的重要组成部分，设计不当会造成安全隐患。

A. 机械手　　　　　　　　　　　　B. 净化系统

C. 夹紧装置　　　　　　　　　　　D. 防爆系统

6. 工业机器人按结构坐标系的特点分为（　　　）。

①直角坐标型机器人　　②圆柱坐标型机器人

③极坐标型机器人　　　④多关节坐标型机器人

A. ①③　　　　　B. ②③　　　　　　C. ①②④　　　　　D. ①②③④

7．SCARA 机器人的自由度有（　　）。

A．3 个　　　　　　B．4 个　　　　　　C．5 个　　　　　　D．6 个

8．原点位于工具上的坐标系是（　　）。

A．工件坐标系　　　　　　　　　B．用户坐标系

C．工具坐标系　　　　　　　　　D．世界坐标系

9．已知工业机器人各关节的变量，求末端执行器的位姿的计算为（　　）。

A．正向运动学计算　　　　　　　B．反向运动学计算

C．平移变换计算　　　　　　　　D．旋转变换计算

10．已知工业机器人末端执行器的位姿，求各关节变量的计算为（　　）。

A．正向运动学计算　　　　　　　B．反向运动学计算

C．平移变换计算　　　　　　　　D．旋转变换计算

11．如果一坐标系（它也可能表示一个物体）在空间以不变的姿态运动，那么该坐标变换就是（　　）。

A．旋转坐标变换　　　　　　　　B．平移坐标变换

C．综合坐标变换　　　　　　　　D．复合坐标变换

二、填空题

1．工业机器人技术实质上是＿＿＿＿＿技术和＿＿＿＿＿技术的结合。

2．除专门设计的专用工业机器人外，一般工业机器人在执行不同的作业任务时具有较好的＿＿＿＿＿性。

3．焊接机器人分为＿＿＿＿＿与＿＿＿＿＿两种。

4．焊接机器人一般由＿＿＿＿＿、变位机、机器人控制器、＿＿＿＿＿、焊接传感器、中央控制计算机和相应的安全设备等组成。

5．喷涂机器人一般分为＿＿＿＿＿和＿＿＿＿＿两类。

6．按照机器人的技术发展水平，可以将工业机器人分为 3 类，即＿＿＿＿机器人、＿＿＿＿机器人和＿＿＿＿机器人。

7．在外力作用下，物体的形状和尺寸保持不变，而且内部各部分相对位置保持＿＿＿＿＿，这种理想物理模型称为＿＿＿＿＿。

8．在三维空间中，若指定了某刚体上某一点的＿＿＿＿＿和刚体的＿＿＿＿＿，则这个刚体在空间中的位姿也就确定了。

9．＿＿＿＿＿坐标系是非常适用于对机器人进行编程的坐标系。

三、判断题

1．关节型搬运机器人本体在负载较轻的情况下可以与其他关节型机器人本体进行互换。（　　）

2．工具坐标系是一个直角坐标系，其原点与世界坐标系的原点重合。（　　）

3．刚体上任意两点的连线在平动中是平行且相等的。（　　）

4．若要将机器人的手固定在一个期望的位姿，就必须知道机器人的每根连杆的长度和每个关节的角度，这被称为反向运动学分析。（　　）

四、计算题

1．现有一位姿如下的坐标系{b}，相对固定坐标系移动 d=[3,2,6]^T，求该坐标系相对固定

坐标系的新位姿。

$$B = \begin{bmatrix} 0 & -1 & 0 & 2 \\ 1 & 0 & 0 & 4 \\ 0 & 0 & 1 & 6 \\ 0 & 0 & 0 & 1 \end{bmatrix}$$

2．求点 P（2,3,4）绕固定坐标系的 x 轴旋转 -45° 后相对固定坐标系的坐标。

3．运动坐标系中有一点 $P(6,3,3)$ 经历了如下变换，求变换后该点在固定坐标系中的坐标。

（1）绕 y 轴旋转 30°。

（2）分别沿 x、y、z 轴平移 6、0、1。

（3）绕 x 轴旋转 45°。

|任务 2.1　工业机器人的机械系统|

任务描述

说到机器人，我们很可能想到的是那些具有人类形态的、拟人化的机器人。但事实上除部分场所中的服务机器人外，大多数机器人不具有基本的人类形态，更多以机械手臂的形式存在，这点在工业机器人身上体现得尤为明显。

现在，工业机器人已经具有了如人类般灵巧的指、腕、肘和肩胛关节等，能灵活地伸缩、摆动或转动、弯曲。有些机器人通过"手指"上的传感器，还能感觉出抓握的东西的重量，可以说机器人已经具备人手的诸多功能。

那么，工业机器人的"手臂"由哪些部分组成？下面我们就来认识工业机器人"手臂"的方方面面。

任务目标

知识目标

（1）熟悉工业机器人的机座、臂部、腕部的类型、特点。
（2）熟悉工业机器人的末端执行器的类型。
（3）了解工业机器人的传动机构。

能力目标

（1）能根据实际需求选择合适的末端执行器。
（2）能准确把握工业机器人的机座、臂部、腕部的功能和类型。

素质目标

（1）具备诚信、友善的社会主义核心价值观。
（2）具备吃苦耐劳、爱岗敬业的职业素养。
（3）具备自主学习、勇于创新的工匠精神。

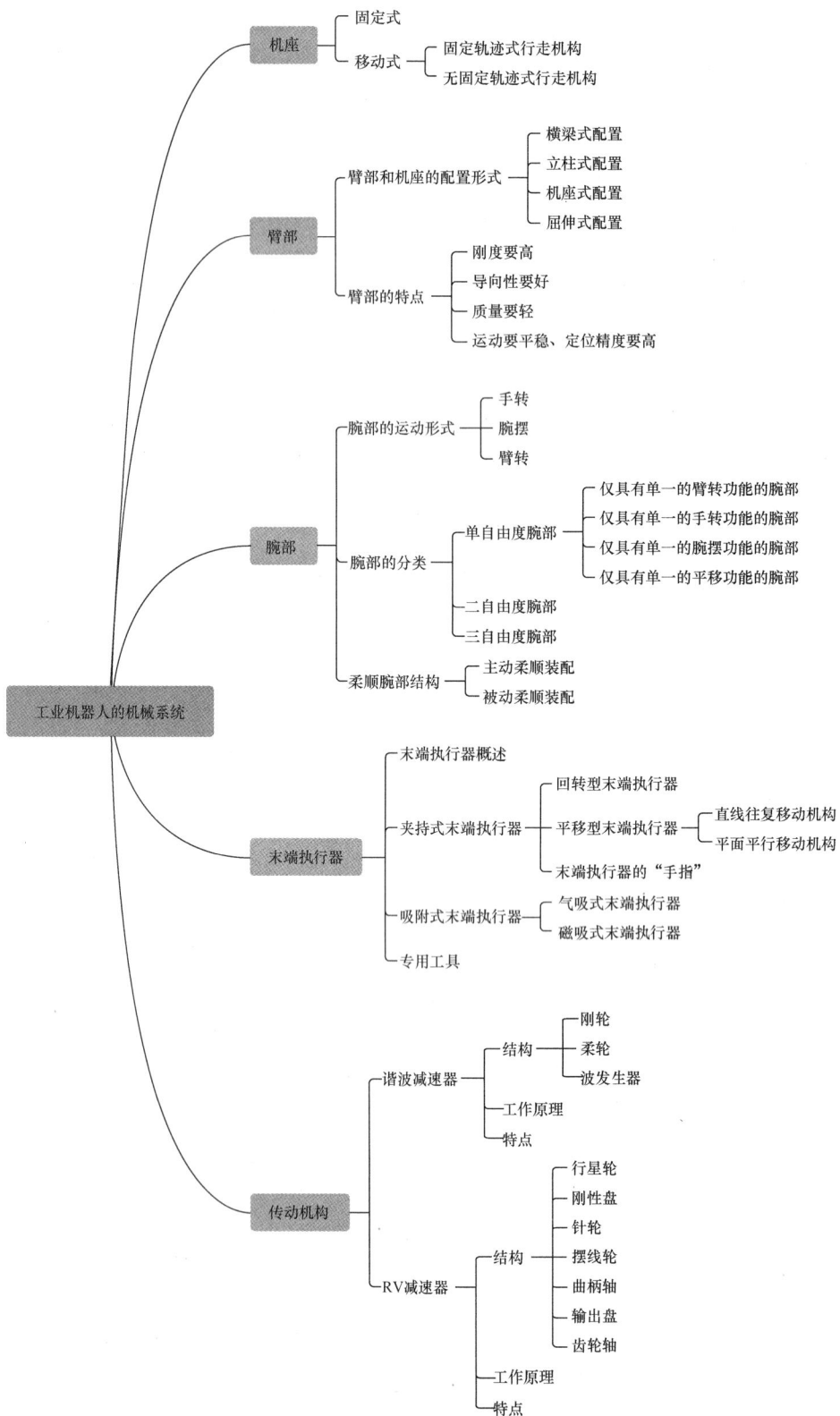

思维导图

工业机器人的机械系统

- 机座
  - 固定式
  - 移动式
    - 固定轨迹式行走机构
    - 无固定轨迹式行走机构
- 臂部
  - 臂部和机座的配置形式
    - 横梁式配置
    - 立柱式配置
    - 机座式配置
    - 屈伸式配置
  - 臂部的特点
    - 刚度要高
    - 导向性要好
    - 质量要轻
    - 运动要平稳、定位精度要高
- 腕部
  - 腕部的运动形式
    - 手转
    - 腕摆
    - 臂转
  - 腕部的分类
    - 单自由度腕部
      - 仅具有单一的臂转功能的腕部
      - 仅具有单一的手转功能的腕部
      - 仅具有单一的腕摆功能的腕部
      - 仅具有单一的平移功能的腕部
    - 二自由度腕部
    - 三自由度腕部
  - 柔顺腕部结构
    - 主动柔顺装配
    - 被动柔顺装配
- 末端执行器
  - 末端执行器概述
  - 夹持式末端执行器
    - 回转型末端执行器
    - 平移型末端执行器
      - 直线往复移动机构
      - 平面平行移动机构
    - 末端执行器的"手指"
  - 吸附式末端执行器
    - 气吸式末端执行器
    - 磁吸式末端执行器
  - 专用工具
- 传动机构
  - 谐波减速器
    - 结构
      - 刚轮
      - 柔轮
      - 波发生器
    - 工作原理
    - 特点
  - RV减速器
    - 结构
      - 行星轮
      - 刚性盘
      - 针轮
      - 摆线轮
      - 曲柄轴
      - 输出盘
      - 齿轮轴
    - 工作原理
    - 特点

相关知识

　　工业机器人的机械系统由机座、臂部、腕部、手部或末端执行器等组成。机器人若要完成工作任务，必须配置有操作执行机构，这个操作执行机构（手部）相当于人的手，有时也称为手爪或末端执行器。而连接手部和臂部的部分相当于人的手腕，称为腕部，其作用是改变末端执行器的空间方向和将载荷传递到臂部。臂部连接机座和腕部，主要作用是改变手部的空间位置，满足机器人的作业空间需求，并将各种载荷传递到机座。机座是机器人的基础部分，它起到支撑作用。对于固定式机器人，机座直接固定在地面基础上；对于行走式机器人，机座安装在行走机构上。

2.1.1　工业机器人的机座

　　工业机器人的机座相当于人体的躯干部分，起到支撑的作用。机座分为固定式和移动式两种，固定式机座由铆钉直接固定在地面、工作台或横架上，如图 2-1 所示；移动式机座则安装在行走机构上。本节主要介绍移动式机座与行走机构的相关知识。

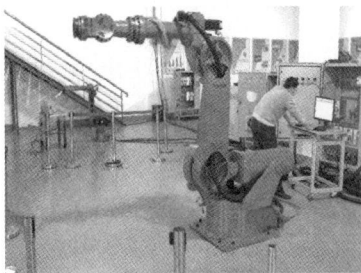

（a）固定在地面上　　　　　　（b）固定在工作台上

微课

工业机器人的机座

（c）固定在横架上

图 2-1　固定式机座

　　移动式机座通常由驱动装置、传动机构、位置检测元件、传感器电缆及管路等组成。移动式机座一方面支撑工业机器人的臂部、腕部和末端执行器，另一方面根据作业任务的要求，带动机器人在更广的空间内运动。

　　工业机器人的行走机构按其运动轨迹的不同，可分为固定轨迹式行走机构和无固定轨迹式行走机构。

1. 固定轨迹式行走机构

　　固定轨迹式工业机器人的机座安装在一个可移动的拖板座上，整个机器人可以靠丝杠螺母的驱动沿丝杠纵向移动。除此之外，此类机器人也采用类似梁式起重机的移动方式行走，如图 2-2 所示。固定轨迹式工业机器人主要用于工作区域大的作业场合，如大型设备装配，立体化仓库中的材料搬运、材料堆垛和储运，大面积喷涂等。

图 2-2　固定轨迹式行走机构

2．无固定轨迹式行走机构

一般来讲，无固定轨迹式行走机构主要有轮式行走机构、履带式行走机构和足式行走机构等，如图 2-3 所示。此外，还有适用于各种特殊场合的步进式行走机构、蠕动式行走机构、混合式行走机构和蛇行式行走机构等。轮式行走机构、履带式行走机构在行走过程中与地面连续接触，其形态为运行车式，多用于野外、较大型作业场所，应用得较多也较成熟，如图 2-3（a）、图 2-3（b）所示。足式行走机构与地面间断接触，其形态为人类（或动物）的腿脚式，该机构正在发展和完善中，如图 2-3（c）所示。

（a）轮式行走机构

（b）履带式行走机构

（c）足式行走机构

图 2-3　无固定轨迹式行走机构

2.1.2　工业机器人的臂部

工业机器人的臂部是连接机座和腕部的部件，支撑腕部和末端执行器，带动它们在空间中运动，其结构类型多、受力复杂。

微课

工业机器人的臂部

1．臂部和机座的配置形式

工业机器人的机座和臂部的配置形式基本上反映了机器人的总体布局。由于工业机器人的作业环境和场地等因素的不同，会存在各种配置形式，目前常见的有横梁式配置、立柱式配置、机座式配置和屈伸式配置4种。

（1）横梁式配置

横梁式工业机器人的机座被设计成横梁式，用于悬挂臂部机构，其配置形式一般分为单臂悬挂式和双臂悬挂式两种，如图2-4所示。此类机器人的运动形式大多为移动式，其具有占地面积小、空间利用率高、动作简单且直观等优点。

横梁式工业机器人的横梁既可以是固定的，也可以是行走的，一般安装在厂房原有建筑的柱梁或有关设备上，也可从地面架设。

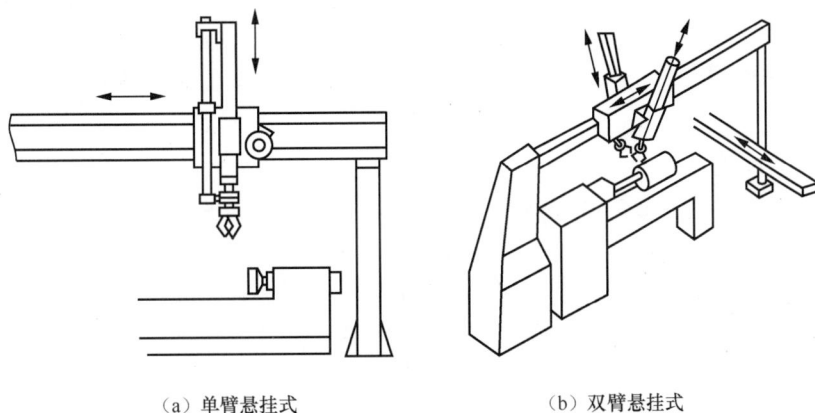

（a）单臂悬挂式　　　　　　　　（b）双臂悬挂式

图2-4　横梁式配置

（2）立柱式配置

立柱式工业机器人较为常见，其配置形式可分为单臂式和双臂式两种，如图2-5所示。此类机器人的臂部可以在水平面内回转，具有占地面积小、工作范围大等特点。

立柱式工业机器人的立柱不仅可以固定在空地上，也可以固定在床身上，结构较为简单，主要承担上料、下料或转运等工作。

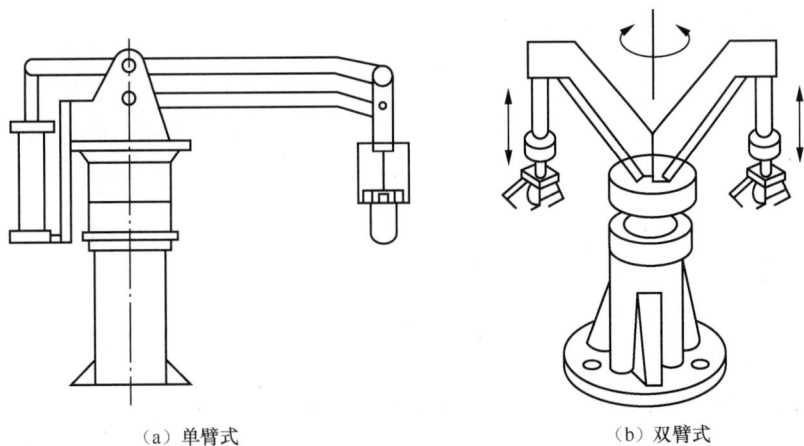

（a）单臂式　　　　　　　　　　（b）双臂式

图2-5　立柱式配置

（3）机座式配置

机座式工业机器人一般为独立的、自成系统的完整装置，不仅可以任意安放和搬运，也可以沿地面上的专用轨道移动，扩大其活动范围，其配置形式如图 2-6 所示。

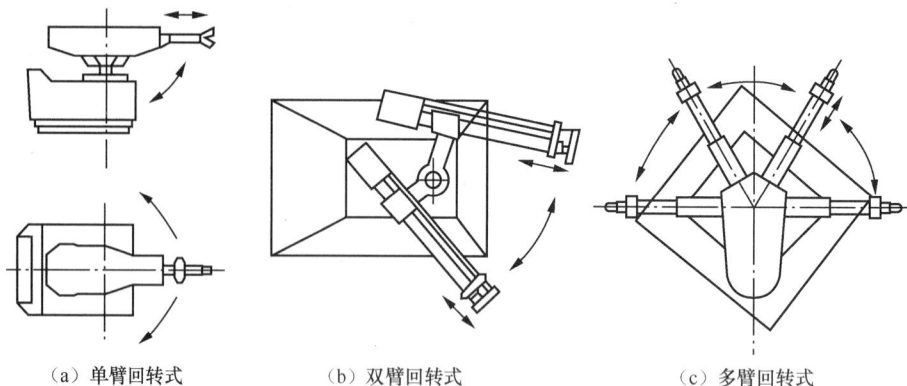

（a）单臂回转式　　　　（b）双臂回转式　　　　（c）多臂回转式

图 2-6　机座式配置

（4）屈伸式配置

屈伸式工业机器人的臂部由大臂、小臂组成，大臂、小臂间有相对运动，称为屈伸臂。屈伸臂与机座一起，结合机器人的运动轨迹，既可以实现平面运动，又可以实现空间运动，其配置形式如图 2-7 所示。

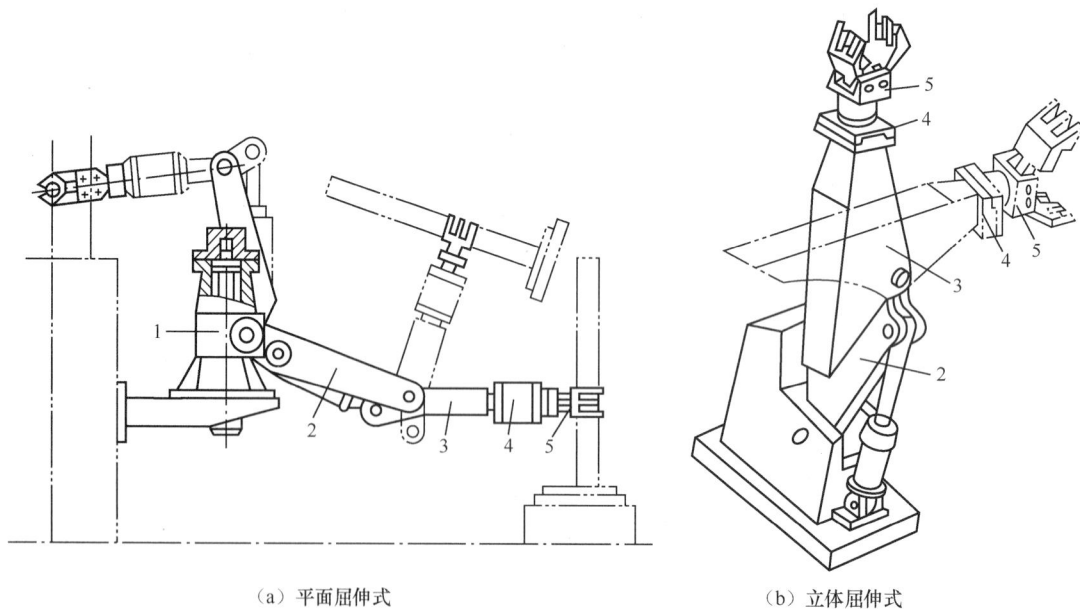

（a）平面屈伸式　　　　　　　　　　（b）立体屈伸式

1—立柱；2—大臂；3—小臂；4—腕部；5—末端执行器

图 2-7　屈伸式配置

2．臂部的特点

工业机器人的臂部一般由大臂、小臂（或多臂）组成，用来支撑腕部和手部，实现较大的运动范围。臂部的各种运动通常由驱动机构和传动机构来实现，总质量较大，受力一般比较复杂，在运动时，直接承受腕部、末端执行器和工件的静、动载荷，尤其在高速运动时，会产生较大的惯性力（或惯性力矩），引起冲击，影响定位精度。

臂部的结构形式必须根据机器人的运动形式、抓取质量、动作自由度、运动精度等因素来确定，特征如下。

（1）刚度要高

为防止工业机器人的臂部在运动过程中发生过大的变形，要合理选择臂部的截面形状。"工"字形截面构件的弯曲刚度一般比圆截面构件的弯曲刚度大，空心管的弯曲刚度和扭曲刚度都比实心轴的大得多，所以常用空心管作为臂杆及导向杆，用"工"字钢和槽钢作为支撑杆，如图 2-8 所示。

为了增大臂部的刚度，也可采用多重闭合的平行四边形连杆机构代替单一的刚性臂杆，如图 2-9 所示。

図 2-8　空心管臂杆

図 2-9　多重闭合的平行四边形连杆机构

（2）导向性要好

为防止臂部在直线运动中沿运动轴线发生相对转动，需要设置导向装置，或设计方形、花键等形式的导向性好的臂杆，如图 2-10 所示的方形臂杆。

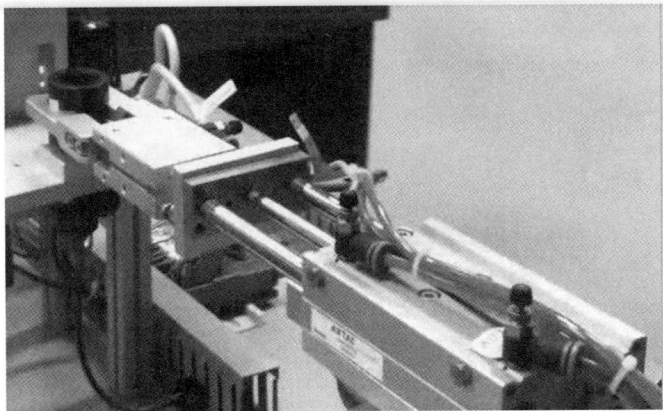

図 2-10　方形臂杆

（3）质量要轻

为提高机器人的运动速度，要尽量减小臂部运动部分的质量，以减小整个臂部对回转轴的转动惯量。特殊实用材料和几何学都被用于减小臂部的质量，从而也减小了与之直接相关的重力和惯性载荷，图 2-11 所示的轻量化机械臂由镁或铝合金构成截面恒定的冲压件，对于实现直线运动的结构来说非常方便。对于需要高加速度的机器人（如喷涂机器人），可采用碳纤维和玻璃纤维复合材料实现轻量化设计。热塑性材料提供了廉价的连杆结构方案，但它的负载能力会有所降低。

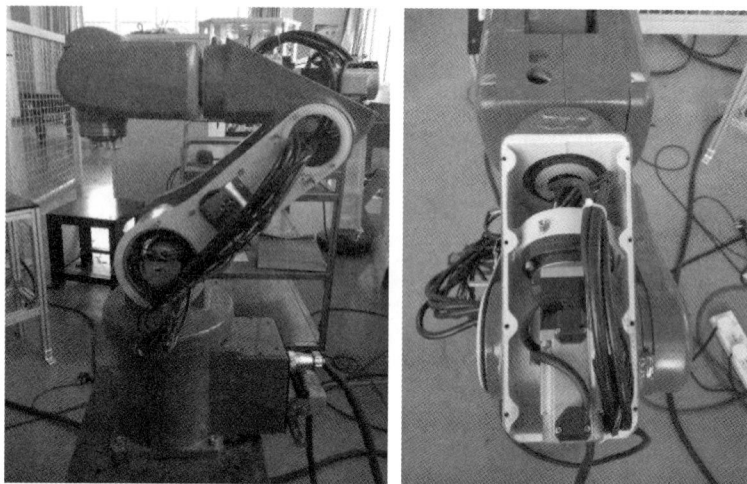

图 2-11　轻量化机械臂

（4）运动要平稳、定位精度要高

由于臂部的运动速度较高，惯性力引起的定位前的冲击也相应较大，运动不平稳，定位精度也不高。因此，臂部的设计除了要求结构紧凑、质量较轻，还要求采用一定形式的缓冲措施。如图 2-12 所示，可采用弹簧或气缸作为臂部缓冲装置。

（a）采用气缸作为缓冲装置　　　　（b）采用弹簧作为缓冲装置

图 2-12　带有缓冲装置的机械臂

2.1.3　工业机器人的腕部

工业机器人的腕部用于连接末端执行器和臂部，作业时通过调整腕部或改变工件的位姿来完成任务，其具有独立的自由度，以便机器人的末端执行器满足复杂的动作要求。

微课

工业机器人的腕部

1．腕部的运动形式

腕部的运动形式有 3 种，即手转、腕摆、臂转，如图 2-13 所示。

手转：使末端执行器绕自身轴线方向的旋转。

腕摆：使末端执行器相对于臂部进行摆动。

臂转：绕小臂轴线方向的旋转。

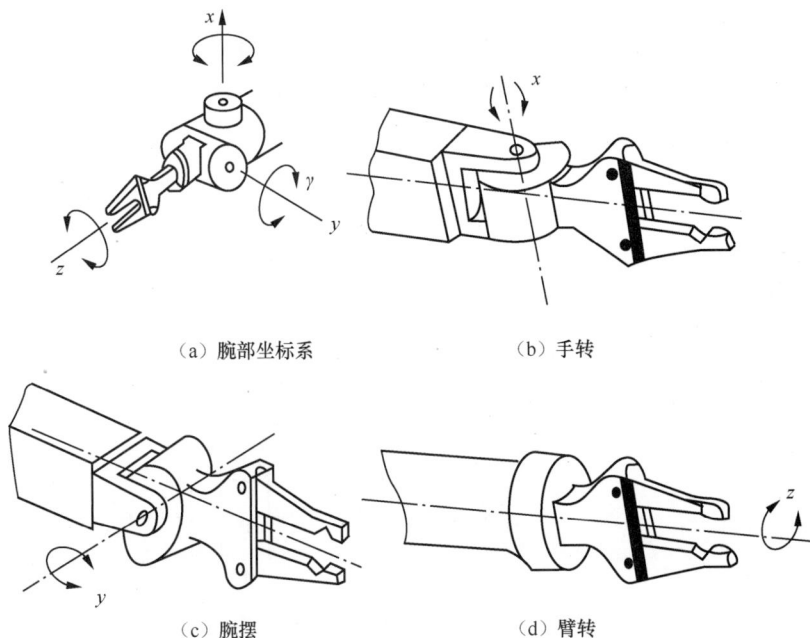

（a）腕部坐标系　　　　　（b）手转

（c）腕摆　　　　　（d）臂转

图 2-13　腕部坐标系和 3 种运动形式

按转动特点的不同，腕部的运动又可细分为滚转和弯转两种。

图 2-13（d）所示为滚转，其特点是相对转动的两个零件的回转轴线重合，因此能实现 360°无障碍旋转的关节运动，滚转通常用 R 来标记。图 2-13（b）、图 2-13（c）所示为弯转，其特点是两个零件的转动轴线相互垂直，这种运动会受到结构的限制，相对转动角度一般小于 360°，弯转通常用 B 来标记。

腕部的运动多为上述 3 种运动形式的组合，组合的方式有多种，常用的组合方式有臂转—腕摆—手转、臂转—双腕摆—手转等，其对应的腕部结构如图 2-14 所示。

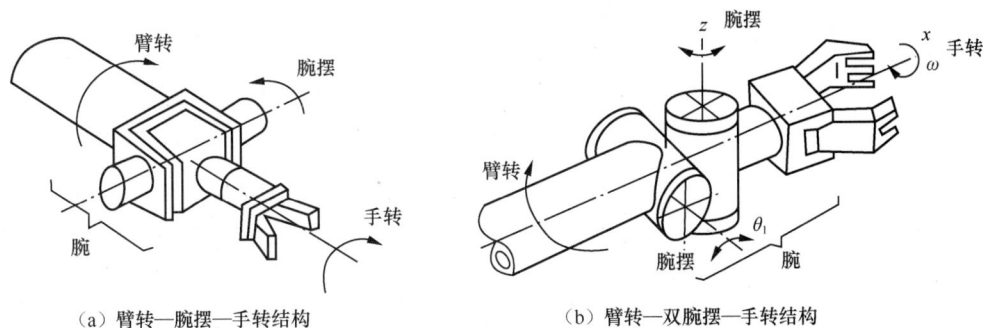

（a）臂转—腕摆—手转结构　　　　　（b）臂转—双腕摆—手转结构

图 2-14　腕部结构

2．腕部的分类

（1）单自由度腕部

① 仅具有单一的臂转功能的腕部。

机器人的关节轴线与臂部的纵轴线共线，回转角度不受结构限制，可以回转360°。该运动通过滚转关节（R手腕）来实现，如图2-15（a）所示。

② 仅具有单一的手转功能的腕部。

关节轴线与臂部及手部的轴线相互垂直，回转角度常受结构限制，通常小于360°。该运动通过弯转关节（B手腕）来实现，如图2-15（b）所示。

③ 仅具有单一的腕摆功能的腕部。

关节轴线与臂部及手的轴线在另一个方向上相互垂直，回转角度常受结构限制。该运动通过弯转关节（B手腕）来实现，如图2-15（c）所示。

④ 仅具有单一的平移功能的腕部。

关节轴线与臂部及手部的轴线在一个方向上成一平面，不能转动只能平移。该运动通过平移关节（T手腕）来实现，如图2-15（d）所示。

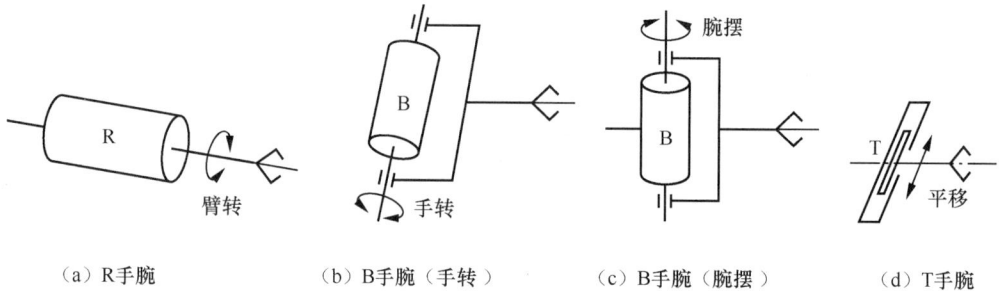

图 2-15　单自由度腕部

（a）R手腕　　（b）B手腕（手转）　　（c）B手腕（腕摆）　　（d）T手腕

（2）二自由度腕部

机器人的二自由度腕部可以由一个弯转关节和一个滚转关节联合构成弯转滚转关节（BR手腕）来实现，或由两个弯转关节构成 BB 手腕来实现，但不能由两个滚转关节构成的 RR 手腕来实现，因为两个滚转关节的运动是重复的，RR 手腕实际上只起到单自由度腕部的作用，如图 2-16 所示。

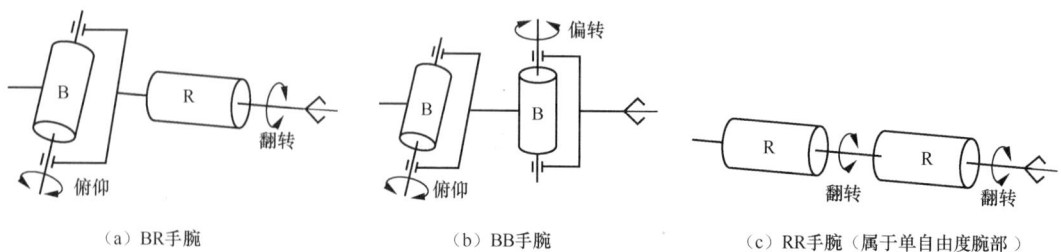

图 2-16　二自由度腕部

（a）BR手腕　　（b）BB手腕　　（c）RR手腕（属于单自由度腕部）

（3）三自由度腕部

由滚转关节和弯转关节的组合构成的三自由度腕部可以有多种形式，以实现臂转、手转和腕摆功能。并且，三自由度腕部能使手部实现空间任意姿态。图2-17所示为6种三自由度腕部的组合方式示意。

（a）BBR型　　　　　（b）BRR型　　　　　（c）RBR型

（d）BRB型　　　　　（e）RBB型　　　　　（f）RRR型

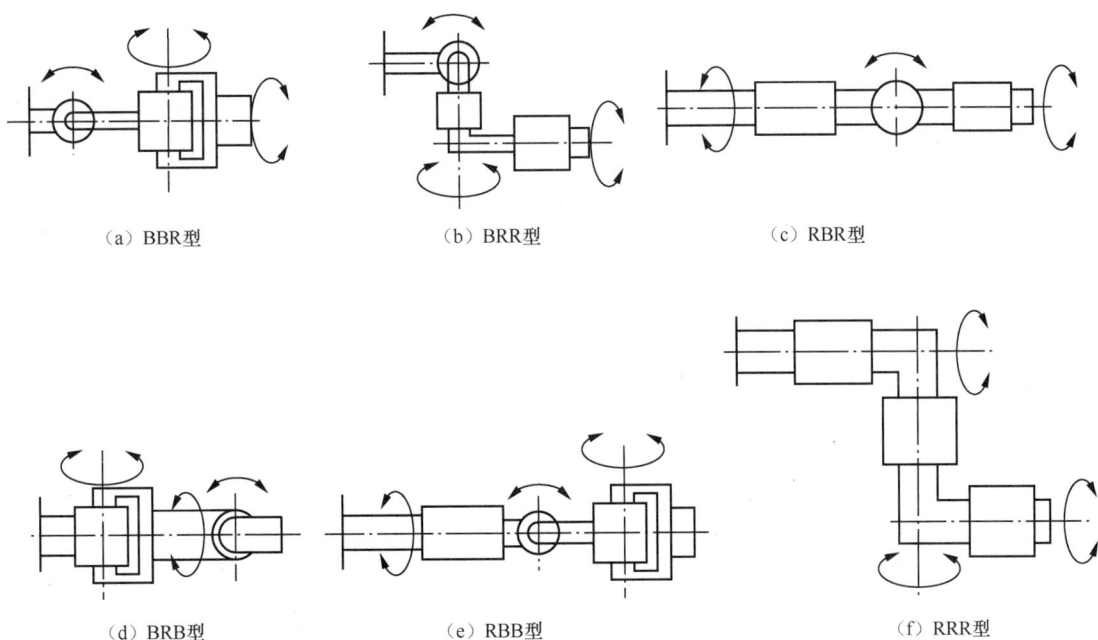

图 2-17　6种三自由度腕部的组合方式示意

3．柔顺腕部结构

一般来说，在用机器人进行精密装配作业的过程中，当被装配零件不一致，工件的定位夹具的定位精度不能满足装配要求时，会导致装配困难。这就要求装配动作要具有柔顺性，柔顺装配技术有两种，即主动柔顺装配和被动柔顺装配。

（1）主动柔顺装配

从检测、控制的角度，采取各种不同的搜索方法，可以实现边校正边装配，如在手爪上安装视觉传感器、力传感器等检测元件，这种柔顺装配称为主动柔顺装配。主动柔顺装配需配备具有一定功能的传感器，成本较高。

（2）被动柔顺装配

主动柔顺装配利用传感器反馈的信息来控制手爪的运动，以修正其位姿误差。而被动柔顺装配利用不带动力的机构来控制手爪的运动以修正其位置误差。在需要被动柔顺装配的机器人结构里，一般会在腕部配置一个可调节角度的柔顺环节以满足柔顺装配的需求。采用被动柔顺装配的腕部的结构比较简单，价格比较便宜，且装配速度快。

图 2-18 所示为具有水平浮动机构和摆动浮动机构的柔顺腕部。水平浮动机构由平面、钢珠和弹簧等构成，以实现两个方向上的浮动；摆动浮动机构由上、下球面和弹簧等构成，以实现两个方向上的摆动。在装配作业中，当夹具定位不准或机器人末端执行器定位不准时，该柔顺腕部可自行校正，其动作过程如图 2-19 所示。在插入装配中，当工件局部被卡住时，阻力促使柔顺腕部进行微小的修正，工件便能顺利插入。

图 2-20 所示为采用板弹簧作为柔性元件组成的柔顺腕部，在基座上通过板弹簧 1、2 连接框架，在框架另外两个侧面上通过板弹簧 3、4 连接平板和轴。装配时通过 4 块板弹簧的变形实现柔顺装配。

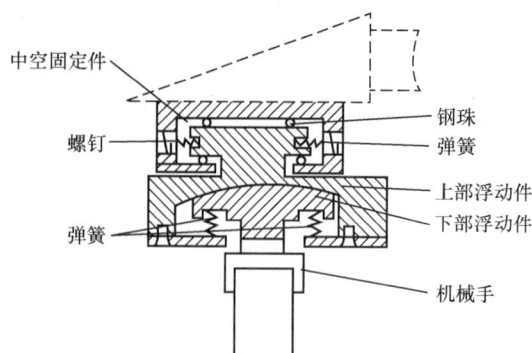

图 2-18 具有水平浮动机构和摆动浮动机构的柔顺腕部

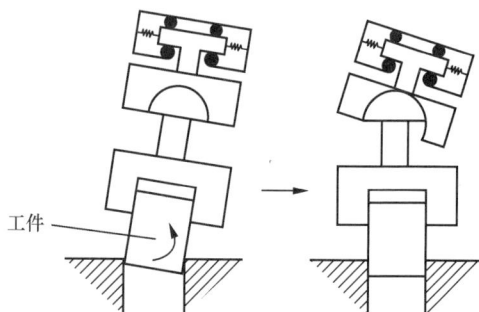

图 2-19 柔顺腕部校正的动作过程

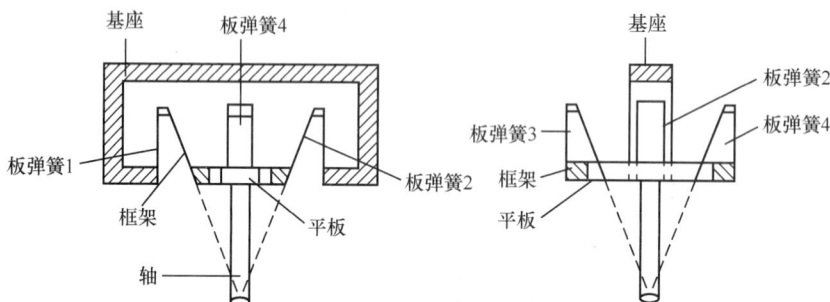

图 2-20 采用板弹簧作为柔性元件组成的柔顺腕部

2.1.4 工业机器人的末端执行器

1. 末端执行器概述

工业机器人的末端执行器即工业机器人的手部，它安装在工业机器人的腕部上，用于直接抓握工件或进行焊接、喷涂等作业，对整个任务的完成质量起到关键的作用，是工业机器人中非常重要的执行机构。

大多数末端执行器的结构和尺寸是根据不同的作业任务要求来设计的，从而形成了多种多样的结构形式。通常，根据其用途、结构的不同，末端执行器可以分为夹持式末端执行器、吸附式末端执行器和专用工具 3 类，如图 2-21 所示。

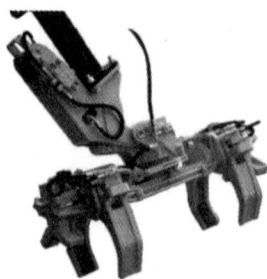

微课

工业机器人的末端执行器

(a) 夹持式末端执行器   (b) 吸附式末端执行器   (c) 专用工具（柔性焊枪）

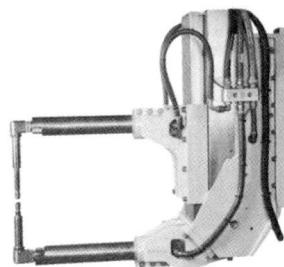

图 2-21 末端执行器的类型

2．夹持式末端执行器

夹持式末端执行器的应用较为广泛，其主要由"手指"、驱动机构、传动机构和支架等组成，通过"手指"的开闭动作实现对物体的夹持，其结构如图 2-22 所示。夹持式末端执行器根据"手指"开合的动作特点，又分为回转型和平移型两种。

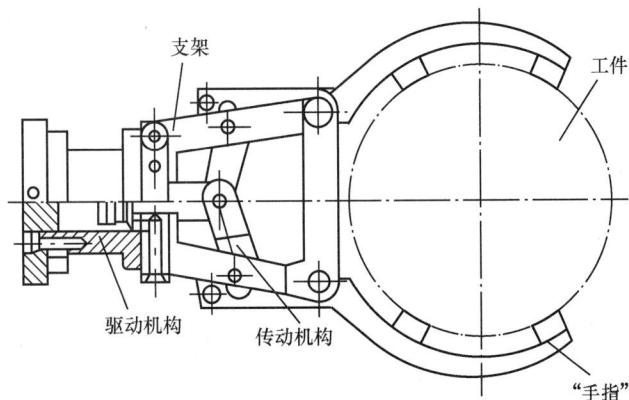

图 2-22　夹持式末端执行器的结构

（1）回转型末端执行器

在夹持式末端执行器中，回转型末端执行器的应用较多，其"手指"为一对杠杆，并与斜楔、滑槽、连杆、齿轮、蜗轮和蜗杆或螺杆等机构组成复合式杠杆传动机构，用以改变传动比和运动方向。常用的回转型末端执行器如图 2-23 所示。

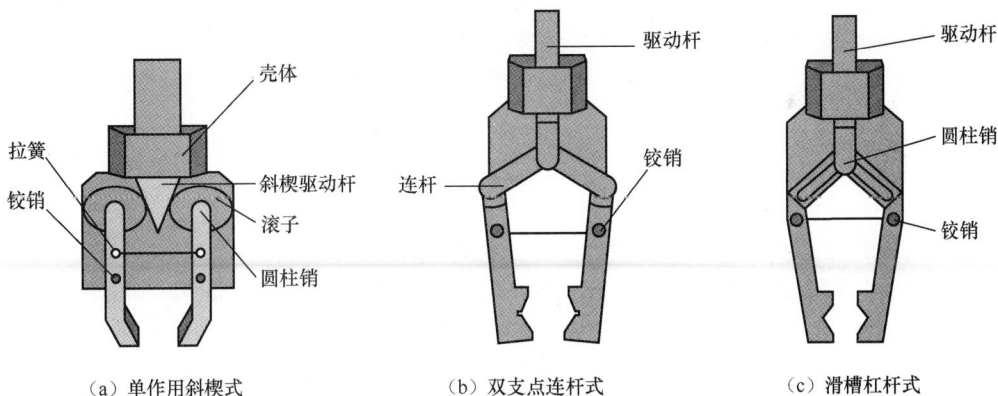

（a）单作用斜楔式　　　　　（b）双支点连杆式　　　　　（c）滑槽杠杆式

图 2-23　常用的回转型末端执行器

（2）平移型末端执行器

平移型末端执行器通过"手指"的指面做直线往复运动或平面移动来实现松开或闭合动作，常用于夹持具有平行平面的工件，如冰箱、洗衣机等。平移型末端执行器较回转型末端执行器结构更复杂，其移动机构分为以下两种类型。

① 直线往复移动机构。

能实现直线往复的移动机构很多，如斜楔平移机构、杠杆平移机构、螺旋平移机构等，如图 2-24 所示。直线往复移动机构既可以是双指型的，也可以是三指型的，还可以是多指型的；既可以是自动定心的，也可以是非自动定心的。

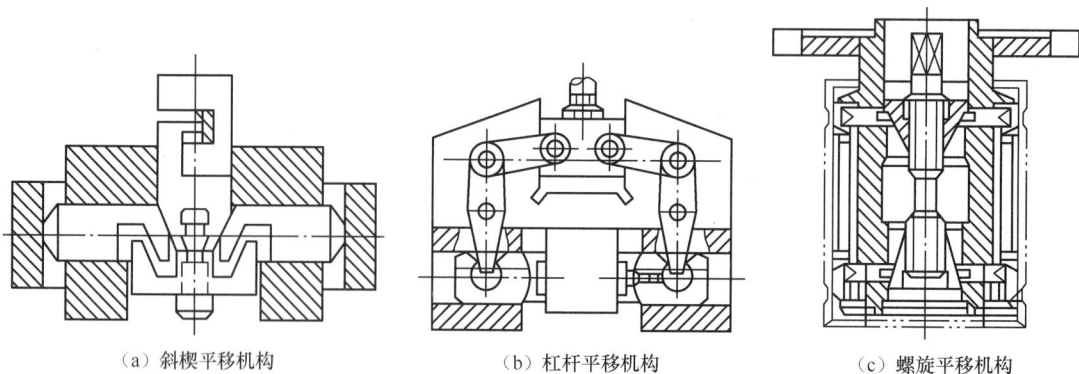

(a) 斜楔平移机构　　　　　(b) 杠杆平移机构　　　　　(c) 螺旋平移机构

图 2-24　直线往复移动机构

② 平面平行移动机构。

图 2-25 所示为常用的齿条齿轮平移机构。平面平行移动机构一般采用平行四边形的铰链机构（双曲柄铰链四连杆机构），以实现"手指"平移。平面平行移动机构常用的传动方法除齿条齿轮传动外，还有蜗轮蜗杆传动和连杆斜滑槽传动等。

（3）末端执行器的"手指"

"手指"是工业机器人中直接与工件接触的部件，它的结构形式一般取决于工件的形状和特性。常用的"手指"有 V 形指、平面指、尖指和特形指等，如图 2-26 所示。V 形指一般用于夹持圆柱形工件，平面指用于夹持具有两个平行平面

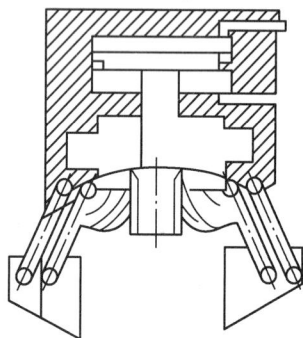

图 2-25　齿条齿轮平移机构

的方形工件、方形板或细小棒料，尖指用于夹持小型、柔性或炽热的工件，特形指用于夹持形状不规则的工件。

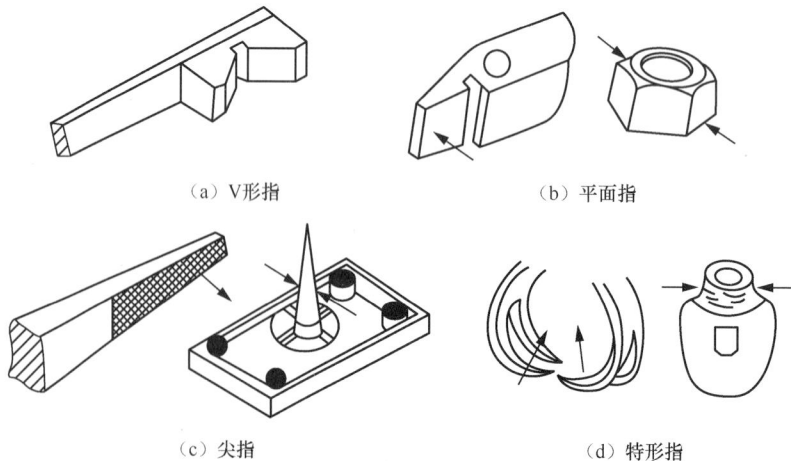

(a) V形指　　　　　(b) 平面指

(c) 尖指　　　　　(d) 特形指

图 2-26　末端执行器常用的"手指"

末端执行器"手指"的指面形状包括齿形指面、光滑指面和柔性指面等。齿形指面一般用来夹持表面粗糙的半成品或毛坯；光滑指面一般用来夹持已完成表面加工的工件；柔性指面一般用来夹持已完成表面加工的工件、炽热件，也适用于夹持薄壁件和脆性工件。

3. 吸附式末端执行器

吸附式末端执行器是目前应用较多的一种执行器，尤其适用于搬运机器人。根据吸附原理的不同，吸附式末端执行器可分为气吸式和磁吸式两种。

（1）气吸式末端执行器

气吸式末端执行器主要由吸盘、吸盘架和进/排气系统等组成，其结构简单、质量轻、使用方便且可靠，被广泛应用于非金属材料（如玻璃、板材等）或无剩磁材料的吸附。气吸式末端执行器不会对工件表面造成损伤，且对被吸附工件的位置精度要求不高，但要求工件上与吸盘接触的部位光滑、平整、洁净，被吸附工件材质致密，没有透气空隙。

气吸式末端执行器是利用吸盘内的压力与大气压之间的压力差来工作的，其按形成压力差的方法不同，可分为真空气吸、喷气式负压气吸和挤压排气负压气吸 3 种类型，如图 2-27 所示。

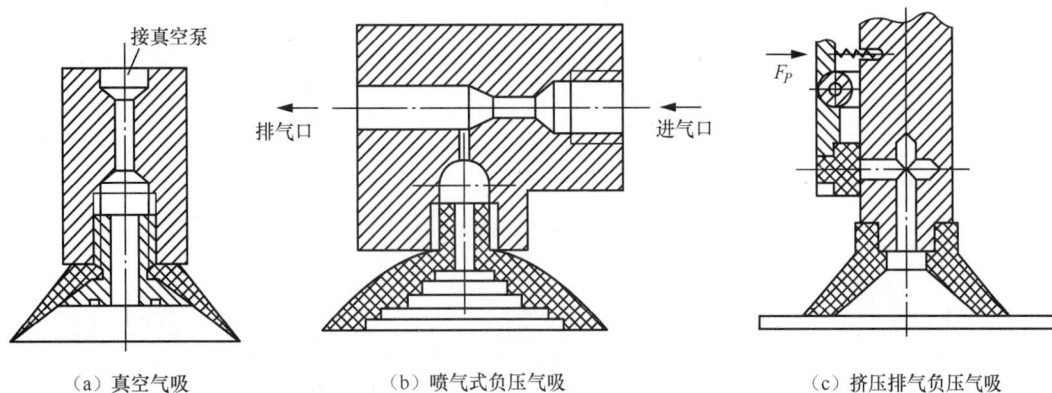

（a）真空气吸　　　　（b）喷气式负压气吸　　　　（c）挤压排气负压气吸

图 2-27　气吸式末端执行器

（2）磁吸式末端执行器

磁吸式末端执行器主要由电磁式吸盘、防尘盖、线圈、壳体等组成。由于磁吸式末端执行器利用电磁铁通电后产生的电磁吸力取料，因此只能对铁磁物体起作用。另外，对于某些不允许有剩磁的零件要禁止使用，因此，磁吸式末端执行器的使用有一定的局限性。图 2-28 所示是几种电磁式吸盘的吸料示意。

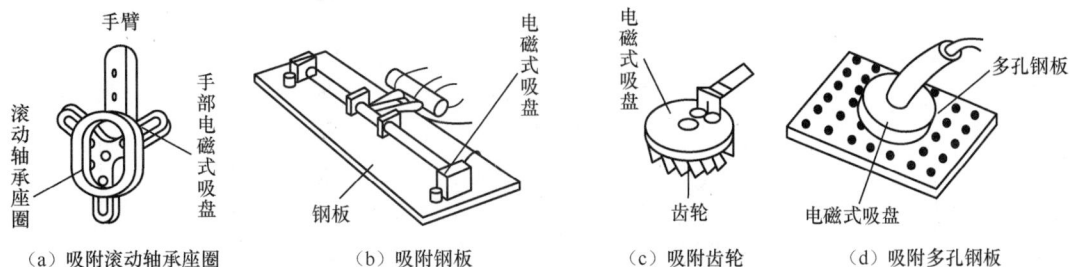

（a）吸附滚动轴承座圈　　　（b）吸附钢板　　　　（c）吸附齿轮　　　　（d）吸附多孔钢板

图 2-28　几种电磁式吸盘的吸料示意

4. 专用工具

工业机器人是一种通用性较好的自动化设备，可根据作业要求装配各种专用的末端执行器来执行各种动作。例如，在通用机器人上安装焊枪便能得到一台焊接机器人，安装拧螺丝机则能得到一台装配机器人。这些专用工具可通过电磁吸盘式换接器快速地进行更换，形成一个系列以满足用户的不同加工需求，如图 2-29 所示。

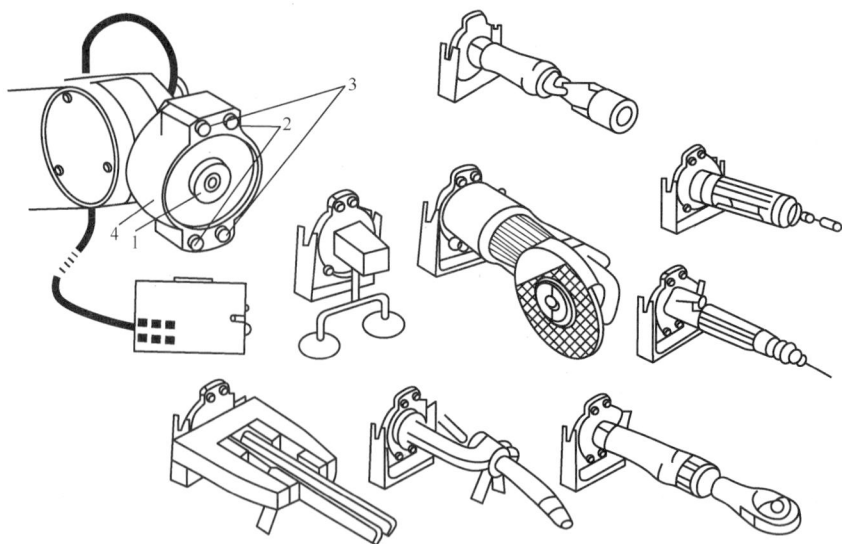

1—气路接口；2—定位销；3—电接头；4—电磁吸盘

图 2-29　专用工具和电磁吸盘式换接器

2.1.5　工业机器人的传动机构

在工业机器人中，传动机构是连接机器人的动力源和执行机构的中间装置，通常包括连杆机构、滚珠丝杠、齿轮系、链、带、谐波减速器和 RV 减速器等。在各种传动机构中，减速器是保证工业机器人实现精确到达目标位置的核心部件。通过合理地选用减速器，可精确地将机器人动力源的转速降为工业机器人各部位所需要的速度。目前应用于工业机器人，尤其是关节型机器人中的减速器产品主要有谐波减速器和 RV 减速器。

微课

工业机器人的
传动机构

1．谐波减速器

谐波减速器是利用行星齿轮传动原理发展起来的一种减速器，其运动本质是依靠柔性零件产生弹性机械波来传递动力和运动的一种行星齿轮传动。

（1）谐波减速器的结构

如图 2-30 所示，谐波减速器由具有内齿的刚轮、具有外齿的柔轮和波发生器等组成。通常波发生器为主动件，而刚轮和柔轮之一为从动件，另一个为固定件。

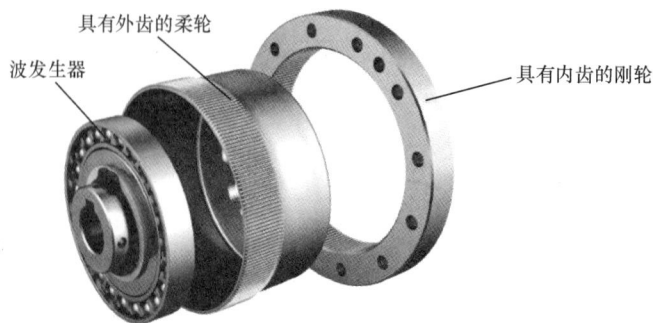

图 2-30　谐波减速器的结构

① 刚轮。刚轮是一个刚性内齿轮，双波谐波传动的刚轮通常比柔轮多两齿。谐波减速器多由刚轮固定，外部与箱体连接。

② 柔轮。柔轮有薄壁杯式、薄壁圆筒式和平嵌式等多种形式。其中，薄壁圆筒式柔轮的开口端外面有齿圈，它随着波发生器的转动而变形，筒底部分与输出轴连接。

③ 波发生器。波发生器与输入轴相连，对柔轮齿圈的变形起到产生和控制的作用。它由一个椭圆凸轮和一个柔性轴承组成。柔性轴承不同于普通轴承，它的外环很薄，容易导致径向变形，在未装入凸轮之前环是圆的，装上之后变为椭圆。

（2）谐波减速器的工作原理

波发生器通常是椭圆凸轮，将凸轮装入柔性轴承内，再将它们装入柔轮内。此时柔轮由原来的圆变为椭圆，椭圆长轴两端的柔轮齿与刚轮齿完全啮合，形成啮合区（一般有 30% 左右的齿处于啮合状态）；椭圆短轴两端的柔轮齿与刚轮齿则完全脱开。波发生器长轴和短轴之间的柔轮齿在沿柔轮周长的不同区段内，有的逐渐退出刚轮齿间，处于半脱开状态，称为啮出；有的逐渐进入刚轮齿间，处于半啮合状态，称为啮入。

波发生器在柔轮内转动时，迫使柔轮产生连续的弹性变形，波发生器的连续转动，使柔轮齿循环往复地处于啮入→啮合→啮出→脱开的状态，不断改变各自原来的啮合状态，工作原理如图 2-31 所示。这种现象称为错齿运动，正是这一错齿运动，使减速器将输入的高速转动变为输出的低速转动。

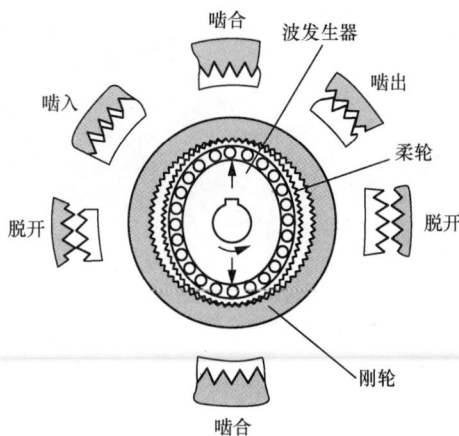

图 2-31　谐波减速器的工作原理

（3）谐波减速器的特点

与一般减速器相比，谐波减速器具有以下几个特点。

① 传动比范围大。

单级谐波齿轮传动比范围为 70～320，在某些装置中可达到 1000，多级谐波齿轮传动比可达 30000 以上，它不仅可用于减速，也可用于增速。

② 体积小、质量轻。

与一般减速器相比，输出力矩相同时，谐波减速器的体积可减小约 2/3，质量可减轻约 1/2。

③ 结构简单。

谐波减速器仅有 3 个基本构件，且输入轴与输出轴同轴线，结构简单，安装方便。

④ 承载能力强。

谐波减速器中同时啮合的齿数多，且柔轮采用了高强度材料，齿与齿之间为面接触，因此其承载能力比一般减速器强。

⑤ 传动精度高。

谐波齿轮传动中同时啮合的齿数多，误差平均化，即多齿啮合对误差起到相互补偿作用，因此传动精度高。

⑥传动效率高、传动平稳。

由于柔轮齿在传动过程中做均匀的径向移动，因此即使输入速度较快，轮齿的相对滑移速度仍极慢，所以轮齿磨损小，传动效率高。又由于在啮入和啮出时，齿轮的两侧都参加工作，因此无冲击现象，运动平稳。

2．RV 减速器

RV 减速器的传动装置采用的是一种二级封闭行星轮系，是在摆线针轮传动的基础上发展起来的一种传动装置。

（1）RV 减速器的结构

如图 2-32 所示，RV 减速器主要由行星轮、刚性盘、针轮、摆线轮、曲柄轴、输出盘和齿轮轴等部分组成。

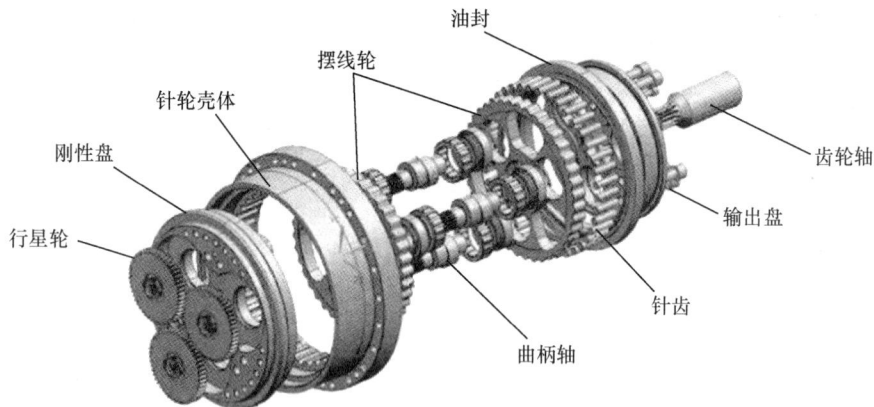

图 2-32　RV 减速器的结构

① 行星轮。

行星轮与曲柄轴固连，均匀分布在一个圆周上，起到功率分流的作用，将齿轮轴输入的功率分流传递给摆线轮行星机构。

② 刚性盘。

刚性盘是动力传动机构，其上均匀分布轴承孔，曲柄轴的输出端通过轴承安装在这个刚性盘上。

③ 针轮。

针轮上安装有多个针齿，与壳体固连在一起统称为针轮壳体。

④ 摆线轮。

为了在传动机构中实现径向力的平衡，一般要在曲柄轴上安装两个完全相同的摆线轮，且两摆线轮的偏心位置相互成 180°。

⑤ 曲柄轴。

曲柄轴是摆线轮的旋转轴，它的一端与行星轮相连，另一端与支撑圆盘相连，既可以带动摆线轮产生公转，也可以使摆线轮产生自转。

⑥ 输出盘。

输出盘是减速器与外界从动工作机械相连的构件，与刚性盘连成一体，用以输出动力。

⑦ 齿轮轴。

齿轮轴又称渐开线中心轮，用来传递输入功率，且与渐开线行星轮互相啮合。

（2）RV 减速器的工作原理

图 2-33 所示为 RV 减速器传动示意。

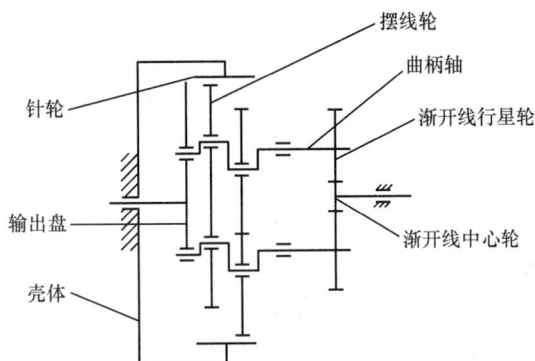

图 2-33　RV 减速器传动示意

RV 减速器的传动装置是由第一级渐开线圆柱齿轮行星减速机构和第二级摆线针轮行星减速机构两部分组成的。渐开线行星轮与曲柄轴连成一体，作为摆线针轮传动部分的输入。如果齿轮轴沿顺时针方向旋转，那么渐开线行星轮在公转的同时还进行逆时针方向的自转，并通过曲柄轴带动摆线轮进行偏心运动，此时摆线轮在沿其轴线公转的同时，还将在针齿的作用下反向自转，即顺时针转动。同时通过曲柄轴将摆线轮的转动等速传给输出机构。

（3）RV 减速器的特点

RV 减速器具有体积小、质量轻、传动比范围大、寿命长、精度保持稳定、效率高、传动平稳等一系列优点，受到国内外的广泛关注，在工业机器人领域占有主导地位。RV 减速器与工业机器人中常用的谐波减速器相比，具有较大的疲劳强度和刚度及较长的寿命，而且回差精度稳定，不像谐波减速器那样随着使用时间的增加，运动精度显著降低。因此，世界上许多高精度工业机器人的传动装置采用 RV 减速器。

任务考核与评价

1．任务准备

教师提供 3 种类型的末端执行器（至少 10 个），供学生实训使用。

2．辨识工业机器人的末端执行器

观察教师提供的工业机器人的末端执行器，从中选择 5 个，分析它们各有什么特点，属于哪种类型，分别适合哪些应用场合。考核与评价细则如表 2-1 所示。

表 2-1   考核与评价细则

姓名		学号		班级		
实操用时		成绩		教师签字		
	任务要点	评分标准			配分	得分
任务模块考核	（1）能说出所选末端执行器的特点和类型。 （2）能说出所选末端执行器的应用场合	（1）若不能说出所选工业机器人的末端执行器的特点和类型，则每个扣 8 分。 （2）若不能说出所选工业机器人末端执行器的应用场合，则每个扣 8 分			80	
职业素养考核	素养意识	具备爱岗敬业、团队协作的意识			5	
		具备自主学习、吃苦耐劳的意识			5	
	实训报告	撰写认真、规范			10	
		总得分			100	

任务思考

（1）工业机器人的机械系统是由哪几部分组成的？

（2）举例说明无固定轨迹式行走机构有哪几种。

（3）工业机器人的臂部有哪几种配置形式？各有什么特点？

（4）常见的工业机器人的手部如何分类？

（5）夹持式末端执行器由哪几部分组成？

（6）谐波减速器的特点有哪些？

（7）RV 减速器的特点有哪些？

（8）RV 减速器由哪几部分组成？

| 任务 2.2　工业机器人的驱动系统 |

任务描述

　　通过前文的介绍可知，工业机器人的自由度较多，运动速度较快，因此需要有专门的驱动系统来驱动各个执行器协同工作。那么，工业机器人的驱动系统有哪些类型？它们又有什么特点？本任务将介绍相关知识。

任务目标

知识目标

（1）熟悉工业机器人的驱动系统。

（2）了解液压驱动系统、气动驱动系统和电动驱动系统的主要特点。

能力目标

能辨别工业机器人的驱动系统的类别。

素质目标

（1）具备诚信、友善的社会主义核心价值观。

（2）具备吃苦耐劳、爱岗敬业的职业素养。

（3）具备自主学习、勇于创新的工匠精神。

思维导图

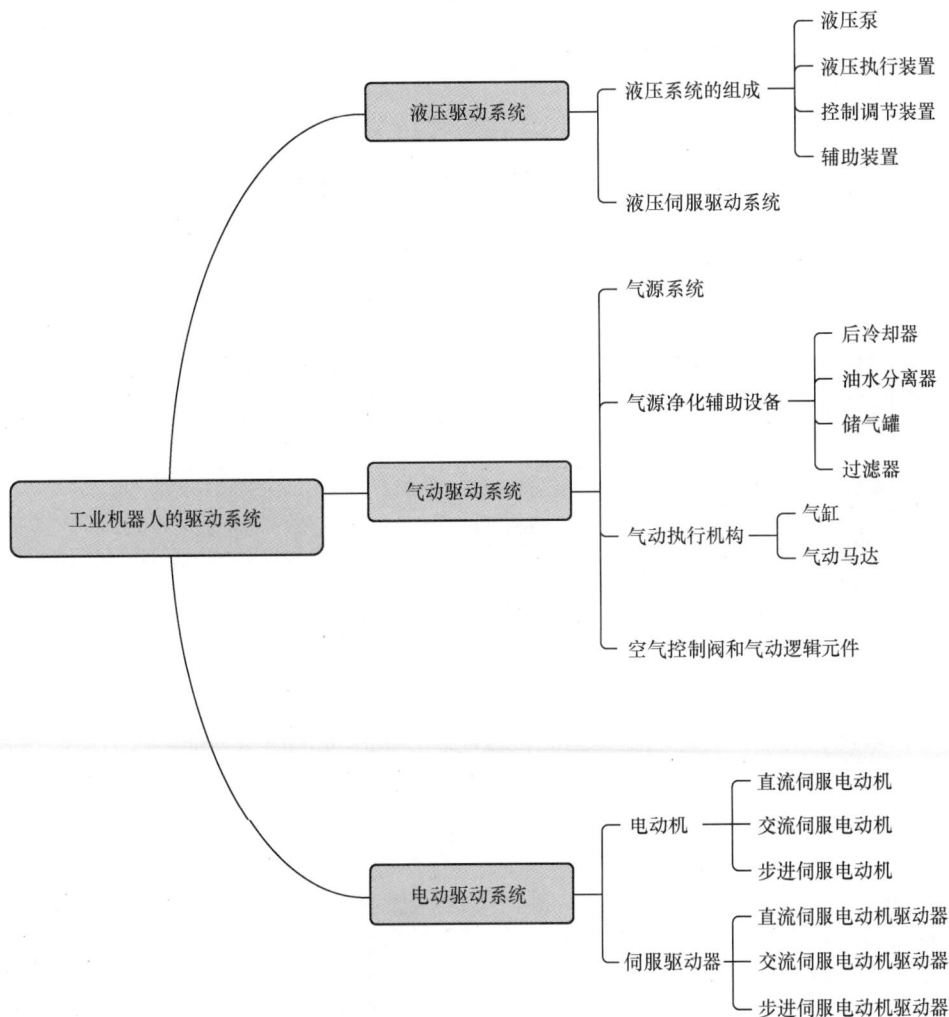

相关知识

　　工业机器人的驱动系统按动力源的不同可分为液压驱动系统、气动驱动系统和电动驱动系统 3 种基本类型。根据不同需求，可采用 3 种基本驱动系统的一种，或合成式驱动系统。这 3 种基本驱动系统的主要特点如表 2-2 所示。

表 2-2 　　　　　　液压驱动系统、气动驱动系统、电动驱动系统的主要特点

内容	驱动方式		
	液压驱动	气动驱动	电动驱动
输出功率	输出功率很大，压力范围为 50～140 N/cm²	输出功率大，压力范围为 48～60 N/cm²，最大可达 100 N/cm²	较大
控制性能	利用液体的不可压缩性，控制精度较高，输出功率大，可无级调速，反应灵敏，可实现连续轨迹控制	气体压缩性大，精度低，阻尼效果差，低速时不易控制，难以实现高速、高精度的连续轨迹控制	控制精度高，功率较大，能精确定位，反应灵敏，可实现高速、高精度的连续轨迹控制，伺服特性好，控制系统复杂
响应速度	很高	较高	很高
结构性能及体积	结构适当，执行机构可标准化、模拟化，易实现直接驱动。功率质量比大，体积小，结构紧凑，密封问题较大	结构适当，执行机构可标准化、模拟化，易实现直接驱动。功率质量比大，体积小，结构紧凑，密封问题较小	伺服电动机易于标准化，结构性能好，噪声小，电动机一般需配置减速装置，除 DD 电动机（直驱电动机）外，难以直接驱动，结构紧凑，无密封问题
安全性	防爆性能较好，用油液作为传动介质，在一定条件下有火灾危险	防爆性能好，压力高于 1000 kPa（10 个大气压）时应注意设备的抗压性	设备自身无爆炸和火灾危险，有刷直流电动机换向时有火花，对环境的防爆性能较差
对环境的影响	液压系统易漏油，对环境造成污染	排气时有噪声	无
在工业机器人中的应用范围	适用于重载、低速驱动，电液伺服系统适用于喷涂机器人、点焊机器人和搬运机器人等	适用于中小负载驱动、精度要求较低的有限点位程序控制机器人，如冲压机器人及装配机器人	适用于中小负载、要求具有较高的位置控制精度和轨迹控制精度、速度较高的机器人，如 AC 伺服喷涂机器人、点焊机器人、弧焊机器人、装配机器人等
成本	液压元件成本较高	成本低	成本高
维修及使用	方便，但油液对环境温度有一定要求	方便	较复杂

2.2.1　工业机器人的液压驱动系统

　　液压驱动工业机器人如图 2-34 所示，该类机器人利用油液作为传动的工作介质。电动机带动液压泵输出压力油，将电动机输出的机械能转换成压力油的压力能，压力油经过管道及一些控制调节装置等进入油缸，推动活塞杆运动，从而使机械臂完成伸缩、升降等运动，将压力油的压力能又转换成机械能。

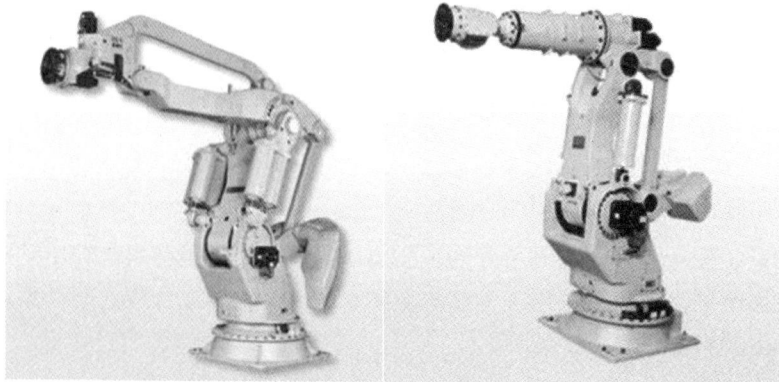

微课

工业机器人的
液压驱动系统

图 2-34　液压驱动工业机器人

1．液压系统的组成

（1）液压泵：能量转换装置，将电动机输出的机械能转换成压力油的压力能，用压力油驱动整个液压系统工作。

（2）液压执行装置：用压力油驱动运动部件对外工作的部分。机械臂做直线运动，液压执行装置就是机械臂伸缩油缸，也有做回转运动的液压执行装置，一般称为液压马达，回转角度小于 360° 的液动机一般称为回转油缸或摆动油缸。

（3）控制调节装置：指各类阀，有压力控制阀、流量控制阀、方向控制阀等，主要调节液压系统压力油的压力、流量和方向，使机器人的臂部、腕部、手部等能够完成所需的运动。

（4）辅助装置：包括油箱、滤油器、储能器、管路、管接头及压力表等。

2．液压伺服驱动系统

液压驱动工业机器人分为程序控制驱动和伺服控制驱动两种类型。前者属于非伺服型，用于有限点位要求的简易搬运机器人，液压驱动工业机器人中应用较多的是伺服控制驱动型机器人，下面主要介绍液压伺服驱动系统。

液压伺服驱动系统由液压源、驱动器、伺服阀、位置传感器等组成，如图 2-35 所示。

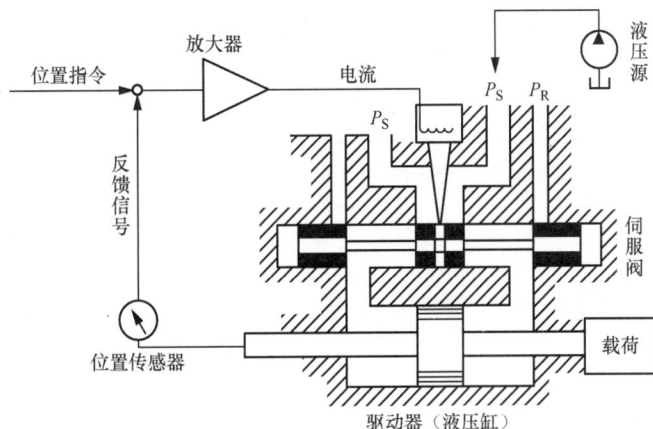

图 2-35　液压伺服驱动系统

液压泵将压力油供到伺服阀，指定的位置指令值与位置传感器的实测值之差经放大器放大后送到伺服阀。当信号输入伺服阀时，压力油被供到驱动器并驱动载荷。当反馈信号与输入指令值相同时，驱动器便停止。伺服阀在液压伺服驱动系统中是不可缺少的一部分，它利用电信号实现对液压伺服驱动系统的能量控制。在响应快、载荷大的伺服驱动系统中往往采用液压驱动器，原因在于液压驱动器的输出力与质量比较大。

伺服阀是液压伺服系统中的放大转换元件，它把输入的小功率信号转换并放大成液压功率输出，实现对执行元件的位移、速度、加速度及力的控制。

2.2.2　工业机器人的气动驱动系统

气动驱动工业机器人如图 2-36 所示，该类机器人以压缩空气为工作介质，其工作原理与液压驱动系统的相似。工业机器人气动驱动系统的结构如图 2-37 所示。

图 2-36　气动驱动工业机器人

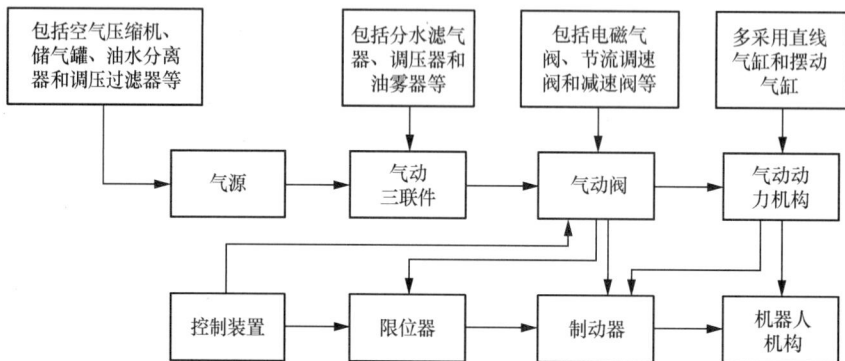

图 2-37　工业机器人气动驱动系统的结构

气动驱动系统主要由以下 4 个部分组成。

1. 气源系统

压缩空气是保证气动驱动系统正常工作的动力源。一般工厂均设有压缩空气站，压缩空气站中的设备主要是空气压缩机和气源净化辅助设备。

压缩空气中含有水蒸气、油气和灰尘等，这些杂质如果被直接带入储气罐、管道及气动元件和装置中，会引起腐蚀、磨损、阻塞等一系列问题，从而造成气动驱动系统效率降低、寿命缩短、控制失灵等严重后果。因此，压缩空气需要净化。

2. 气源净化辅助设备

气源净化辅助设备有后冷却器、油水分离器、储气罐、过滤器等。

（1）后冷却器：安装在空气压缩机出口处的管道上，它的作用是使压缩空气降温。

一般工作压力为 0.8 MPa 的空气压缩机的排气温度高达 140～170℃，压缩空气中所含的水和油（气缸润滑油混入压缩空气）均为气态。经后冷却器降温至 40～50℃后，水蒸气和油气凝聚成水滴和油滴，再经油水分离器析出。

（2）油水分离器：将水、油分离。

（3）储气罐：存储大量的压缩空气，以供给气动装置连续和稳定的压缩空气，并可减少由于气流脉动所造成的管道振动。

（4）过滤器：过滤压缩空气。一般气动控制元件对空气的过滤要求比较严格，常采用简易过滤器过滤后，再经分水滤气器二次过滤。

3．气动执行机构

气动执行机构有气缸和气动马达（气马达）两种。气缸和气动马达是将压缩空气的压力能转换为机械能的能量转换装置。气缸输出力，驱动工作部分做直线往复运动或往复摆动；气动马达输出力矩，驱动机构做回转运动。

4．空气控制阀和气动逻辑元件

空气控制阀是气动控制元件，它的作用是控制和调节气路系统中压缩空气的压力、流量和方向，从而保证气动执行机构按规定的程序正常地工作。

空气控制阀有压力控制阀、流量控制阀和方向控制阀 3 类。

气动逻辑元件是通过可动部件的动作，进行元件切换实现逻辑功能的。采用气动逻辑元件给自动控制系统的设计提供了简单、经济、可靠的新方案。

2.2.3　工业机器人的电动驱动系统

电动驱动（亦称电气驱动）是利用电动机产生的力或力矩直接或通过减速机构等间接驱动机器人的各个运动关节的驱动方式，其系统一般由电动机及其驱动器组成，如图 2-38 所示的电动驱动工业机器人。

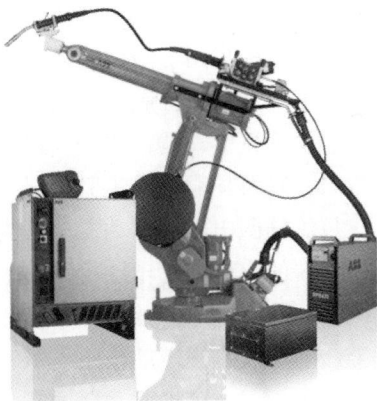

图 2-38　电动驱动工业机器人

1．电动机

工业机器人常用的电动机有直流伺服电动机、交流伺服电动机和步进伺服电动机等。

（1）直流伺服电动机

直流伺服电动机的控制电路比较简单，所构成的电动驱动系统的价格比较低廉，但是在使用过程中直流伺服电动机的电刷会有磨损，需要定时调整和更换，不仅增加了工作负担，还会影响机器人的性能，且电刷易产生火花，在喷雾、粉尘等工作环境中容易引起火灾等，存在安全隐患。

（2）交流伺服电动机

交流伺服电动机的结构比较简单，转子由磁体构成，直径较小；定子由三相绕组组成，可通过大电流，无电刷，运行安全、可靠；适用于启动、停止频繁的工作，而且其过载能力、力矩惯量比、定位精度等指标均优于直流伺服电动机；但是其控制电路比较复杂，所构成的电动驱动系统的价格相对昂贵。

（3）步进伺服电动机

步进伺服电动机是以电脉冲驱动转子转动产生转角值的动力装置。其中，输入的脉冲数决定转角值，脉冲频率决定转子的速度。其控制电路较为简单，且不需要转动状态的检测电路，因此所构成的电动驱动系统的价格比较低廉。但是，步进伺服电动机的功率比较小，不适用于大负荷的工业机器人。

2．伺服驱动器

伺服驱动器（又称伺服控制器或伺服放大器）是用来控制、驱动伺服电动机的一种控制装置，大多采用脉冲宽度调制（PWM）进行驱动控制以使机器人完成动作。为了满足实际工作中对机器人的位置、速度和加速度等物理量的要求，通常采用图 2-39 所示的驱动原理，图中包括由位置控制构成的位置环、速度控制构成的速度环和转矩控制构成的电流环等。

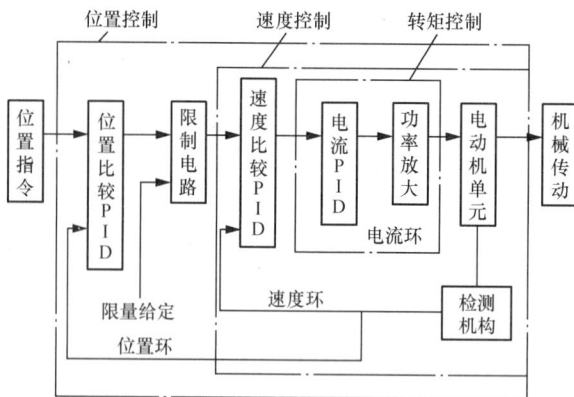

图 2-39　工业机器人电动驱动系统的原理

驱动器的电路一般包括功率放大器电路、电流保护电路、高低压电源电路、计算机控制系统电路等。根据控制对象（电动机）的不同，驱动器一般分为直流伺服电动机驱动器、交流伺服电动机驱动器、步进伺服电动机驱动器等。

（1）直流伺服电动机驱动器

直流伺服电动机驱动器一般为 PWM 伺服驱动器，通过改变脉冲宽度来改变加在电动机电枢两端的电压进行电动机的转速调节。PWM 伺服驱动器具有调速范围宽、低速特性好、响应快、效率高等特点。

（2）交流伺服电动机驱动器

交流伺服电动机驱动器通常为电流型 PWM 变频调速伺服驱动器，将指定的速度与电动机的实际速度进行比较，得到速度偏差，根据速度偏差产生的电流信号控制交流伺服电动机的转动速度。交流伺服电动机驱动器具有转矩转动惯量比高的优点。

（3）步进伺服电动机驱动器

步进伺服电动机驱动器是一种将电脉冲转化为角位移的执行机构，主要由脉冲发生器、环形分配器和功率放大器等部分组成。通过控制供电模块，步进伺服电动机的各相绕组可按合适的时序对该电动机进行供电；驱动器发送一个脉冲信号，能够驱动步进伺服电动机转动固定的角度（称为步距角）。通过控制所发送的脉冲的个数实现对电动机的角位移量的控制，通过控制脉冲频率实现对电动机的转动速度和加速度的控制，达到定位和调速的目的。

任务考核与评价

1．任务准备

教师提供工业机器人（至少 5 个），供学生实训使用。

2．辨识工业机器人的驱动系统

观察教师提供的工业机器人，说出它的驱动系统类型，并描述其组成。考核与评价细则如表 2-3 所示。

表 2-3　　　　　　　　　　　　　　　　考核与评价细则

姓名		学号		班级		
实操用时		成绩		教师签字		
	任务要点	评分标准			配分	得分
任务模块考核	能根据所给工业机器人，说出它的驱动系统类型，并描述其组成	能说出所给工业机器人的驱动系统类型，并描述其组成			80	
职业素养考核	素养意识	具备爱岗敬业、团队协作的意识			5	
		具备自主学习、吃苦耐劳的意识			5	
	实训报告	撰写认真、规范			10	
		总得分			100	

任务思考

（1）说说工业机器人的液压驱动系统的组成。

（2）说说工业机器人的气动驱动系统的组成。

（3）说说工业机器人的电动驱动系统的组成。

| 任务 2.3　工业机器人的传感系统 |

任务描述

传感器是技术革命和信息社会的重要技术基础，是现代科技的开路"先锋"。工业机器人工作的稳定性和可靠性更依赖高性能传感器及各传感器之间的协调工作。机器人传感器与大量使用的工业检测传感器不同，对传感器信息的种类和智能化处理的要求更高。无论是研究还是产业化，均需要多种学科的专业技术和先进的工艺装备作为支撑。

工业机器人的传感系统扮演着"神经系统"的角色，它与机器人的控制系统和决策系统共同组成机器人的核心，将机器人内部各种状态信息和环境信息从信号转变为机器人自身或者机器人之间能够理解和应用的数据、信息甚至知识。传感器是工业机器人传感系统的重要组成部分，若没有它，则相当于人失去了眼睛、鼻子、皮肤等感觉器官。

本任务主要介绍工业机器人传感器的种类、性能指标，内部传感器、外部传感器及各自的用途。

任务目标

知识目标

（1）了解工业机器人传感器的种类和性能指标及使用要求。

（2）掌握工业机器人的内部传感器和外部传感器的区别与各自的功能、应用。

能力目标

（1）认识常用的工业机器人传感器。

（2）能根据工业机器人使用要求、场合选用合适的传感器。

（3）会分析常见的工业机器人传感系统。

素质目标

（1）具备诚信、友善的社会主义核心价值观。

（2）具备吃苦耐劳、爱岗敬业的职业素养。

（3）具备自主学习、勇于创新的工匠精神。

思维导图

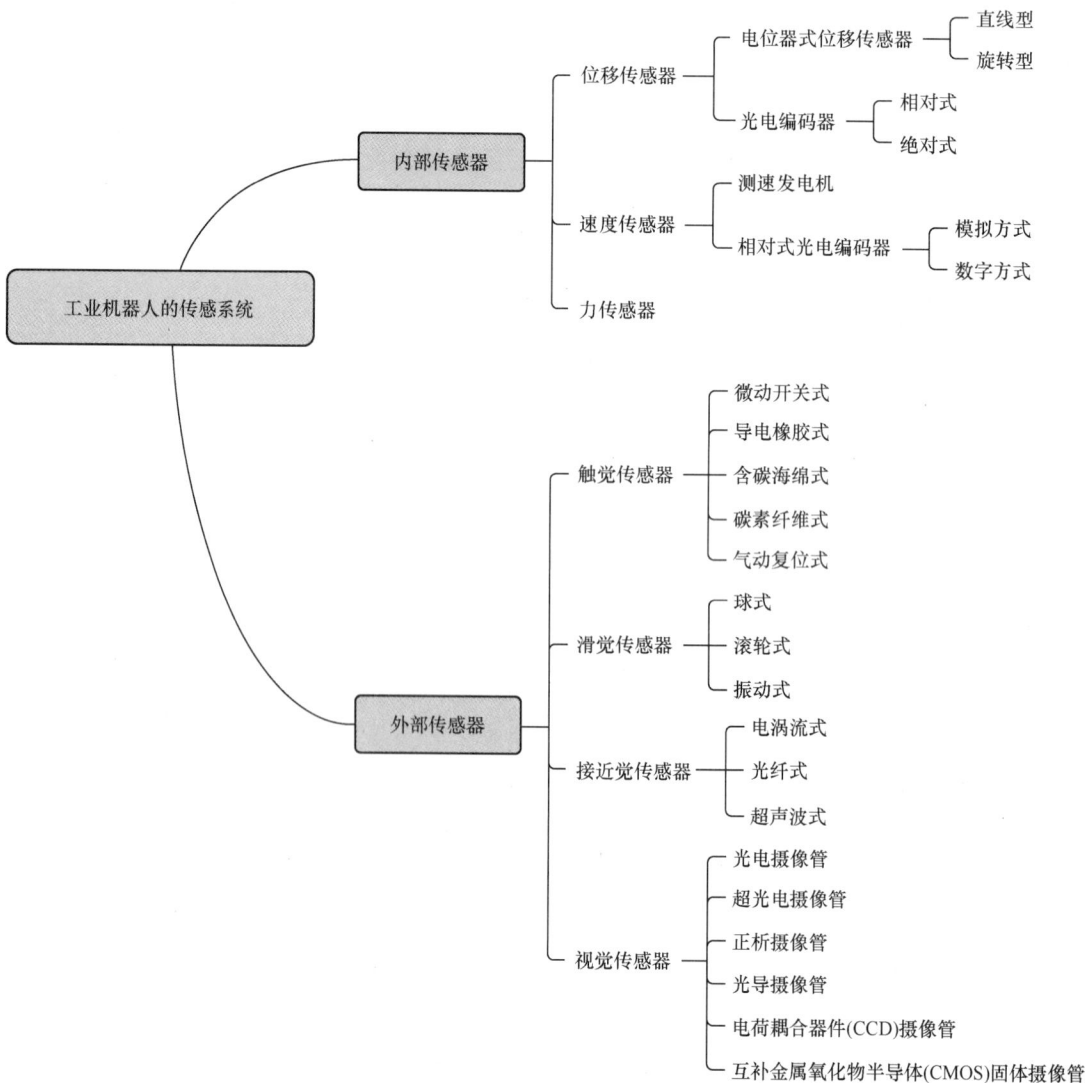

相关知识

1. 工业机器人传感器的种类

传感器是一种以一定的精度将被测物理量转换为与之有确定的对应关系、易于精确处理和测量的某种物理量的测量部件或装置。完整的传感器应包括敏感元件、转换元件、基本转化电路 3 个基本部分。

敏感元件将某种不便测量的物理量转换为易于测量的物理量，与转换元件一起构成传感器的核心部分。基本转换电路对敏感元件产生的信号进行变换，使传感器的输出信号符合具体工业系统的要求。

工业机器人传感器按用途的不同，可分为内部传感器和外部传感器，具体如表 2-4 所示。

表 2-4   工业机器人传感器的类别、功能和应用

工业机器人传感器	类别		功能	应用
内部传感器	位移传感器、速度传感器、加速度传感器、力传感器、温度传感器、平衡传感器、异常传感器、姿态（倾斜）角传感器等		检测机器人自身状态，如自身的运动、位置和姿态等信息	控制机器人按规定的位置、速度、加速度、轨迹和受力状态等工作
外部传感器	视觉传感器	单点视觉传感器、线阵视觉传感器、平面视觉传感器、立体视觉传感器等	检测外部状况，如作业中对象或障碍物的状态以及工业机器人与环境的相互作用信息，使机器人适应外界环境的变化	定向、定位被测量物，分类与识别，控制操作，抓取物体，检查产品质量，适应环境变化，修改程序
	非视觉传感器	接近（距离）觉传感器、触觉传感器、力传感器、听觉传感器、滑觉传感器、压觉传感器等		

应给工业机器人装备什么样的传感器？对这些传感器有什么要求？这是在设计机器人的传感系统时需要解决的问题。机器人传感器的选择取决于机器人的工作需要和应用特点。因此要根据检测对象和具体的使用环境选择合适的传感器，并采取适当的措施，减少环境因素产生的影响。

2. 传感器的性能指标

（1）灵敏度

灵敏度是指传感器的输出信号达到稳定时，输出信号变化量 Δy 与输入信号变化量 Δx 的比值。假如传感器的输出信号变化量和输入信号变化量呈线性关系，其灵敏度可表示为

$$S = \frac{\Delta y}{\Delta x}$$

式中，S 为传感器的灵敏度；Δy 为传感器输出信号的变化量；Δx 为传感器输入信号的变化量。

若传感器的输出信号与输入信号呈非线性关系，其灵敏度便是该曲线的导数，即

$$S = \frac{\mathrm{d}y}{\mathrm{d}x}$$

一般来讲，传感器的灵敏度越高越好，这样有助于提高输出信号的精确度和线性度。但过高的灵敏度有时会导致传感器的输出稳定性下降，因此应根据工业机器人的任务要求合理选用传感器。

（2）线性度

线性度反映传感器输入信号 x 与输出信号 y 之间的线性程度，公式为

$$y = bx$$

若 b 为常数，或者近似为常数，则传感器的线性度较高；若 b 是一个变化较大的量，则传感器的线性度较低。工业机器人的控制系统应该选用线性度较高的传感器。

（3）精度

精度是指传感器的测量输出值与实际被测量值之间的误差。在工业机器人系统的设计中，应该根据系统的工作精度要求选择合适的传感器精度。

图 2-40 所示为两种不同精度的工业机器人传感器。

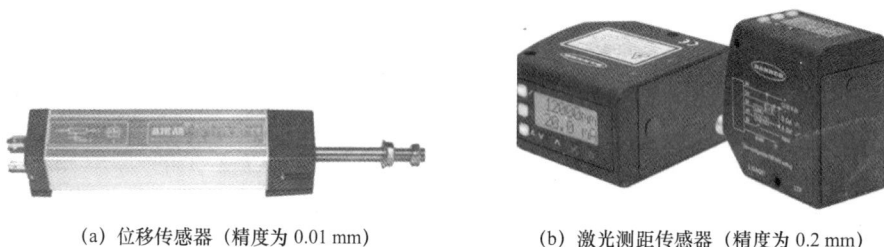

(a) 位移传感器（精度为 0.01 mm）　　　　(b) 激光测距传感器（精度为 0.2 mm）

图 2-40　两种不同精度的工业机器人传感器

（4）测量范围

测量范围是指被测量的最大允许值和最小允许值之差。传感器的测量范围应该覆盖工业机器人有关被测量的工作范围，如果无法达到这一要求，可以设法选用某种转换装置，但这样会导致误差，使传感器的精度受到一定的影响。

（5）重复性

重复性是指传感器在其输入信号按同一方式进行全量程、连续多次测量时，相应测量结果的变化程度。对于多数传感器来说，重复性指标优于精度指标，这些传感器的精度不一定很高，但只要它的温度、湿度、受力条件和其他参数等不变，传感器的测量结果就没有较大的变化。同样，对应传感器的重复性也应考虑使用条件和测量方法的问题。对于示教再现型机器人，传感器的重复性至关重要，它直接关系到机器人能否准确地再现示教轨迹。

（6）分辨率

分辨率是指传感器在整个测量范围内所能辨别的被测量的最小变化量，或者所能辨别的不同被测量的个数。工业机器人大多对传感器的分辨率有一定的要求，传感器的分辨率直接影响机器人的可控程度和控制品质。传感器分辨率的最低限度要求一般根据机器人的工作任务确定。

（7）响应时间

响应时间是传感器的动态特性指标，是传感器的输入信号变化后，其输出信号变化至一个稳定值所需要的时间。在一些传感器中，输出信号在达到某一稳定值前会发生短时间的振荡。

（8）抗干扰能力

由于传感器输出信号的稳定是控制系统稳定工作的前提，为防止工业机器人系统的意外动作或故障的发生，设计传感系统必须采用可靠性高的技术。通常抗干扰能力通过单位时间内发生故障的概率来定义，因此抗干扰能力实际是一个统计指标。

在选择工业机器人传感器时，需要根据实际工况、检测精度、控制精度等具体的要求来

确定所用传感器的各项性能指标，同时需要考虑机器人工作时的一些特殊要求，如重复性、稳定性、可靠性、抗干扰能力等，最终选择出性价比较高的传感器。

2.3.1　工业机器人的内部传感器

内部传感器帮助机器人了解自身状态，具体检测对象有关节的线位移、角位移等几何量，速度、角速度、加速度等运动量，以及电动机扭矩等物理量。它常被用在控制系统中，是当今机器人反馈控制中不可缺少的元件。一般安装于机器人的末端执行器上，而不安装于周围的环境中。常见的工业机器人内部传感器主要有位移传感器、速度传感器和力传感器。

1．位移传感器

位移传感器主要检测工业机器人的空间位置、角度与位移等物理量。选择位移传感器时，要考虑工业机器人各关节和连杆的运动定位精度要求、重复精度要求及运动范围要求等。目前，比较常见的位移传感器是电位器式位移传感器和光电编码器。

（1）电位器式位移传感器

电位器式位移传感器一般用于测量工业机器人的关节线位移和角位移，是位置反馈控制中必不可少的元件，它可将机械的线位移或角位移输入量转换为与其成一定函数关系的电阻或电压输出。

电位器式位移传感器主要由电阻元件、骨架及电刷等组成。根据滑动触头运动方式的不同，可分为直线型和旋转型两种。其优点是结构简单，性能稳定、可靠，精度高，可以在一定程度上灵活地选择其输出信号范围，且在断电或发生故障时，仍能保持信号；缺点是滑动触头容易磨损。电位器式位移传感器又可分为直线型和旋转型。

① 直线型电位器式位移传感器。

图 2-41 所示为直线型电位器式位移传感器的外形和工作原理，触头滑动距离 x 可由电压值求得，即

$$x = \frac{V_o}{V_r} L$$

式中，L 为触头最长滑动距离；V_r 为输入电压；V_o 为输出电压。

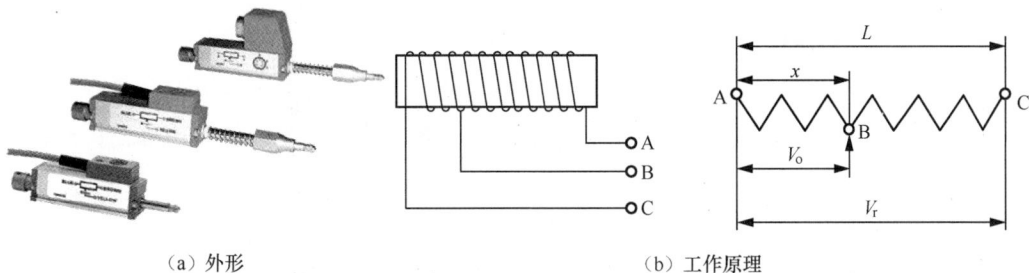

（a）外形　　　　　　　　　　　（b）工作原理

图 2-41　直线型电位器式位移传感器的外形和工作原理

② 旋转型电位器式位移传感器。

旋转型电位器式位移传感器分为单圈型和多圈型两种，前者的测量范围小于 360°，对分

辨率也有限制；后者有更大的测量范围及更高的分辨率。

如图 2-42 所示，单圈旋转型电位器式位移传感器的电阻元件为圆弧状，滑动触头在电阻元件上做圆周运动。当滑动触头旋转 θ 时，触头与滑线电阻端的电阻值和输出电压值也会发生变化。

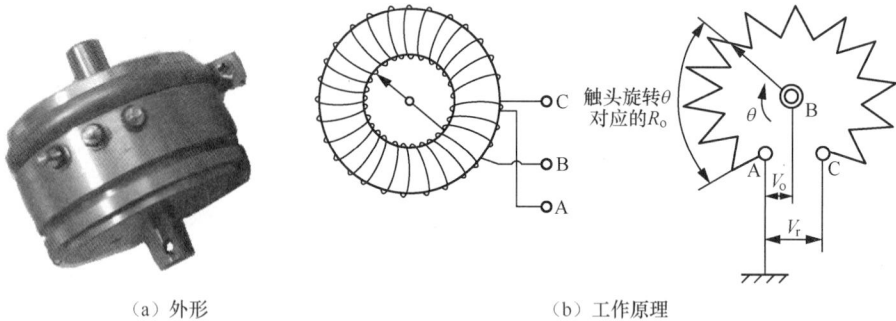

（a）外形 　　　　　　　　　　　　　（b）工作原理

图 2-42　单圈旋转型电位器式位移传感器的外形和工作原理

（2）光电编码器

光电编码器是一种通过光电转换将输出轴上的线位移或角位移转换成脉冲或数字量的传感器，属于非接触式传感器，它主要由码盘、机械部件（如转轴）、检测光栅和光电检测装置（如光源、光敏元件、信号转换电路等）等组成，如图 2-43 所示。

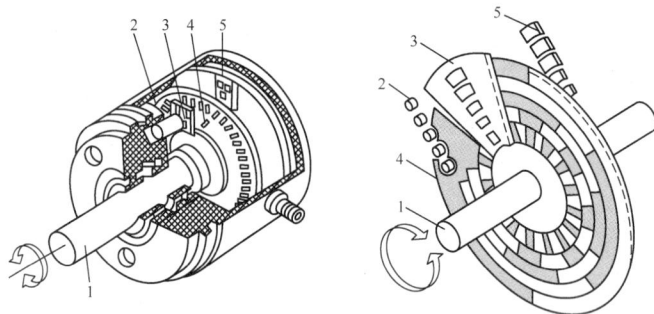

1—转轴；2—LED；3—检测光栅；4—码盘；5—光敏元件

图 2-43　光电编码器的结构

其中，码盘分为透光区与不透光区。光电编码器的工作原理如图 2-44 所示，当光透过码盘的透光区时，光敏元件导通，产生电流 I，输出电压 V_o 为高电平，有

$$V_o = RI$$

当光照射到码盘的不透光区时，光敏元件不导通，则输出电压为低电平。

根据码盘上透光区与不透光区编码方式的不同，光电编码器又可分为相对式和绝对式两种类型。

① 相对式光电编码器。

测量旋转运动时常用的传感器是相对式光电编码器，其圆形码盘（见图 2-45）上的透光区与不透光区相互间隔，均匀分布在码盘边缘，分布密度决定测量的分辨率。在码盘两边分别装有光源及光敏元件。

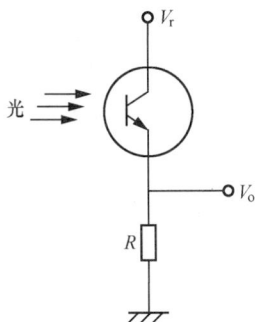

图 2-44　光电编码器的工作原理

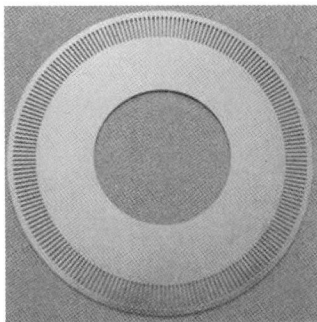

图 2-45　相对式光电编码器的圆形码盘

图 2-46 所示是相对式光电编码器的工作原理。当码盘随转轴同步转动时，每转过一个透光区和一个不透光区，就产生一次光的明暗变化，经整形放大，可得到一个电脉冲输出信号。该脉冲信号被送到计数器中计数，由累加的脉冲信号得知码盘转过的角度。通过计算每秒输出脉冲的个数便能反映当前电动机的转速。此外，为判断旋转方向，相对式光电编码器还可提供相位相差 90° 的两路方波脉冲 A、B 信号。所以通过该编码器可以直接计算位移和方向。

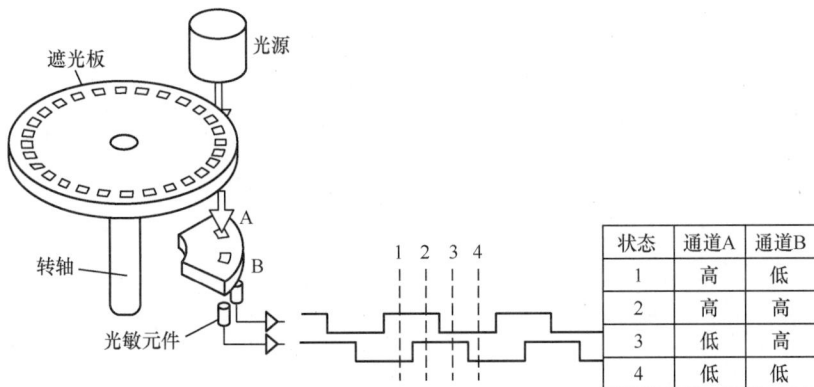

状态	通道A	通道B
1	高	低
2	高	高
3	低	高
4	低	低

图 2-46　相对式光电编码器的工作原理

相对式光电编码器构造简单、容易加工、成本较低、分辨率高、抗干扰能力强，适用于长距离传输。但是其采用计数累加的方式测得位移量，只能提供相对于某基准点的位置。因此，在工业控制中，每次操作相对式光电编码器前需进行基准点校准（码盘上通常刻有单独的一个小洞表示零位）。

② 绝对式光电编码器。

绝对式光电编码器是一种直接编码式测量元件。它可以直接把被测转角或位移转换成相应的代码，指示的是绝对位置且无绝对误差，在电源被切断时不会丢失位置信息。但其结构复杂，价格昂贵，且不易实现高精度和高分辨率。编码器以一定的编码形式（如二进制编码）将圆盘等分成若干份，利用光电转换原理把代表被测位置的各等份上的代码转换成电信号输出以用于检测。

图 2-47 所示为 4 位二进制编码盘，图中空白部分是透光的，用 "0" 来表示；涂黑的部分是不透光的，用 "1" 来表示。通常将组成编码的圈称为码道，每个码道表示一位二进制数。绝对式光电编码器对于转轴的每个位置均产生唯一的二进制编码，因此，可用于确定绝对位置。绝对位置的分辨率取决于二进制码的个数，即码道数。

现在常用图 2-48 所示的循环码编码盘。循环码又称格雷码，其与二进制码的对照如表 2-5 所示。循环码是非加权码，其特点是相邻两个数码间只有一位数变化，即 0 变 1，或 1 变 0。如果在相邻的两个数码中发现数码变化超过一位，就认为是非法数码，因而循环码具有一定的纠错能力。

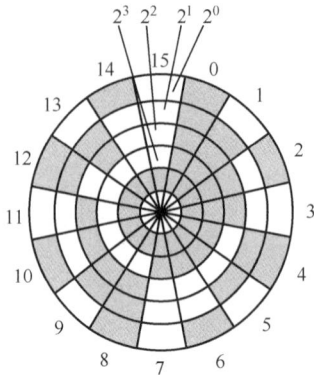

图 2-47　4 位二进制编码盘

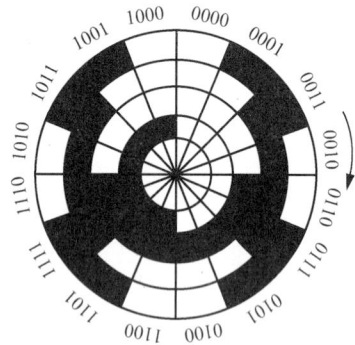

图 2-48　循环码编码盘

表 2-5　　　　　　　　　　　　　　　循环码与二进制码的对照

真值	循环码	二进制码	真值	循环码	二进制码
0	0000	0000	8	1100	1000
1	0001	0001	9	1101	1001
2	0011	0010	10	1111	1010
3	0010	0011	11	1110	1011
4	0110	0100	12	1010	1100
5	0111	0101	13	1011	1101
6	0101	0110	14	1001	1110
7	0100	0111	15	1000	1111

若码盘上有 n 条码道，便被均分为 2^n 个扇形，该编码器能分辨的最小角度（分辨率）为

$$\alpha = \frac{360°}{2^n}$$

图 2-48 和图 2-49 所示的绝对式光电编码器码盘均有 4 条码道，则相应编码器的分辨率为

$$\alpha = \frac{360°}{2^4} = 22.5°$$

2．速度传感器

速度传感器是工业机器人中比较重要的内部传感器之一，主要测量机器人关节的运行速度。目前，工业机器人中广泛使用的角速度传感器有测速发电机和相对式光电编码器两种。测速发电机的应用较为广泛，能直接得到代表转速的电压，具有良好的实时性。相对式光电编码器不但可以用作位移传感器测量角位移，还可以测量瞬时角速度。

（1）测速发电机

测速发电机是一种模拟式速度传感器，它实际上是一台小型永磁式直流发电机，其结构原理如图 2-49 所示。

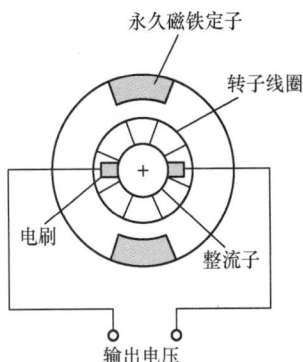

图 2-49　测速发电机的结构原理

当通过线圈的磁通量恒定时，位于磁场中的线圈旋转使线圈两端产生的电压 u（感应电动势）与线圈（转子）的转速 ω 成正比，即

$$u = A\omega$$

式中，A 为常数。

测速发电机的转子与工业机器人关节的伺服驱动电动机相连便能测量出机器人运动过程中的关节转动速度，并能在机器人速度闭环系统中作为速度反馈元件。测速发电机具有线性度高、灵敏度高、输出信号强等优点。

（2）相对式光电编码器（速度测量）

相对式光电编码器作为速度传感器时，有模拟和数字两种测量方式。

① 模拟方式。

在模拟方式下，必须有一个频率/电压（F/V）变换器，用来将编码器测得的脉冲频率转换成与速度成正比的模拟电压，其原理如图 2-50 所示。F/V 变换器必须有良好的零输入、零输出特性和较小的温度漂移才能满足测试要求。

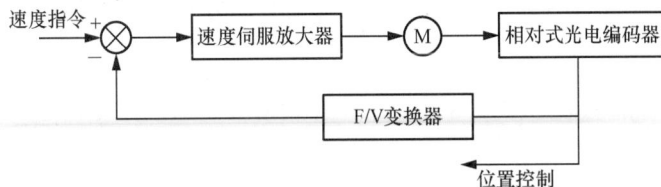

图 2-50　模拟方式的相对式光电编码器测速的原理

② 数字方式。

数字方式测速是指利用数学方式通过计算软件计算出速度。角速度是转角对时间的一阶导数，编码器在时间 Δt 内的平均转速为 $\omega = \Delta\theta/\Delta t$，单位时间越短，则所求得的转速越接近瞬时转速。

3．力传感器

力传感器又称力-力矩传感器，是用于检测工业机器人的臂部和腕部所产生的力或其所受的反力的传感器。工业机器人在进行自我保护时需要检测关节和连杆之间的内力，防止机器人手臂因承载过重或与周围障碍物碰撞而造成损坏。此外，工业机器人在进行装配、搬运、研磨等作业时需要以工作力或力矩进行控制。因此，力传感器也可视为机器人的外部传感器。

力传感器的种类很多，常用的有电阻应变片式、压电式、电容式和电感式等。它们都通过弹性敏感元件将被测力或力矩转换成某种位移量或变形量，然后通过各自的敏感介质将位移量或变形量转换成能够输出的电量。

力传感器是工业机器人的重要传感器之一，机器人机体上一般常安装有以下 3 种类型的力传感器。

（1）装在关节驱动器上的力传感器称为关节力传感器，它用于控制中的力反馈。

（2）装在末端执行器和机器人最后一个关节之间的力传感器称为腕力传感器，如图 2-51 所示，用于测量作用在末端执行器上的各向力和力矩。

（3）装在机器人"手指"上的力传感器称为指力传感器，用于测量夹持物体的"手指"的受力情况。

目前，电阻应变片式力传感器的使用最为广泛。这种传感器的力或力矩敏感元件为应变片，装载在铝制简体上，简体通过简支梁（弹性梁）支撑。

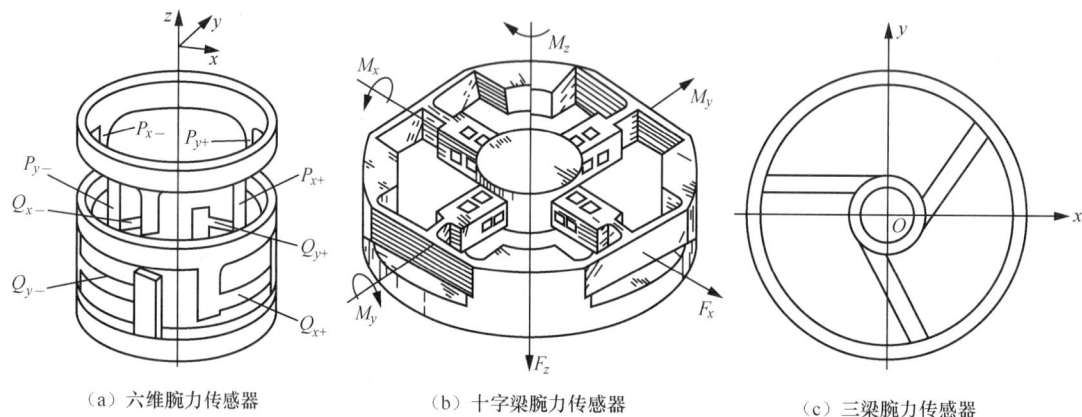

（a）六维腕力传感器　　　　　　（b）十字梁腕力传感器　　　　　　（c）三梁腕力传感器

图 2-51　力传感器

2.3.2　工业机器人的外部传感器

用于检测工业机器人的作业对象及作业环境状态的传感器称为外部传感器。现今工业机器人应用外部传感器的场景不多，但随着对机器人工作精度和性能的要求不断提高，外部传感器的应用将日益增多。

目前，工业中常用的外部传感器主要有触觉传感器、滑觉传感器、接近觉传感器和视觉传感器等。

微课

工业机器人的
外部传感器

1. 触觉传感器

触觉传感器用以判断机器人（主要指"四肢"）是否接触到外界物体或测量被接触物体的特征等，主要有以下几种类型。

（1）微动开关式

微动开关由弹簧和触头构成。触头接触外界物体后离开基板，造成信号通路断开，从而测到与外界物体的接触。这种常闭式（未接触时一直接通）微动开关式触觉传感器的优点是使用方便、结构简单；缺点是易产生机械振荡和触头易氧化。

（2）导电橡胶式

导电橡胶式触觉传感器以导电橡胶为敏感元件。当触头接触外界物体受压后，压迫导电橡胶，压缩导电橡胶使它的电阻值发生变化，从而引起回路电流的改变。这种传感器的缺点是由于导电橡胶的材料配方存在差异，出现的漂移和滞后特性不一致；优点是具有柔性。

（3）含碳海绵式

含碳海绵式触觉传感器在基板上装有弹性体，该弹性体由按阵列排布的含碳海绵构成。接触物体受压后，含碳海绵的电阻减小，通过测量流经含碳海绵的电流的大小，可确定受压程度。这种传感器也可用作力传感器。其优点是结构简单、弹性好、使用方便；缺点是碳分布的均匀性会直接影响测量结果，受压后恢复能力较差。

（4）碳素纤维式

碳素纤维式触觉传感器以碳素纤维为上表层，下表层为基板，中间装有氨基甲酸酯和金属电极。接触外界物体时碳素纤维受压与电极接触导电。其优点是柔性好，可装于机械手臂曲面处；缺点是滞后较大。

（5）气动复位式

气动复位式触觉传感器有柔性绝缘表面，受压时变形，脱离接触时则由压缩空气提供复位的动力。与外界物体接触时其内部的弹性圆泡（铍铜箔）与下部触点接触而导电。其优点是柔性好、可靠性高；缺点是需要压缩空气源。

2．滑觉传感器

机器人在抓取属性不明的物体时，其自身应能确定最佳握紧力值。当握紧力不足时，要检测被握紧物体的滑动，利用该检测信号，在不损害物体的前提下，考虑最可靠的夹持方法，实现此功能的传感器称为滑觉传感器。

滑觉传感器主要有球式和滚轮式两种，还有一种通过振动检测滑动的传感器（振动式滑觉传感器），其原理是：物体在传感器表面上滑动时，和滚轮或环相接触，把滑动变成转动。

图 2-52 所示为球式滑觉传感器，图中的滚球表面有电导体和绝缘体制成的网眼，通过物体的接触点可以获取断续的脉冲信号，它能检测全方位的滑动。

图 2-53 所示为滚轮式滑觉传感器，当工件滑动时，圆柱滚轮测头也随之转动，发出脉冲信号，脉冲信号的频率反映了滑移速度，脉冲信号的个数反映了滑移的距离。

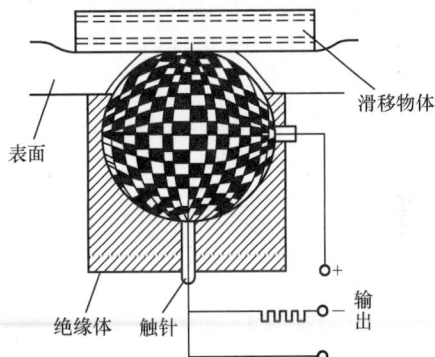

图 2-52　球式滑觉传感器

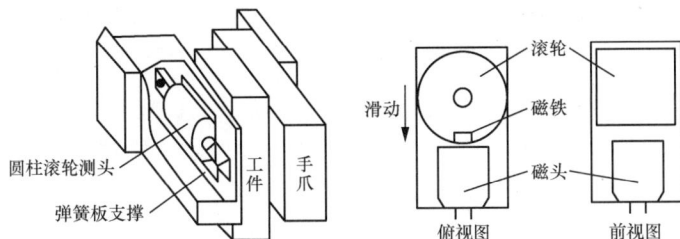

图 2-53　滚轮式滑觉传感器

振动式滑觉传感器通过检测滑动时的微小振动来检测滑动，如图 2-54 所示，钢球与被夹持物体接触，若工件滑动，则钢球带动振子振动，线圈输出信号。

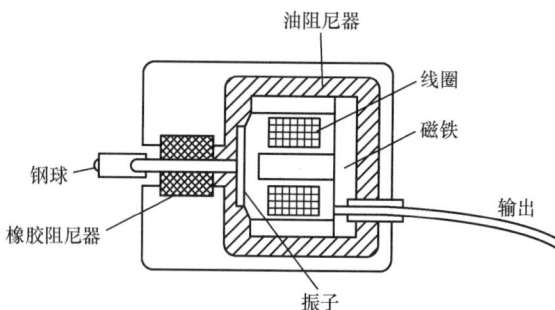

图 2-54 振动式滑觉传感器

3. 接近觉传感器

接近觉传感器（简称接近传感器）是工业机器人用来探测自身与周围物体之间的相对位置或距离的一种传感器，它探测的距离一般为几毫米到十几厘米。接近传感器按照转换原理的不同，可分为电涡流式、光纤式和超声波式等类型。

（1）电涡流式接近传感器

当导体在一个不均匀的磁场中运动或处于一个交变磁场中时，其内部便会产生感应电流，电涡流式接近传感器便是利用这一原理制作而成。这种感应电流称为电涡流，这一现象称为电涡流现象。

电涡流式接近传感器的外形和工作原理如图 2-55 所示。由于传感器的电磁场方向与产生的电涡流方向相反，两个磁场相互叠加减小了传感器的电感和阻抗。用电路把传感器电感和阻抗的变化量转换成转换电压，则能计算出目标物与传感器之间的距离。该距离正比于转换电压，但存在一定的线性误差。用钢或铝等材料制成的目标物线性误差为±0.5%。

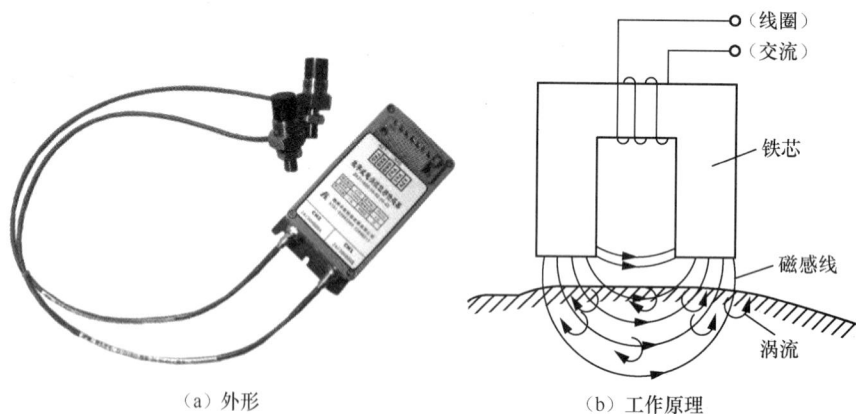

（a）外形　　　　　　　　（b）工作原理

图 2-55 电涡流式接近传感器的外形和工作原理

电涡流式接近传感器外形尺寸小、价格低廉、可靠性高、抗干扰能力强，检测精度也高，能够检测到 0.02 mm 的微量位移。但是电涡流式接近传感器的检测距离短，一般只能检测到 13 mm 以内的物体，且只能检测固态导体。

（2）光纤式接近传感器

用光纤制作的接近传感器可以用来检测较远距离的目标物。这种传感器的优点是抗电磁干扰能力强，灵敏度高，响应快。

光纤式接近传感器有 3 种不同的形式，如图 2-56 所示。

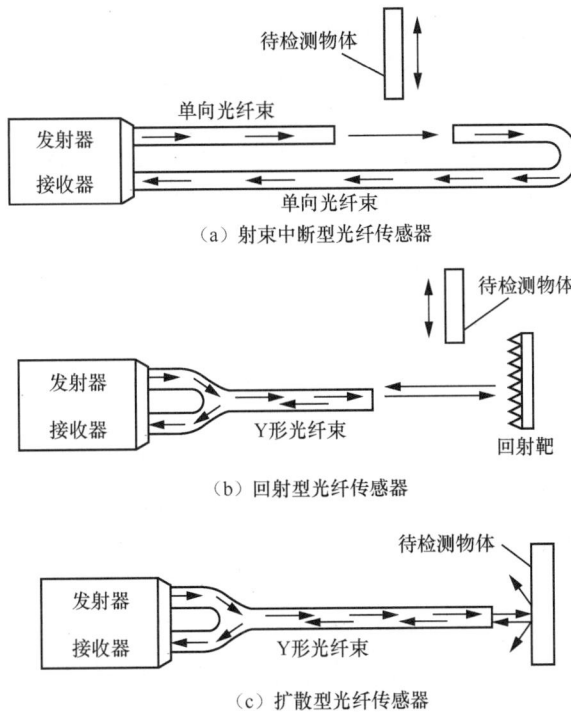

（a）射束中断型光纤传感器

（b）回射型光纤传感器

（c）扩散型光纤传感器

图 2-56 光纤式接近传感器

射束中断型光纤传感器只能检测不透明物体，无法检测透明或半透明物体；回射型光纤传感器与射束中断型光纤传感器相比，可以检测出透明材料制成的物体；扩散型光纤传感器与回射型光纤传感器相比少了回射靶，因为大部分材料能反射一定量的光，所以此类型传感器可检测透明或半透明的物体。

（3）超声波式接近传感器

超声波式接近传感器通过超声波测量距离，它的工作原理如图 2-57 所示。该传感器由超声波发射器、超声波接收器、定时电路及控制电路等组成。待超声波发射器发出脉冲式超声波后关闭发射器，同时打开超声波接收器。该脉冲式超声波到达物体表面后返回接收器，定时电路测出从发射器发射到接收器接收的时间。设反射时间为 T，超声波的传输速度为 V，则被测距离 $L=VT/2$ 。

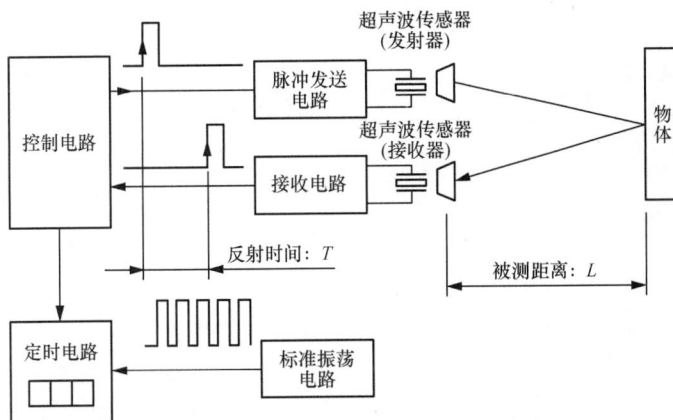

图 2-57 超声波式接近传感器的工作原理

超声波的传输速度与其波长和频率成比例关系，只要这两者不变，速度便为常数，但随着环境温度的变化，速度会有一定变化。

4．视觉传感器

工业机器人的视觉感知可定义为从三维环境的图像中提取、显示和说明信息的过程，而能让工业机器人看到身边环境的"眼睛"便是视觉传感器。

视觉传感器又称为摄像管，它是采用光电转换原理摄取平面光学图像，并使其转换为电子图像信号的器件。视觉传感器必须具备两个作用：一是将光信号转换为电信号；二是对平面光学图像上的像素进行点阵取样，并把这些像素按时间取出。

视觉传感器在工业机器人中的应用大致可以分为3类，即视觉检验、视觉导引和过程控制，其应用领域包括电子工业、汽车工业、航空工业以及食品和制药等。

视觉传感器的发展很迅速，由早期的光电摄像管、超光电摄像管、正析摄像管、光导摄像管等，逐步发展到电荷耦合器件（CCD）摄像管、互补金属氧化物半导体（CMOS）固体摄像管等。下面介绍普遍使用的并有代表性的光导摄像管与CCD传感器。

（1）光导摄像管

如图2-58所示，光导摄像管外面有一圆柱形玻璃外壳，内部有位于一端的电子枪以及位于另一端的屏幕和光敏层。加在线圈上的电压将电子束聚焦并使其偏转。偏转电路驱使电子束对光敏层的内表面进行扫描以便"读取"图像。

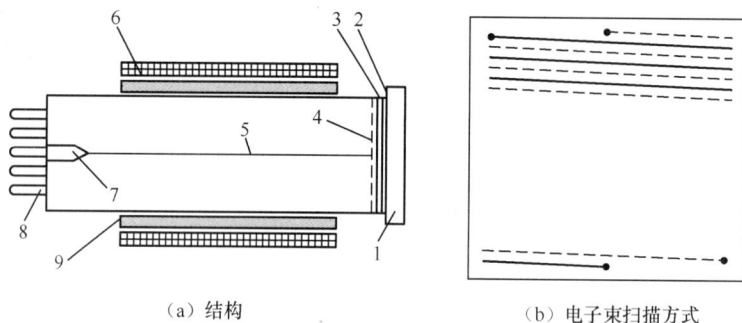

（a）结构　　　　　　　　　　　（b）电子束扫描方式

1—屏幕；2—玻璃外壳；3—光敏层；4—网格；5—电子束；

6—光束聚焦线圈；7—电子枪；8—引脚；9—光束偏转线圈

图2-58　光导摄像管

图2-59　CCD传感器的外形

（2）CCD传感器

与一般摄像管相比，CCD传感器具有质量轻、体积小、寿命长、功耗低等优点，它由一种高感光度的半导体材料制成，能将光转变成电荷，通过模数转换器转换成数字信号。数字信号经过压缩以后传输至计算机，并借助计算机的处理手段，根据任务需要将其反馈给执行器。

图2-59所示为CCD传感器的外形。

CCD传感器可以有效地处理各种类型

的测量，如长度、高度、直径等。将物体与其标准模型进行数值比较所涉及的问题随物体几何复杂性的提高而增多。在视觉传感器的应用中，这些问题不再是数值比较的问题，而是两个物体图像的重叠问题。

任务考核与评价

1. 任务准备

本任务教学所使用的实训设备及工具材料如表 2-6 所示。

表 2-6　　　　　　　　　　　　实训设备及工具材料

序号	名称	型号规格	数量	单位
1	电位器式位移传感器	自定	1	个
2	光电编码器	自定	1	个
3	测速发电机	自定	1	个
4	六维腕力传感器	自定	1	个
5	十字梁腕力传感器	自定	1	个
6	电涡流式接近传感器	自定	1	个
7	光纤式接近传感器	自定	1	个
8	超声波式接近传感器	自定	1	个
9	滚轮式滑觉传感器	自定	1	个
10	CCD 传感器	自定	1	个

2. 辨识工业机器人传感器

教师给出 10 种以上常用工业机器人传感器供学生选择，并说出这些传感器分别用于工业机器人的什么部位。考核与评价细则如表 2-7 所示。

表 2-7　　　　　　　　　　　　考核与评价细则

姓名		学号		班级		
实操用时		成绩		教师签字		
	任务要点	评分标准			配分	得分
任务模块考核	（1）能根据所给传感器，选择并指出适用的部位。 （2）能正确说出所选传感器的工作原理	（1）若不能指出所给传感器在机器人中适用的部位，则每个扣 10 分。 （2）若不能说出所选择传感器的工作原理，则每个扣 10 分 （随机抽选 4 个传感器进行实训考核）			80	
职业素养考核	素养意识	具备爱岗敬业、团队协作的意识			5	
		具备自主学习、吃苦耐劳的意识			5	
	实训报告	撰写认真、规范			10	
总得分					100	

任务思考

（1）工业机器人需要哪些"感觉"？为什么？

（2）什么是内部传感器？什么是外部传感器？它们有哪些区别？

（3）常用的工业机器人位移传感器有哪些？

（4）超声波式接近传感器的工作原理是什么？

（5）测速发电机的工作原理是什么？

（6）光电编码器有哪两种基本形式？各自的特点是什么？

任务2.4　工业机器人的控制系统

任务描述

机器人与其他机械装置有所不同，其功能和结构方面的要求具有较好的通用性、柔软性和适应性。为满足这些要求，机器人通常由4个部分构成，即操作人员与机器人之间进行指令传递的通信部分；测量周围环境和机器人自身状态的传感部分；对信息进行处理的控制部分；根据决策进行动作执行的机器人本体部分。

目前工业机器人在指令传递和驱动控制上，更多地依赖其本身机构所具备的灵活性以及计算机软件控制。本任务将针对机器人的控制系统的基本知识进行论述。

任务目标

知识目标

（1）了解工业机器人控制系统的功能。

（2）了解工业机器人控制系统的特点。

（3）掌握工业机器人控制系统的组成。

（4）掌握工业机器人的控制方式。

（5）了解工业机器人控制器的功能。

（6）掌握常用的工业机器人控制器。

能力目标

熟悉常用的工业机器人的控制方式。

素质目标

（1）具备诚信、友善的社会主义核心价值观。

（2）具备吃苦耐劳、爱岗敬业的职业素养。

（3）具备自主学习、勇于创新的工匠精神。

思维导图

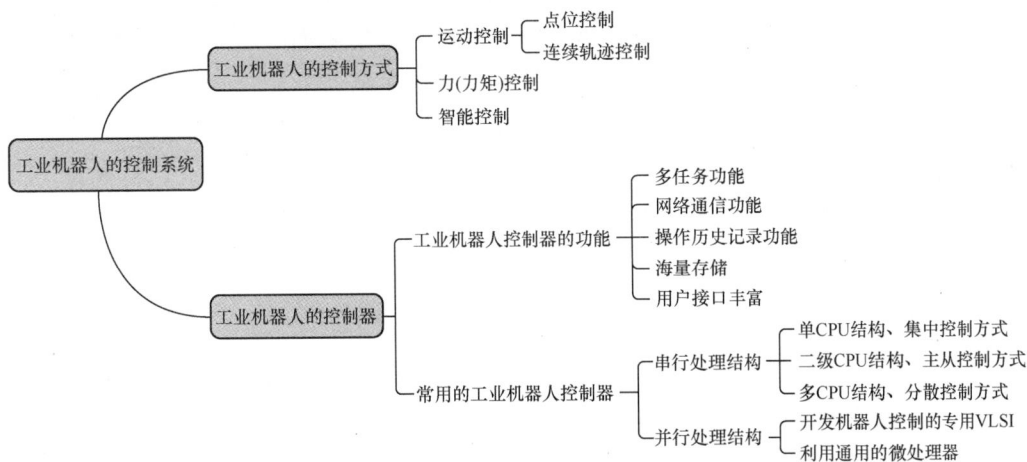

相关知识

工业机器人的控制系统主要对机器人工作过程中的动作顺序、应到达的位姿、路径轨迹及规划、动作时间间隔以及末端执行器施加在被作用物上的力和转矩等进行控制。工业机器人的控制技术是在传统机械系统控制技术的基础上发展起来的，两者之间没有本质上的不同，但工业机器人的控制系统具有独到之处。

知识点 1：工业机器人控制系统的功能

工业机器人控制系统的控制过程如图 2-60 所示，其功能主要包括示教再现和运动控制。

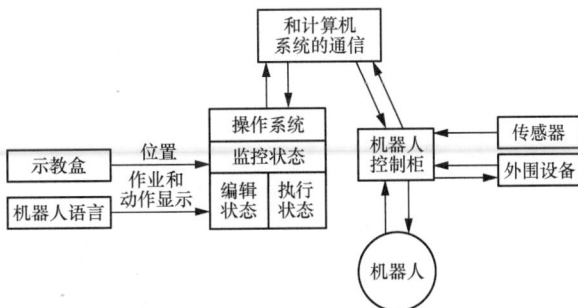

图 2-60　工业机器人控制系统的控制过程

（1）示教再现功能

示教再现功能指示教人员预先将机器人作业所需的各项运动参数教给机器人，在示教的过程中，工业机器人控制系统的记忆装置将所教的运动参数自动记录在存储器中。当需要机器人工作时，机器人的控制系统便调用存储器中存储的各项运动参数，使机器人再现示教的操作过程，由此机器人即可完成要求的作业任务。

（2）运动控制功能

运动控制功能指通过对机器人的末端执行器在空间的位姿、速度、加速度等项的控制，使机器人的末端执行器按照任务要求进行动作，最终完成指定的作业任务。

运动控制功能与示教再现功能的区别：在示教再现控制中，机器人末端执行器的各项运动参数是由示教人员教给它的，其精度取决于示教人员的熟练程度；而在运动控制中，机器人末端执行器的各项运动参数是由机器人的控制系统经过运算得出的，且在工作人员不能示教的情况下，可以通过编程指令控制机器人完成指定的作业任务。

知识点 2：工业机器人控制系统的特点

（1）工业机器人的控制系统与机构运动学及动力学密切相关。

（2）工业机器人的控制系统是一个多变量控制系统。

（3）工业机器人的控制系统是一个计算机控制系统。

（4）控制机器人仅利用位置闭环是不够的，还需要利用速度闭环，甚至加速度闭环。

（5）控制机器人需要根据传感器和模式识别的方法获得对象及环境的工况，按照指定的指标要求，自动选择最佳的控制规律。

由于工业机器人控制系统的特殊性，经典控制理论和现代控制理论都不能直接使用。到目前为止，工业机器人控制理论还不完整、不系统，相信随着机器人产业的发展，相关控制理论将日趋成熟。

知识点 3：工业机器人控制系统的组成

工业机器人的控制系统主要由控制计算机、示教盒、操作面板、磁盘存储器、数字和模拟量输入输出（I/O）接口、打印机接口、传感器接口、轴控制器、辅助设备控制接口、通信接口、网络接口等组成，如图 2-61 所示。

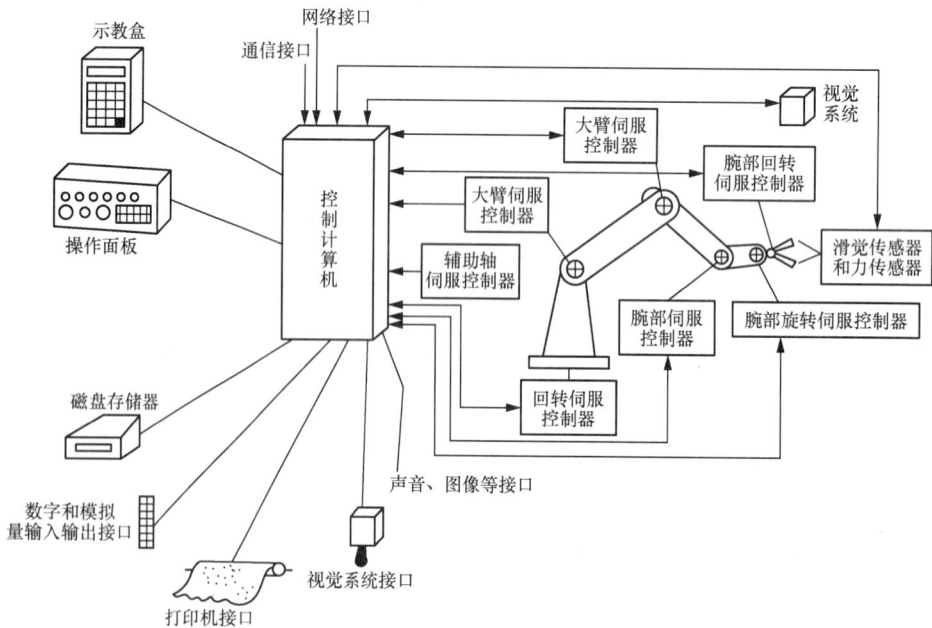

图 2-61 工业机器人控制系统的组成

（1）控制计算机：控制系统的调度指挥机构。一般为微型机、微处理器等。

（2）示教盒：机器人工作轨迹示教和参数设定机构，拥有独立的中央处理器（CPU）及存储单元，与控制计算机之间以总线通信方式实现信息交互。

（3）操作面板：由各种操作按键、状态指示灯构成，只能完成基本功能。

（4）磁盘存储器：存储机器人工作程序的外围存储器。

（5）数字和模拟量输入输出接口：用于输入或输出各种状态和控制命令。

（6）打印机接口：记录需要输出的各种信息。

（7）传感器接口：用于接收机器人所使用的传感器的数据，实现机器人的闭环控制。它一般用于接收力传感器、触觉传感器和视觉传感器等的数据流。

（8）轴控制器：完成机器人各关节的位置、速度和加速度控制。

（9）辅助设备控制接口：用于控制和机器人配合的辅助设备，如手爪变位器等。

（10）通信接口：实现机器人和其他设备的信息交换，一般有串行接口、并行接口等。

（11）网络接口：常用的网络接口有 Ethernet 接口和 Fieldbus 接口。

① Ethernet 接口：可通过以太网实现单台或数台机器人的直接 PC 通信，数据传输速率高达 10 Mbit/s，支持 TCP/IP（传输控制协议/互联网协议），可直接在 PC 上用 Windows 库函数进行应用程序编程，然后通过 Ethernet 接口将数据及程序写入各个机器人控制器中。

② Fieldbus 接口：支持多种流行的现场总线规格，如 Devicenet、AB Remote I/O、Interbus-s、Profibus-DP、M-NET 等。

2.4.1　工业机器人的控制方式

工业机器人的控制方式主要有运动控制、力（力矩）控制和智能控制。

1．运动控制

为了完成各种作业，工业机器人应采用合适的运动控制方式。根据作业任务的不同，工业机器人的运动控制方式可分为点位控制（PTP）和连续轨迹控制（CP）两种，如图 2-62 所示。

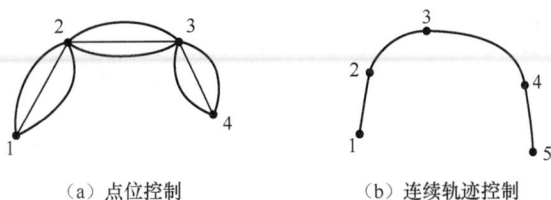

（a）点位控制　　　　　（b）连续轨迹控制

图 2-62　点位控制和连续轨迹控制

（1）点位控制

点位控制又称为点对点控制，该控制方式在关节空间里指定参数设置，目标是使关节能处于期望的位置，不受转矩扰动的影响。这种控制方式的特点是只控制工业机器人的末端执行器在作业空间中某些规定的离散点上的位姿，即只关心机器人末端执行器的起点和终点位置，而不关心这两点之间的运动轨迹。因此，在用"手把手"示教编程实现点位控制时，其只记录轨迹程序移动的两端点的位置。

点位控制方式的主要技术指标是定位精度和运动所需的时间。由于其控制方式易于实现，定位精度要求不高，因此遇到只需要机械臂从一个位置移动到另一个位置，对这两点间运动过程的精度没有特别高的要求的控制任务时可以由点位控制完成。该控制方式常被应用在无障碍条件下的上下料、搬运、点焊和在电路上安插元件等只要求目标点处保持末端执行器位姿准确的作业中。

（2）连续轨迹控制

连续轨迹控制不仅要求机器人以一定的精度到达目标点，而且对移动轨迹也有一定的精度要求。例如，连接 A、B 两点时要实现图 2-63 所示的轨迹，这时就需要用到连续轨迹控制。

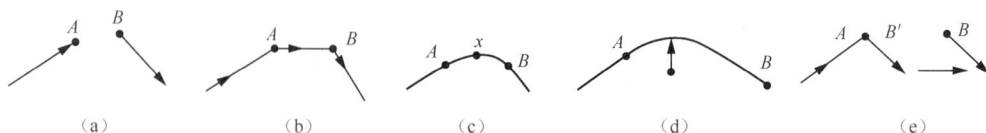

| （a） | （b） | （c） | （d） | （e） |

图 2-63　连续轨迹控制

图 2-63（b）所示为直接连接；图 2-63（c）所示是在 A、B 两点之间指定一点 x，然后采用圆弧连接；图 2-63（d）所示为采用指定半径的圆弧连接；图 2-63（e）所示为采用平行移动的方式连接。

连续轨迹控制不仅要求机器人以一定的精度到达目标点，而且对移动轨迹也有一定的精度要求。因此，该控制方式的特点是连续地控制工业机器人的末端执行器在作业空间中的位姿，要求其严格按照预定的轨迹和速度在一定的精度范围内运动，而且速度可控、轨迹光滑、运动平稳，以完成作业任务。

在进行连续轨迹控制时，与期望的轨迹有关的关节速度和加速度应该分别不超过其机械臂的速度和加速度的极限。这种控制方式的主要技术指标是工业机器人末端执行器位姿的轨迹跟踪精度及平稳性。执行弧焊、激光切割、去毛边和检测作业等任务的机器人通常都采用这种控制方式。

生产实际中，机器人的连续轨迹控制是以点位控制为基础，通过在相邻两点之间采用满足精度要求的直线或圆弧轨迹插补运算实现轨迹的连续化的。

2．力（力矩）控制

在完成装配、抓放物体等工作时，除要准确定位之外，还要使用适度的力或力矩进行工作，这时就要利用力（力矩）伺服方式。这种方式的控制原理与位置伺服控制原理基本相同，只不过输入量和反馈量不是位置信号，而是力（力矩）信号，因此系统中必须有力（力矩）传感器。有时也利用接近传感器、滑觉传感器等进行适应式控制。

3．智能控制

工业机器人的智能控制是指通过传感器获得周围环境的数据，并根据自身内部的数据库做出相应的决策。采用智能控制技术，使工业机器人具有较强的环境适应性及自学习能力。智能控制技术的发展离不开近年来人工神经网络、基因算法、遗传算法、专家系统等人工智能技术的迅速发展。

2.4.2　工业机器人的控制器

1．工业机器人控制器的功能

（1）多任务功能。一台工业机器人可进行多个任务的操作。

微课

工业机器人的
控制器

（2）网络通信功能。工业机器人具有丰富的网络通信功能，如 RS-232、RS-485 以及以太网通信功能，机器人动作与通信并行处理，无通信时间的浪费，生产效率更高。

（3）操作历史记录功能。可记录工业机器人的工作情况，以便进行工业机器人的管理和维护。

（4）海量存储。大容量存储器可存储更多的程序和历史使用信息。

（5）用户接口丰富。拥有鼠标、键盘、显示器和 USB 等的接口，控制器可作为一台计算机使用，方便用户操作。

2．常用的工业机器人控制器

工业机器人控制器是根据指令及传感信息控制机器人完成一定的动作或作业任务的装置，它是机器人的"心脏"，决定了机器人性能的优劣。

从机器人控制算法的处理方式来看，可分为串行和并行两种处理结构。

（1）串行处理结构

所谓的串行处理结构是指机器人的控制算法由串行机来处理。对于这种结构的控制器，按计算机结构、控制方式来划分，又可分为以下几种。

① 单 CPU 结构、集中控制方式。

单 CPU 结构、集中控制方式的控制器一台计算机实现全部控制功能，结构简单、成本低，但实时性差，难以扩展。其结构如图 2-64 所示。

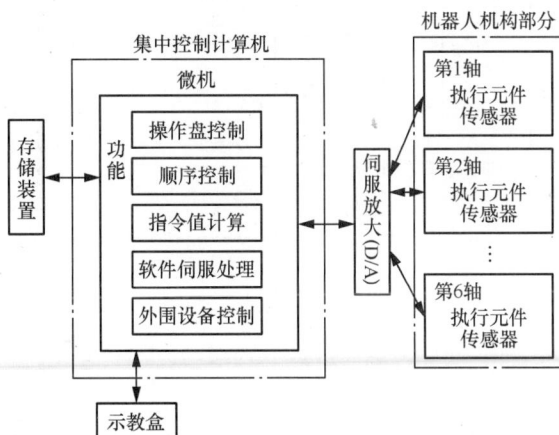

图 2-64　单 CPU 结构、集中控制方式的控制器的结构

② 二级 CPU 结构、主从控制方式。

二级 CPU 结构、主从控制方式的控制器采用主、从两级处理器实现系统的全部控制功能。主计算机实现坐标变换、轨迹生成和系统自诊断等，从计算机实现所有关节的动作控制。二级 CPU 结构、主从控制方式的控制器结构框图如图 2-65 所示。这种控制结构实时性较好，适用于高精度、高速度控制，但其系统扩展性较差，不易维修。

③ 多 CPU 结构、分散控制方式。

多 CPU 结构、分散控制方式的控制器按系统的性质和方式将系统控制分成几个模块，每个模块各有不同的控制任务和控制策略，各个模块之间既可以是主从关系，也可以是平等关系。这种控制结构实时性好，易于实现高速、高精度控制，易于扩展，可实现智能控制，是目前流行的控制结构，其结构框图如图 2-66 所示。

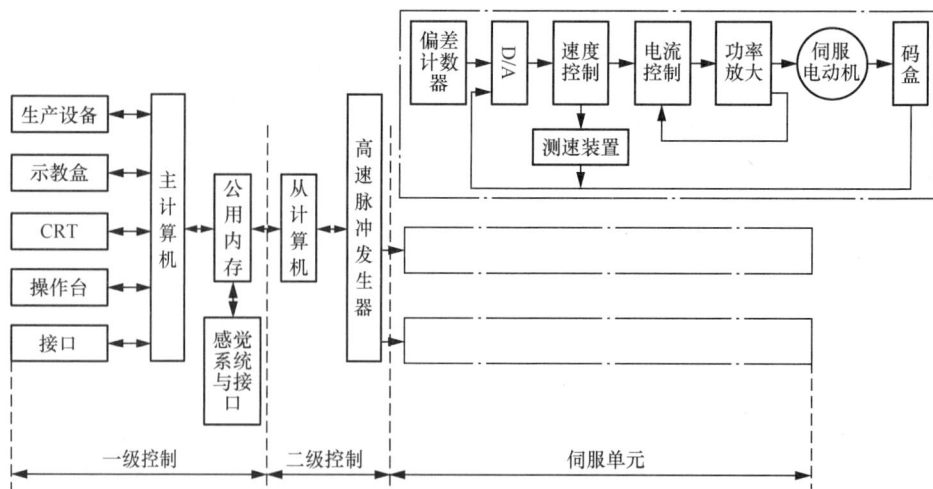

图 2-65　二级 CPU 结构、主从控制方式的控制器结构框图

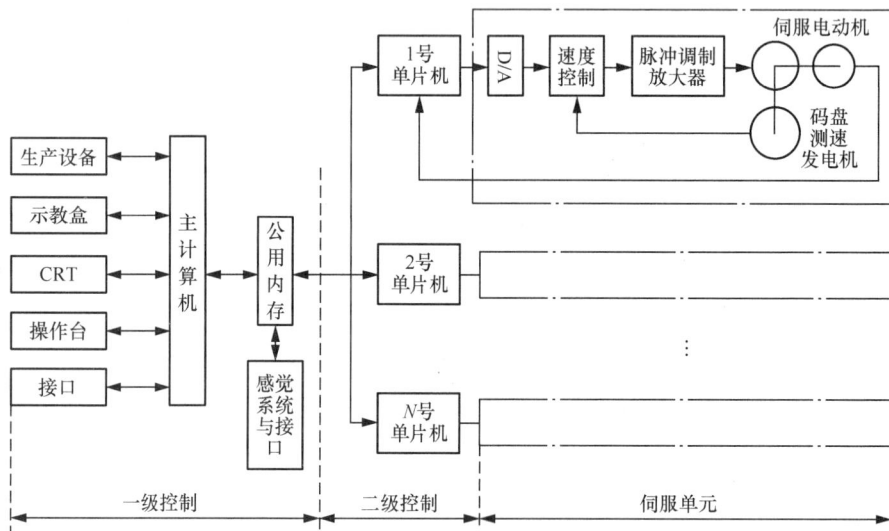

图 2-66　多 CPU 结构、分散控制方式结构框图

（2）并行处理结构

采用并行处理结构是提高计算速度的一个重要且有效的手段，能满足机器人控制的实时性要求。开发并行算法的途径之一就是改造串行算法，使之并行化，然后将算法映射到并行结构。一般有两种方式：一是考虑指定的并行处理结构，根据处理结构所支持的计算模型，开发算法的并行性；二是首先开发算法的并行性，其次设计支持该算法的并行处理结构，以达到最佳并行效率。

① 开发机器人控制的专用 VLSI。

专用 VLSI（超大规模集成电路）能充分利用机器人控制算法的并行性，依靠芯片内的并行处理结构易于解决机器人控制算法中出现的大量计算问题，能大大提高运动学、动力学方程的计算速度。但由于芯片是根据具体的算法来设计的，当算法改变时，芯片就不能使用了，因此采用这种方式构造的控制器不通用，不利于系统的维护与开发。

可利用有并行处理能力的芯片式计算机（如 Transputer、DSP 等）构成并行处理结构。

Transputer 是一种用于并行处理的芯片式计算机。利用 Transputer 的 4 对串行通信 link 对，易于构造不同的拓扑结构，且 Transputer 具有极强的计算能力。利用 Transputer，人们构造了各种机器人并行处理结构，如流水线型结构、树形结构等。利用 Transputer 可实现逆运动学计算，并以实时控制为目的，分别实现了前馈补偿及计算力矩两种基于固定模型的控制方案。

随着数字信号芯片速度的不断提升，高速数字信号处理器（DSP）在信息处理的各个方面得到了广泛应用。DSP 以极快的数字运算速度见长，并易于构成并行处理结构。

② 利用通用的微处理器。

利用通用的微处理器构成并行处理结构，可实现复杂控制策略的在线实时计算。

任务考核与评价

1. 任务准备

准备 ABB 工业机器人紧凑型 IRC5 控制器，其外形和内部各方向视图如图 2-67～图 2-72 所示。

图 2-67　紧凑型 IRC5 控制器外形

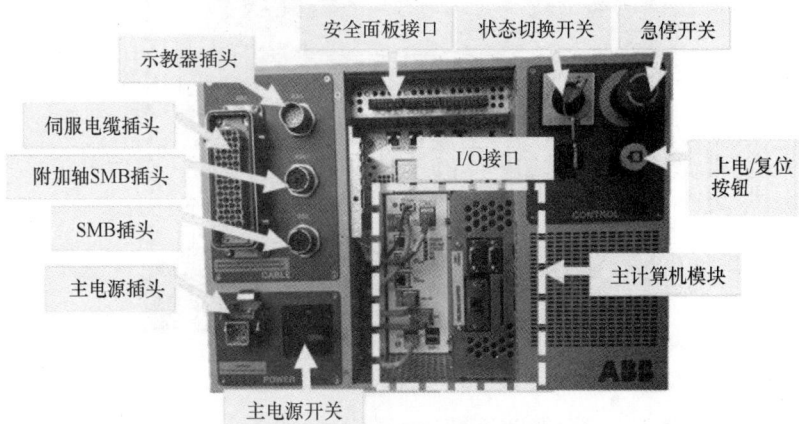

图 2-68　紧凑型 IRC5 控制器内部正视图

图 2-69　紧凑型 IRC5 控制器内部俯视图（打开了上盖）

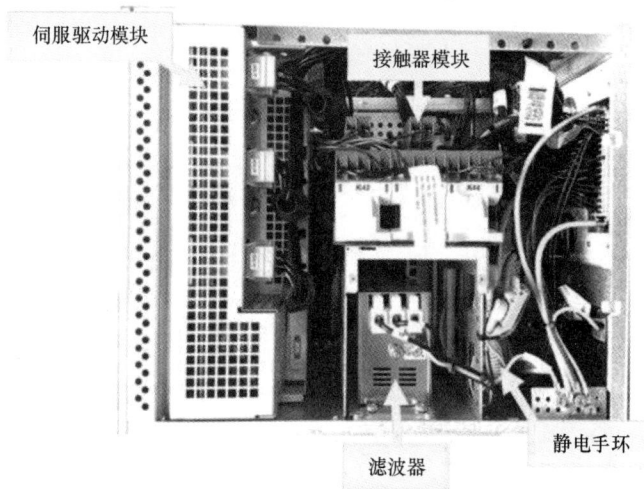

图 2-70　紧凑型 IRC5 控制器内部左视图（打开了左侧盖子）

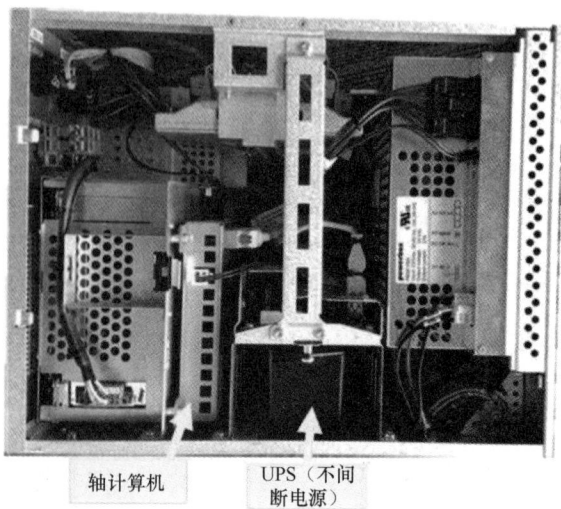

图 2-71　紧凑型 IRC5 控制器内部右视图（打开了右侧盖子）

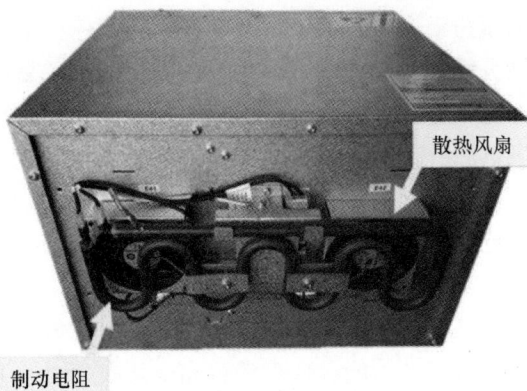

图 2-72 紧凑型 IRC5 控制器内部后视图（打开了后盖）

2. 认识工业机器人的电气控制系统

将学生分组，各组分别对工业机器人的电气控制系统进行介绍，并列出各个元器件的名称及功能。考核与评价细则如表 2-8 所示。

表 2-8　　　　　　　　　　考核与评价细则

姓名		学号		班级		
实操用时		成绩		教师签字		
	任务要点	评分标准			配分	得分
任务模块考核	介绍工业机器人电气控制系统，列出各个元器件的名称及功能	列出各个元器件的名称及功能，每个得 10 分			80	
职业素养考核	素养意识	具备爱岗敬业、团队协作的意识			5	
		具备自主学习、吃苦耐劳的意识			5	
	实训报告	撰写认真、规范			10	
总得分					100	

任务思考

（1）工业机器人控制系统的组成部分主要有哪些？各起什么作用？

（2）工业机器人的控制方式主要有哪 3 类？

（3）什么是工业机器人的控制器？它在工业机器人中起什么作用？

（4）工业机器人控制器的功能主要有哪些？

|项目总结|

机械结构是工业机器人的基本结构。本项目任务 2.1 首先介绍了工业机器人的机座、臂部、腕部；其次对工业机器人的末端执行器进行了分类，并介绍了末端执行器的不同类型及各自的特点；最后介绍了工业机器人的传动机构。

工业机器人的驱动系统包括驱动器和传动机构两部分。本项目任务 2.2 介绍了液压驱动系统、气动驱动系统和电动驱动系统 3 种基本驱动系统。

工业机器人的传感系统扮演着机器人"神经系统"的角色。本项目任务 2.3 首先介绍了传感器的性能指标，包括灵敏度、线性度、测量范围、精度、重复性、分辨率等，在选择工业机器人传感器时，需要综合考虑传感器的各项性能指标；其次介绍了工业机器人传感器的不同类型，包括内部传感器和外部传感器，其中内部传感器帮助机器人了解自身状态，外部传感器检测机器人所处环境、外部物体状态、机器人和外部物体的关系；最后介绍了传感器的不同类型及应用，包括位移传感器、速度传感器、力传感器、触觉传感器、滑觉传感器、接近传感器、视觉传感器等。

工业机器人控制技术是在传统机械系统控制技术的基础上发展起来的。本项目任务 2.4 首先介绍了工业机器人控制系统的功能、特点和组成；其次介绍了工业机器人的控制方式，主要有运动控制、力（力矩）控制和智能控制；最后介绍了工业机器的控制器。

| 思考与练习 |

一、选择题

1．工业机器人的主要机械结构不包括（　　　）。

A．末端执行器　　　　B．腿部　　　　　　　C．腕部　　　　　　　D．机座

2．一般工业机器人用于夹持炽热工件的"手指"是（　　　）。

A．V 形指　　　　　　B．平面指　　　　　　C．尖指　　　　　　　D．特形指

3．工业机器人一般需要具有（　　　）个自由度才能使末端执行器达到目标位置并处于期望的姿态。

A．3　　　　　　　　　B．4　　　　　　　　　C．5　　　　　　　　　D．6

4．下列图形中，（　　　）为工业机器人 BRR 型腕部结构。

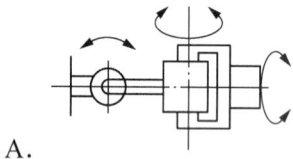

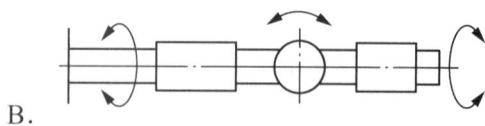

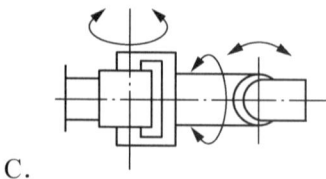

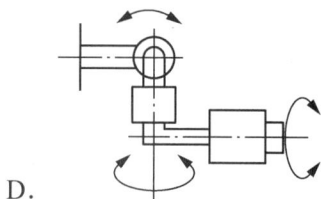

A.　　　　　　　　　　　　　　　　　B.

C.　　　　　　　　　　　　　　　　　D.

5．作为机器人的支撑部分，要有一定的刚度和稳定性的是（　　　）。

A．腕部　　　　　　　B．机座　　　　　　　C．臂部　　　　　　　D．腰部

6．腕部绕小臂轴线方向的旋转被称为（　　　）。

A．臂转　　　　　　　B．手转　　　　　　　C．腕摆

7．工业机器人的外部传感器不包括（　　　）。

A．视觉传感器　　　B．触觉传感器　　　C．加速度传感器　　　D．听觉传感器

8. 工业机器人的内部传感器不包括（　　）。

A. 位移传感器　　　　B. 滑觉传感器　　　　C. 速度传感器　　　　D. 姿态角传感器

9. 工业机器人视觉传感器的应用包括（　　）。

①视觉检验　②视觉传达　③视觉导引　④过程控制

A. ①②③　　　　　　B. ①②④　　　　　　C. ①③④　　　　　　D. ②③④

10. （　　）可以获取工件的颜色信息。

A. 超声波传感器　　　　　　　　　　B. 激光传感器

C. 光电编码器　　　　　　　　　　　D. 视觉传感器

11. 能感受外部物理量（如温度、湿度、位移等）变化的是传感器的（　　）。

A. 传感元件　　　　　B. 敏感元件　　　　　C. 基本转换电路　　　D. 计算机

12. 工业机器人的控制方式不包括（　　）。

A. 运动控制　　　　　B. 智能控制　　　　　C. 示教控制　　　　　D. 力（力矩）控制

13. PTP 是指（　　）。

A. 点位控制　　　　　B. 连续轨迹控制　　　C. 主动交互控制　　　D. 被动交互控制

14. CP 是指（　　）。

A. 点位控制　　　　　B. 连续轨迹控制　　　C. 主动交互控制　　　D. 被动交互控制

15. 一般（　　）的主要控制方式为运动控制。

①喷涂机器人　②焊接机器人　③搬运机器人　④装配机器人

A. ①②③　　　　　　B. ①②④　　　　　　C. ①③④　　　　　　D. ②③④

二、填空题

1. 根据用途和结构的不同，末端执行器可分为_____、_____和_____
3 类。

2. 磁吸式末端执行器主要由_____、_____、
和_____等组成。

3. 工业机器人腕部关节的滚转运动可用字母_____表示，弯转运动可用字
母_____表示。

4. 谐波减速器主要由_____、_____和_____组成。

5. 用于检测物体接触面之间相对运动大小和方向的传感器是_____传感器。

6. 传感器的输出信号达到稳定时，输出信号变化量与输入信号变化量的比值代表传感器
的_____参数。

7. 传感器由_____、_____和_____3 个基本部分组成。

8. 响应时间是传感器的_____指标。

9. 当工件滑动时，滚轮式滑觉传感器发出脉冲信号，脉冲信号的频率反映了滑移
的_____，脉冲信号的个数反映了滑移的_____。

10. 当导体在一个不均匀的磁场中运动或处于一个交变磁场中时，其内部便会产生感应
电流，这种感应电流称为_____。

11. 按采集信息的位置，传感器一般可分为_____和_____。

12. 工业机器人的控制系统的功能主要包括_____、_____。

13. 机器人控制器的控制方式有_____、_____、分散控制方式。

14．工业机器人的控制方式主要有＿＿＿＿＿＿、＿＿＿＿＿＿和＿＿＿＿＿＿。

15．根据作业任务的不同，工业机器人的运动控制方式可分为＿＿＿＿＿＿＿＿＿＿和＿＿＿＿＿＿＿＿＿＿两种。

三、判断题

1．吸附式末端执行器分为气吸式、磁吸式。　　　　　　　　　　　　　　（　　）

2．单自由度手腕可分为翻转手腕、折曲手腕与移动手腕。　　　　　　　　（　　）

3．为增加工业机器人的结实程度，要尽量增加手臂运动部分的重量。　　　（　　）

4．传感器是一种将物理量转换成电量的装置。　　　　　　　　　　　　　（　　）

5．灵敏度是指传感器的输出信号达到稳定状态时，输入信号变化量与输出信号变化量的比值。　　　　　　　　　　　　　　　　　　　　　　　　　　　　　　　（　　）

6．对于多数传感器来说，重复性指标一般比精度指标差。　　　　　　　　（　　）

7．常用的滑觉传感器有滚轮式、球式、振动式3种。　　　　　　　　　　（　　）

8．绝对式光电编码器的码道越多，精度越高。　　　　　　　　　　　　　（　　）

9．测量范围是指被测量的最大允许值和最小允许值之差。　　　　　　　　（　　）

10．选择传感器时，测量范围越大越好。　　　　　　　　　　　　　　　　（　　）

11．力-力矩传感器可以用来检测工件的位置。　　　　　　　　　　　　　（　　）

12．连续轨迹控制方式的主要技术指标是定位精度和运动所需要的时间。　（　　）

13．工业机器人中的控制器是指主控计算机。　　　　　　　　　　　　　　（　　）

14．在用"手把手"示教编程实现 PTP 时，它只记录轨迹程序移动的两端点位置。（　　）

项目 3
工业机器人基本操作

| 任务 3.1 工业机器人的电气连接与开关机 |

任务描述

进行工业机器人的电路和气路连接，主要任务有完成编码器线缆连接、动力线连接、示教器连接、气路连接等，连接完毕后，对工业机器人进行开关机调试。

任务目标

知识目标

（1）掌握电路连接的方法和主要操作步骤。
（2）掌握气路连接的方法和主要操作步骤。

能力目标

（1）能够完成工业机器人的电路连接。
（2）能够完成工业机器人的气路连接。

素质目标

（1）具备诚信、友善的社会主义核心价值观。
（2）具备吃苦耐劳、爱岗敬业的职业素养。
（3）具备自主学习、勇于创新的工匠精神。

思维导图

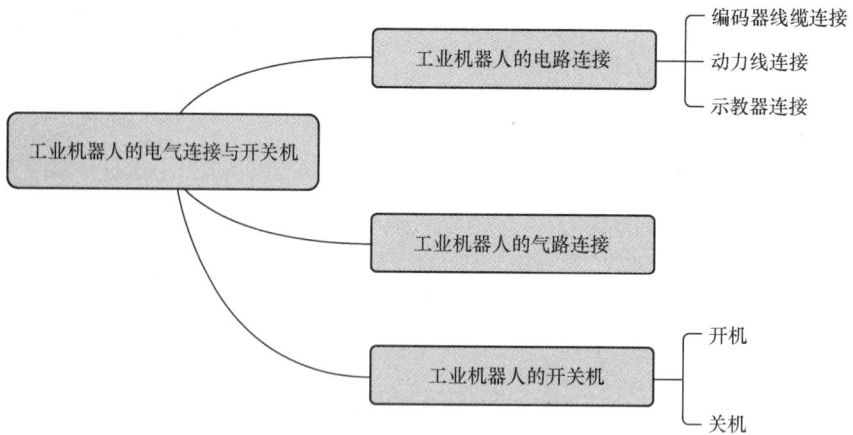

相关知识

知识点：编码器线缆的作用

编码器线缆也称为 SMB 线缆，它是连接机器人 SMB 板与控制柜的线缆。机器人的运动是由电动机带动齿轮箱实现的。电动机的位置信息则由安装在电动机尾端的编码器反馈给 SMB 板，SMB 板再通过线缆连接到机器人控制柜。

3.1.1 工业机器人的电路连接

子任务 1 编码器线缆连接

第 1 步：确保工业机器人控制柜及外围设备处于断电状态。

第 2 步：将编码器线缆插入机器人底座后面的 SMB 插口，并将旋钮沿顺时针方向拧紧，如图 3-1 所示。

微课

工业机器人的
电路连接

图 3-1 编码器线缆连接

子任务 2　动力线连接

第 1 步：确保工业机器人控制柜及外围设备处于断电状态。

第 2 步：将动力线对齐机器人底座背后的插口，再将动力线上的螺丝钉拧紧，如图 3-2 所示。

图 3-2　动力线连接

子任务 3　示教器连接

第 1 步：确保工业机器人控制柜及外围设备处于断电状态。

第 2 步：找到 FlexPendant 插座连接器和控制柜上的 FlexPendant 接口，分别如图 3-3 和图 3-4 所示。

图 3-3　FlexPendant 插座连接器

图 3-4　FlexPendant 接口

第 3 步：确定好接口方向，将插座连接器插入接口，顺时针旋转接头上的旋钮，将其拧紧。

3.1.2　工业机器人的气路连接

第 1 步：确保外围设备总阀门处于关闭状态，如图 3-5 所示。

微课

工业机器人的
气路连接

图 3-5　总阀门处于关闭状态

第 2 步：将气路整理规范，为机器人的气路连接作准备。

第 3 步：将气管对准机器人底座背后的气路接口，将气管插入气路接口，如图 3-6 所示。插入后可稍用力把气管往外拔一下，以确定气路连接完成，气路连接完成后如图 3-7 所示。

图 3-6　将气管插入气路接口

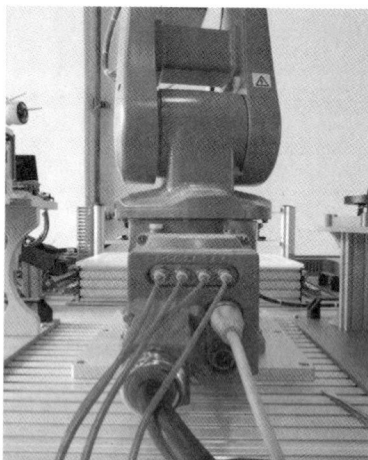

图 3-7　气路连接完成

3.1.3　工业机器人的开关机

子任务 1　工业机器人的开机

第 1 步：接通工业机器人的外部电源。

第 2 步：将工业机器人控制柜上的开关切换到 ON 状态，如图 3-8 所示，此时工业机器人开始启动，示教器会显示开机界面。当示教器界面如图 3-9 所示时，表明工业机器人开机完成。

微课

工业机器人的
开关机

图 3-8　将控制柜上的开关切换到 ON 状态

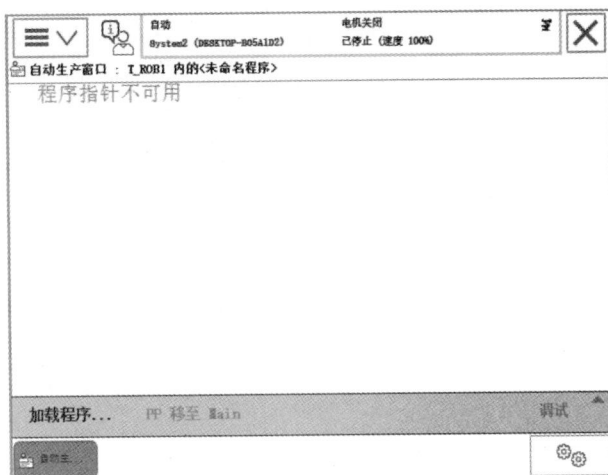

图 3-9　工业机器人开机完成

子任务 2　工业机器人的关机

第 1 步：在示教器主菜单界面中，点击"重新启动"按钮，如图 3-10 所示，进入重新启动界面。

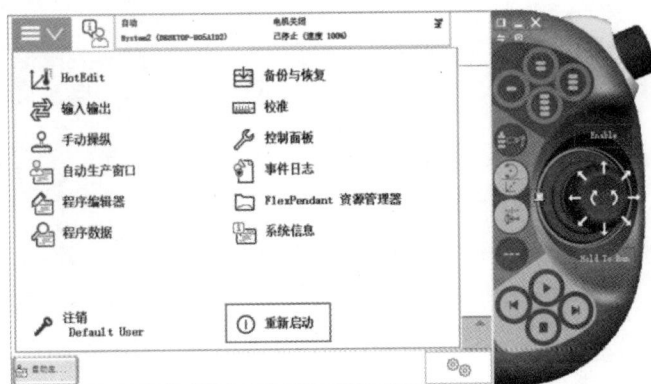

图 3-10　点击"重新启动"选项

第 2 步：进入重新启动界面后，点击左下方的"高级"选项，如图 3-11 所示，进入高级重启界面。

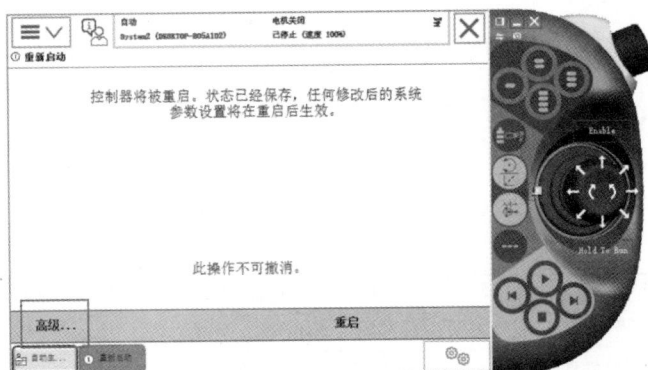

图 3-11　点击"高级"选项

第 3 步：进入高级重启界面后，先选中"关闭主计算机"选项，再点击示教器界面下方的"下一个"选项，相关操作如图 3-12 所示。在弹出的界面中，点击"关闭主计算机"选项，如图 3-13 所示。

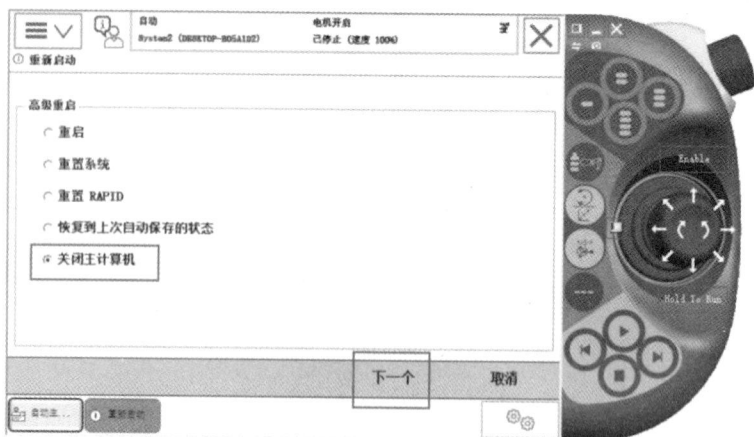

图 3-12　高级重启界面的相关操作

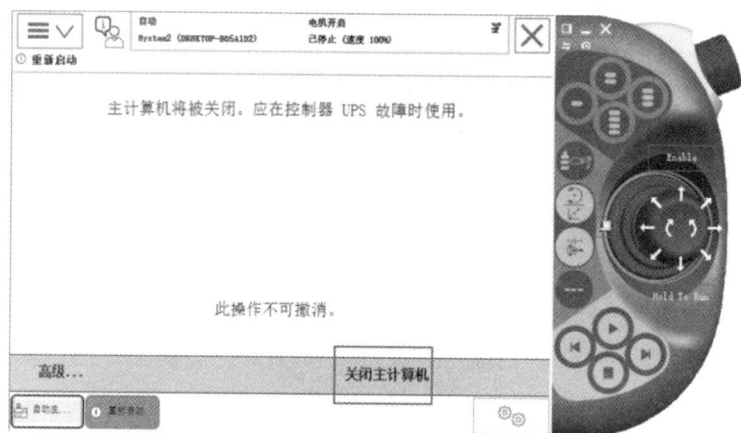

图 3-13　点击"关闭主计算机"选项

第 4 步：当示教器界面显示"The controller has shut down!"时，表示机器人主计算机关闭完成。此时可将控制柜上的开关从 ON 状态切换到 OFF 状态，再将外围设备的电源开关关闭，完成机器人的关机操作。

任务考核与评价

本任务的考核与评价细则如表 3-1 所示。

表 3-1　　　　　　　　　　　　　　考核与评价细则

姓名		学号		班级		
实操用时		成绩		教师签字		
任务模块考核	任务要点	评分标准			配分	得分
	编码器线缆连接	操作规范、熟练			5	
		线缆连接正确、无故障			6	
		线缆连接可靠			5	

续表

		操作规范、熟练	5	
	动力线连接	线缆连接正确、无故障	6	
		线缆连接可靠	5	
		操作规范、熟练	5	
任务模块考核	示教器连接	线缆连接正确、无故障	6	
		线缆连接可靠	5	
	工业机器人的开机	开机操作规范、熟练	5	
		正确完成开机	5	
	工业机器人的关机	关机操作熟练、规范	7	
		正确完成关机	5	
	安全着装	穿劳保服和绝缘鞋	3	
		工作服袖口束紧	3	
职业素养考核	环境清洁	保持地面及实训平台表面清洁，无线头和扎带	3	
		工具摆放整齐，且在装配桌上	3	
	素养意识	具备爱岗敬业、团队协作的意识	3	
		具备自主学习、吃苦耐劳的意识	3	
	实训报告	撰写认真、规范	12	
总得分			100	

任务思考

（1）查阅资料，了解 SMB 板的作用。

（2）查阅资料，了解示教器相关知识。

| 任务 3.2　工业机器人示教器的配置与使用 |

任务描述

在完成电气连接的 ABB 工业机器人投入使用前我们需要对示教器的编程环境进行配置，配置信息包括设置示教器语言、设置日期和时间等，此外还应验证工业机器人是否能实现模式切换、坐标旋转及手动操作等。

任务目标

知识目标

（1）了解 ABB 工业机器人的示教器。

（2）掌握 ABB 工业机器人配置编程环境的方法。

（3）掌握选择工业机器人坐标系的方法。

（4）掌握手动操作工业机器人的方法。

能力目标

（1）能配置 ABB 工业机器人的编程环境。

（2）能够选择工业机器人的坐标系。

（3）能够手动操作 ABB 工业机器人。

素质目标

（1）具备诚信、友善的社会主义核心价值观。

（2）具备吃苦耐劳、爱岗敬业的职业素养。

（3）具备自主学习、勇于创新的工匠精神。

思维导图

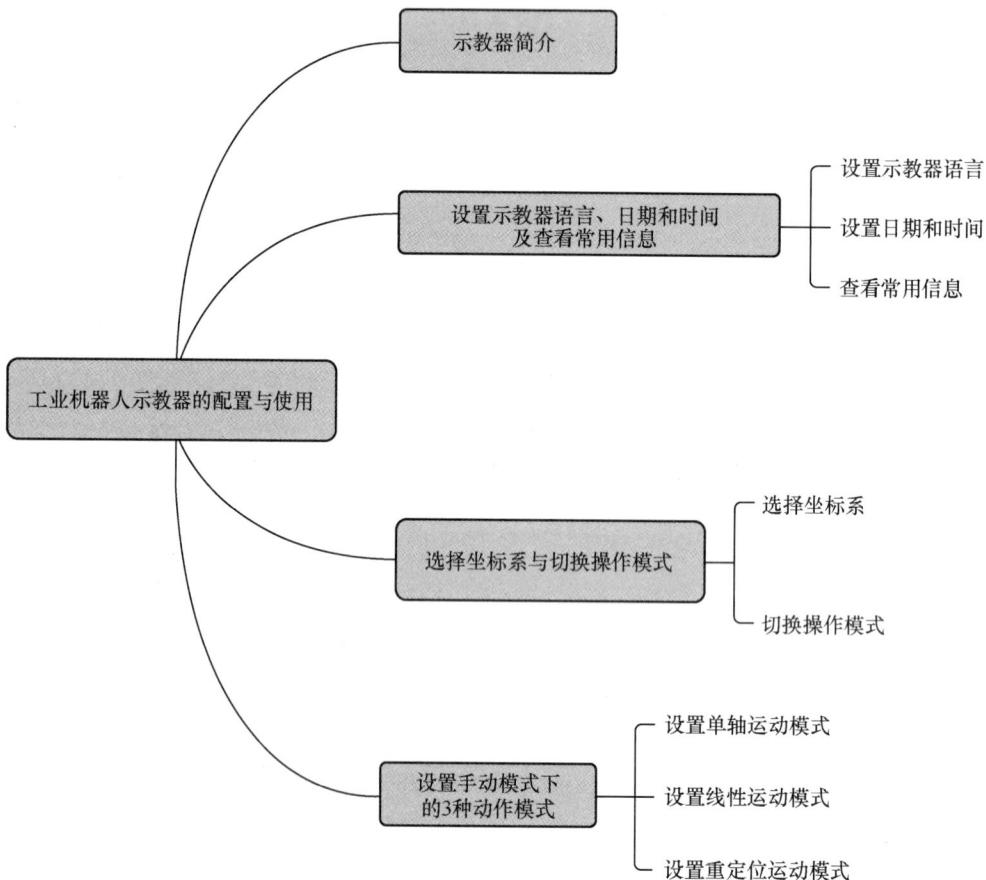

相关知识

知识点 1：示教器的使能按键

使能按键是工业机器人为保证操作人员人身安全而设置的重要按键，只有按下此键，并在电动机开启的状态下，才能对机器人进行手动操作与程序调试。

　　使能按键位于示教器手动操作摇杆的右侧，操作机器人时，工作人员应用左手的 4 根手指按下使能按键。使能按键有两挡：在手动操作状态下，按下第一挡后，机器人处于电动机开启状态；按下第二挡后，机器人处于防护装置停止状态。因为当发生危险时，人会本能地将使能按键松开或按紧，则机器人会马上停下，保证安全。示教器的使能按键及其握法如图 3-14 所示。

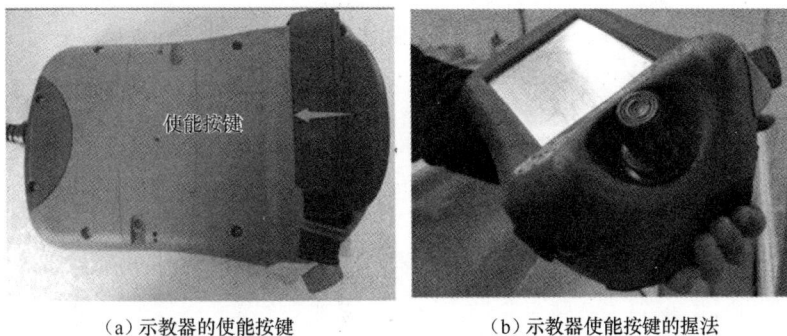

（a）示教器的使能按键　　　　　　　（b）示教器使能按键的握法

图 3-14　示教器的使能按键及其握法

知识点 2：工业机器人的手动模式

　　手动模式下，工业机器人的运动共有 3 种模式，分别为单轴运动、线性运动和重定位运动。每次操作时只有一根轴运动的运动称为单轴运动。在手动将机器人的各轴返回原点时，通常采用单轴运动。线性运动是指安装在机器人第 6 轴法兰盘上的工具的 TCP 在空间中做直线运动。在进行示教编程时，使用线性运动比较方便。工业机器人的重定位运动是指机器人的 TCP 在空间中绕坐标轴旋转，而 TCP 相对基坐标系的位置保持不变的运动，也可以理解为机器人绕着 TCP 做姿态调整的运动。在进行示教编程时，采用重定位运动对于调整机器人的姿态非常方便。

3.2.1　示教器简介

　　示教器是进行机器人手动编程、程序编写、参数配置及监控的重要手持装置，是控制工业机器人的非常重要的核心部件，不同品牌的示教器的外观和操作方式不尽相同，几种常见的工业机器人示教器如图 3-15 所示。

微课

示教器简介

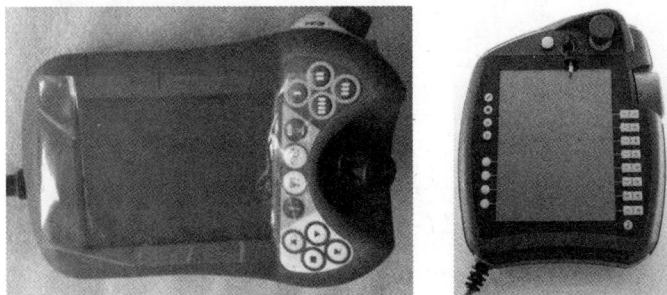

（a）ABB 示教器　　　　　　　　　　（b）库卡示教器

图 3-15　几种常见的工业机器人示教器

(c) 发那科示教器   (d) 埃夫特示教器

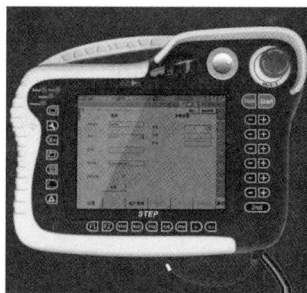

图 3-15　几种常见的工业机器人示教器（续）

不同品牌的工业机器人示教器的外观及操作方式区别较大，本书主要以 ABB 示教器为对象进行相关介绍。

ABB 示教器是诸多品牌中最精巧的示教器之一，其正面及相关功能按键如图 3-16 所示。

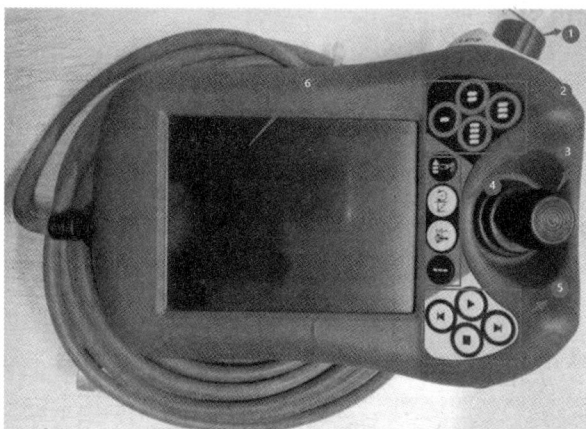

1—急停开关；2—可编程按键；3—操纵杆；4—手动运行快捷键；

5—程序运行控制按键；6—触摸屏

图 3-16　ABB 示教器正面及相关功能按键

ABB 示教器背面及相关功能按键如图 3-17 所示。

1—使能按键；2—安全绑带；3—触摸笔；4—复位按键；5—连接线缆

图 3-17　ABB 示教器背面及相关功能按键

机器人启动完成后，示教器开机后的界面如图 3-18 所示，在界面中①为主菜单，其功能是显示机器人各功能界面；②为操作员窗口，其是机器人与操作员的交互界面，显示当前信息、状态；③为状态栏，其作用是显示机器人的当前状态，如动作模式、电动机状态、报警信息等；④为关闭按钮，其作用是关闭当前界面；⑤为快捷设置菜单，其作用是快速设置机器人功能界面中的各属性，如速度、动作模式、增量等；⑥为任务栏，其作用是打开界面的任务列表，最多支持打开 6 个界面。

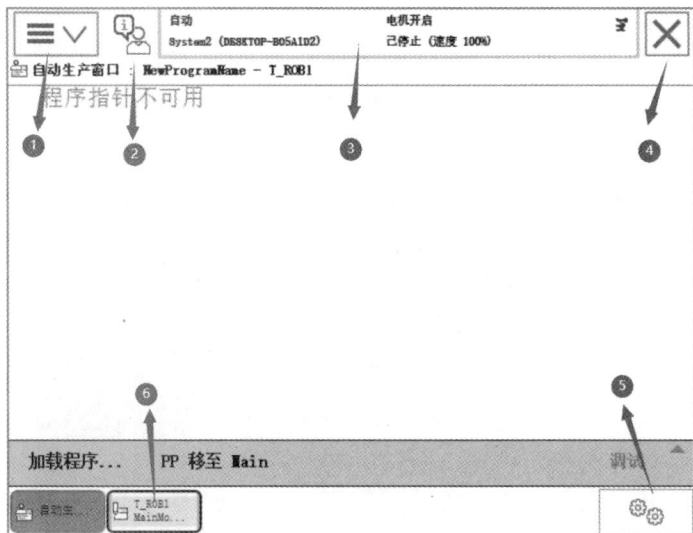

图 3-18　示教器开机后的界面

对于示教器主菜单下各功能选项及作用，将在后续操作任务中详细介绍。

3.2.2　设置示教器语言、日期和时间及查看常用信息

子任务 1　设置示教器语言

第 1 步：旋转模式切换开关，将机器人操作模式切换为手动模式，如图 3-19 所示。此时示教器上显示机器人的操作模式为手动模式，如图 3-20 所示。

微课

设置示教器语言、
日期和时间及查看
常用信息

图 3-19　旋转模式切换开关切换为手动模式

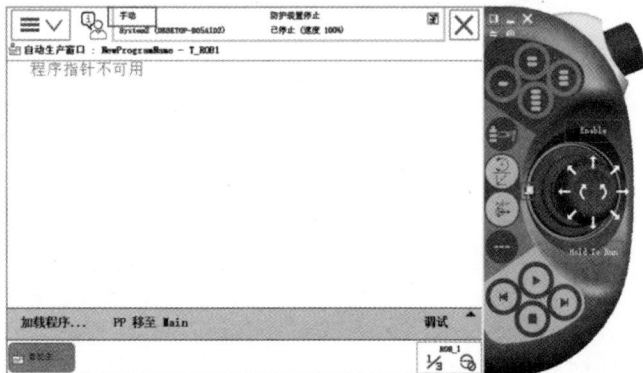

图 3-20　示教器显示手动模式

第 2 步：在手动模式下，点击示教器左上方的主菜单，如图 3-21 所示，进入主菜单界面。

图 3-21 点击主菜单

第 3 步：在主菜单界面中，点击"控制面板"选项，如图 3-22 所示，进入控制面板界面。

图 3-22 点击"控制面板"选项

第 4 步：进入控制面板界面后，点击"语言"选项进行语言设置，如图 3-23 所示，进入控制面板-语言界面。

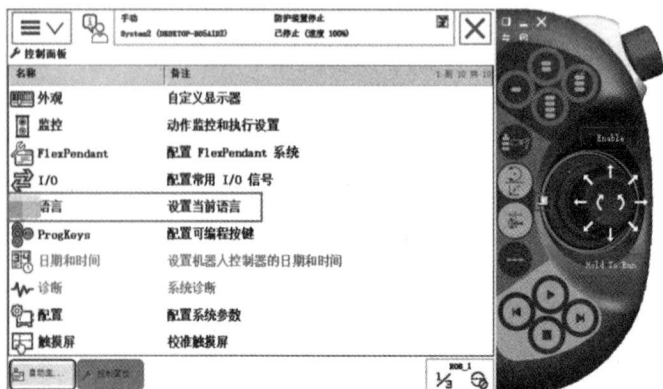

图 3-23 点击"语言"选项

第 5 步：在"已安装语言"列表中选择需要更改的语言，如选择"英语"选项后，点击"确定"选项，如图 3-24 所示。

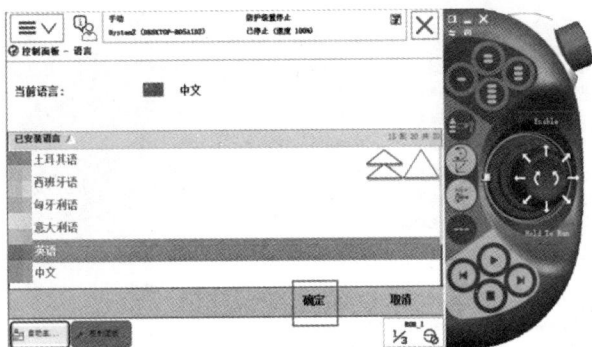

图 3-24 进行语言设置

第 6 步：点击"确定"选项后，在弹出的对话框中点击"是"按钮，示教器重新启动，如图 3-25 所示。

图 3-25 示教器重新启动提示对话框

示教器重启完成后，其界面显示为英文界面，如图 3-26 所示。可将示教器语言改回中文，或改成其他语言，操作过程相同。

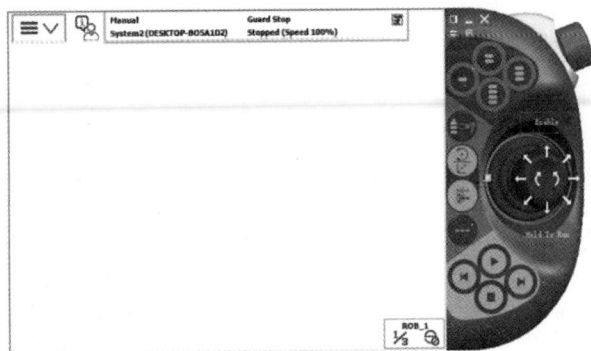

图 3-26 界面显示为英文界面

子任务 2 设置日期和时间

第 1 步：在手动模式下，点击示教器左上方的主菜单，如图 3-21 所示，进入主菜单界面。

第 2 步：在主菜单界面中，点击"控制面板"选项，如图 3-22 所示，进入控制面板界面。

第 3 步：在控制面板界面中点击"控制器设置"选项，如图 3-27 所示，进行日期和时间的修改。

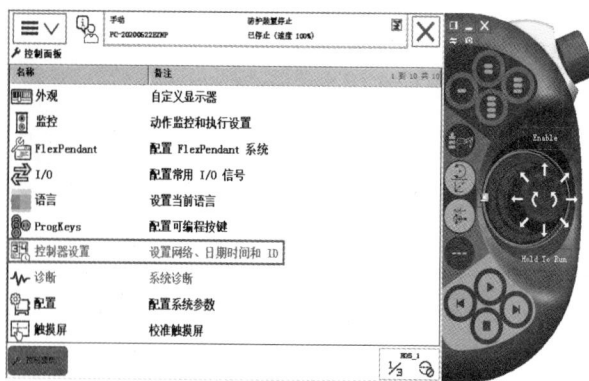

图 3-27   点击"控制器设置"选项

第 4 步：点击"控制器设置"选项后，进入日期和时间修改界面，修改完成后点击"确定"按钮，如图 3-28 所示。

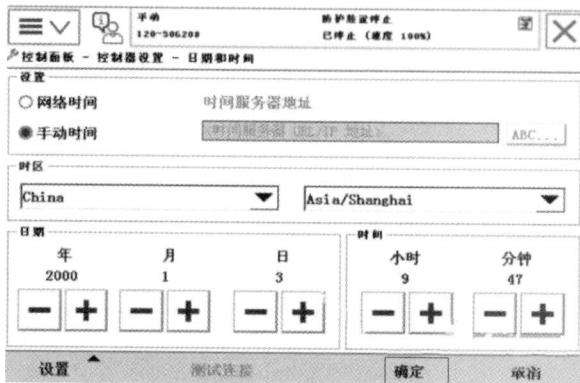

图 3-28   日期和时间修改界面

子任务 3   查看常用信息

查看常用信息的方法有两种，下面分别对这两种方法进行介绍。

方法 1 的相关操作如下。

第 1 步：在手动模式下，点击示教器左上方的主菜单，如图 3-21 所示，进入主菜单界面。

第 2 步：在主菜单界面中点击"事件日志"选项，如图 3-29 所示，进入事件日志界面。

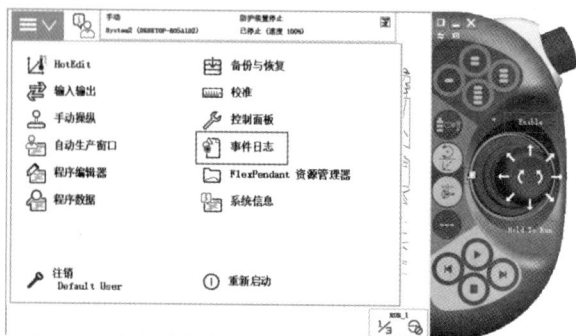

图 3-29   点击"事件日志"选项

在进入事件日志界面后，如图 3-30 所示，可以详细查阅机器人系统的常用信息。

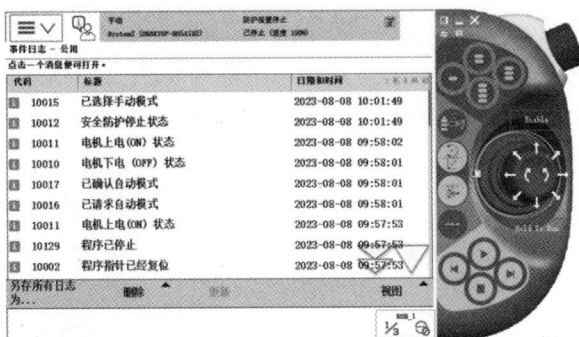

图 3-30　事件日志界面

方法 2 则更为简单，相关操作如下：在手动模式下，点击示教器左上方的主菜单，如图 3-21 所示，进入主菜单界面。在此界面中点击状态栏，如图 3-31 所示，即可进入事件日志界面以查看常用信息。

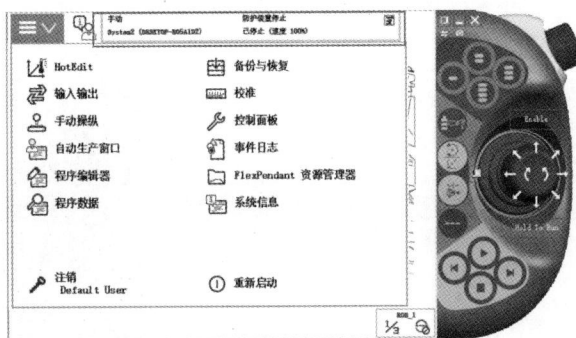

图 3-31　点击状态栏

3.2.3　选择坐标系与切换操作模式

子任务 1　选择坐标系

第 1 步：在手动模式下，点击示教器左上方的主菜单，如图 3-21 所示，进入主菜单界面。

第 2 步：在主菜单界面中，点击"手动操纵"选项，如图 3-32 所示，进入手动操纵界面。

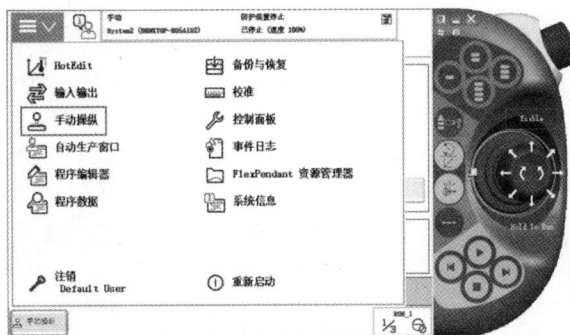

微课

选择坐标系与切换操作模式

图 3-32　点击"手动操纵"选项

第 3 步：在手动操纵界面中，点击"工具坐标"选项，如图 3-33 所示，进入手动操纵-工具界面。在该界面中可以看到当前的工具坐标名称为 tool0，即系统默认的工具坐标系，如果用户新建了其他坐标系，可以选择其他坐标系名称，然后点击"确定"选项，如图 3-34 所示。

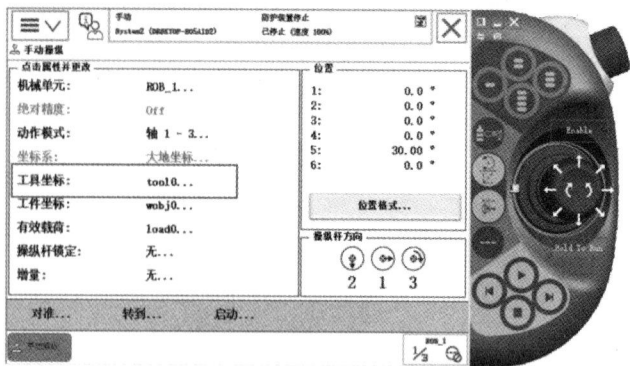

图 3-33 点击"工具坐标"选项

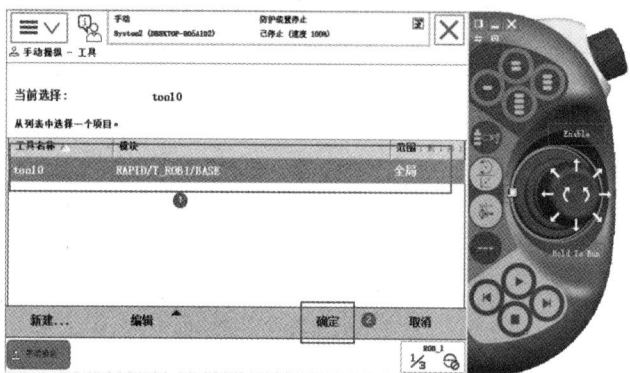

图 3-34 选择工具坐标

第 4 步：在手动操纵界面中，点击"工件坐标"选项，如图 3-35 所示，进入手动操纵-工件界面。在该界面中可以看到当前的工件坐标名称为 wobj0，即系统默认的工件坐标系，如果用户新建了其他坐标系，可以选择其他坐标系名称，然后点击"确定"选项，如图 3-36 所示。

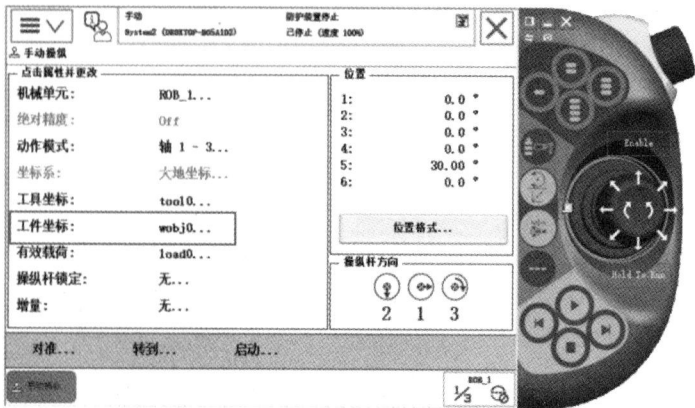

图 3-35 点击"工件坐标"选项

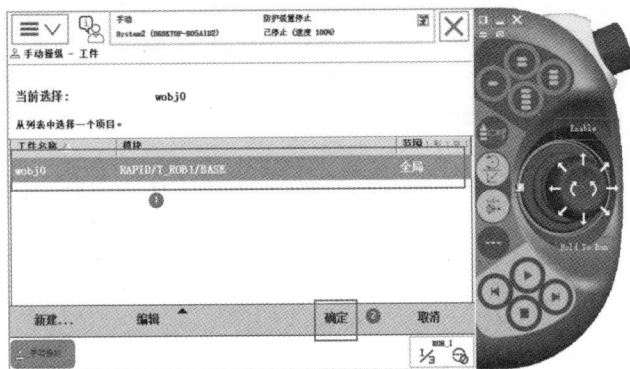

图 3-36　选择工件坐标

子任务 2　切换操作模式

以上机器人操作均处于手动模式下，当完成机器人编程和程序调试后，应将机器人操作模式设为自动，操作方法如下。

将工业机器人控制柜上的模式切换开关切换为自动模式［见图 3-37（a）］，此时示教器会弹出提示对话框，如图 3-37（b）所示，点击"确定"按钮，机器人的操作模式则变为自动模式。从示教器界面中可看出机器人处于自动模式，如图 3-38 所示。

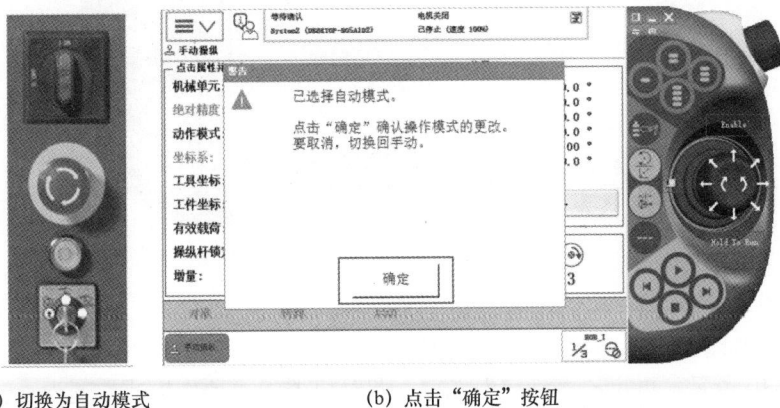

(a) 切换为自动模式　　　　　　　　　(b) 点击"确定"按钮

图 3-37　切换为自动模式及点击"确定"按钮

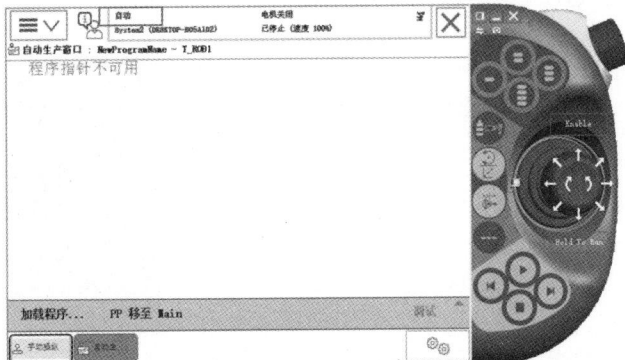

图 3-38　机器人处于自动模式

关于将机器人的操作模式切换为手动模式，前文已作介绍，这里不再赘述。

3.2.4　设置手动模式下的 3 种动作模式

子任务 1　设置单轴运动模式

常用的工业机器人有 6 个伺服电动机，分别驱动机器人的 6 根关节轴，具体操作方法如下。

第 1 步：将工业机器人的操作模式切换为手动模式，具体操作参考前文。

第 2 步：在主菜单界面中，点击"手动操纵"选项，如图 3-32 所示，进入手动操纵界面。在手动操纵界面中，可以看到此时"动作模式"是"轴 1-3"，如图 3-39 所示。这就表明当前动作模式是轴 1～轴 3 的单轴运动模式，在按下使能按键的情况下，用户操作操纵杆就能控制工业机器人的轴 1～轴 3 单独运动，运动的正方向参考图 3-39 右下角的"操纵杆方向"。

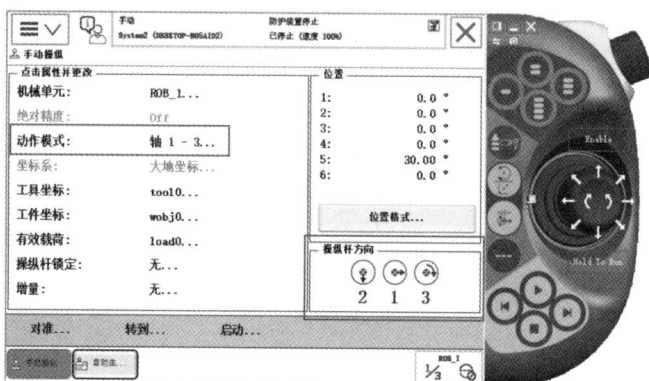

图 3-39　此时"动作模式"是"轴 1-3"

第 3 步：选择其他轴运动，方法有以下两种。

方法 1：点击图 3-39 所示界面中的"动作模式"选项，进入动作模式界面，点击"轴 4-6"选项，如图 3-40 所示，再点击"确定"选项。此时机器人"动作模式"变为"轴 4-6"，如图 3-41 所示，表明当前动作模式为轴 4～轴 6 的单轴运动模式，在按下使能按键的情况下，用户操作操纵杆就可控制这些轴单独运动，运动的正方向参考图 3-41 右下角的"操纵杆方向"。

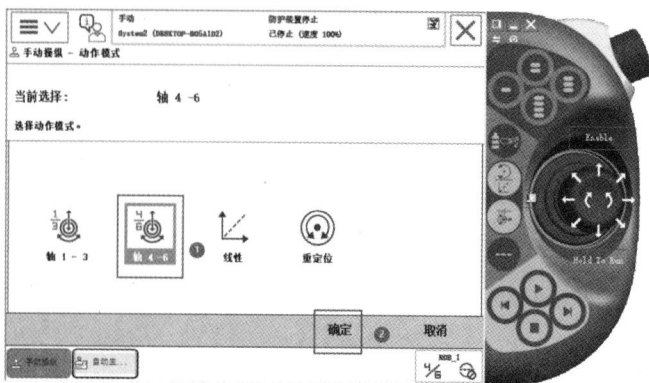

图 3-40　点击"轴 4-6"选项

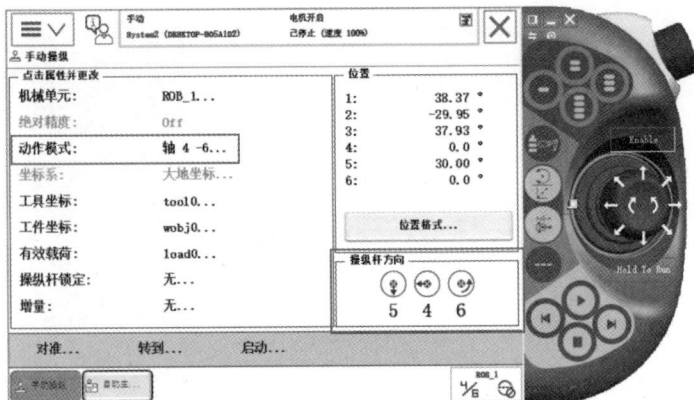

图 3-41　"动作模式"变为"轴 4-6"

方法 2：在"动作模式"为"轴 1-3"的基础上，按单轴切换快捷键，如图 3-42 所示，即可将动作模式切换为"轴 4-6"，效果如图 3-41 所示。

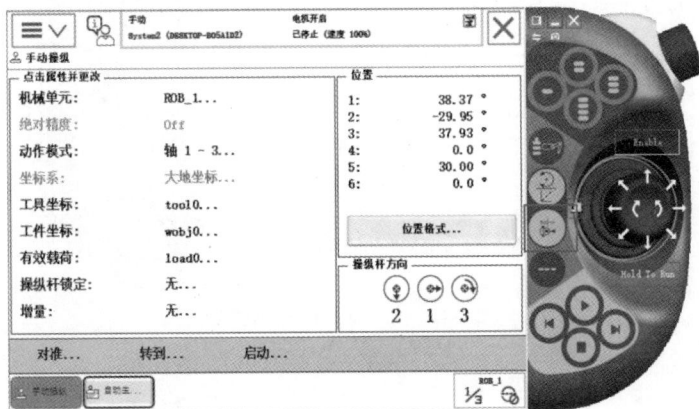

图 3-42　按单轴切换快捷键

子任务 2　设置线性运动模式

线性运动时要选择工具坐标和工件坐标，选择坐标的方法和操作参考前文相关内容，这里主要讲解设置线性运动模式的具体操作。

第 1 步：在主菜单界面中，点击"手动操纵"选项，如图 3-32 所示，进入手动操纵界面。

第 2 步：选择线性模式，其操作方法有以下两种。

方法 1：在手动操纵界面中，点击"动作模式"选项，进入动作模式界面。在此界面中，点击"线性"选项，再点击"确定"选项，即可将机器人的动作模式更改为线性运动模式，如图 3-43 所示。

方法 2：进入手动操纵界面，按线性/重定位快捷键，如图 3-44 所示，即可将机器人的动作模式更改为线性运动模式。

第 3 步：操纵工业机器人线性运动。在工业机器人的动作模式切换为线性运动模式的情况下，按下使能按键，便可操作操纵杆控制机器人的 TCP 在空间中做线性运动，运动时的 x 轴、y 轴、z 轴正方向参考此时示教器右下角的"操纵杆方向"（X、Y、Z 参考方向），如图 3-45 所示。

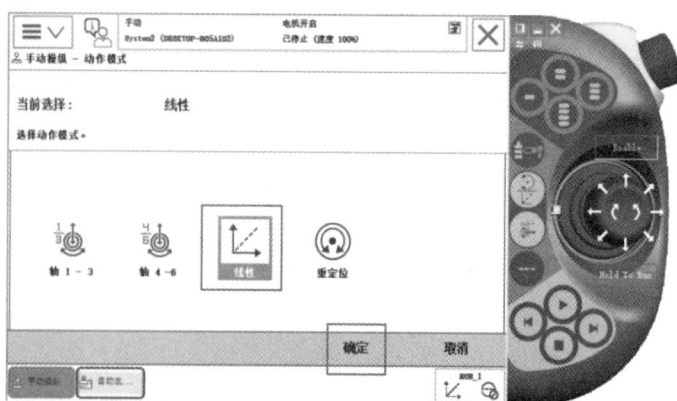

图 3-43　将动作模式更改为线性运动模式

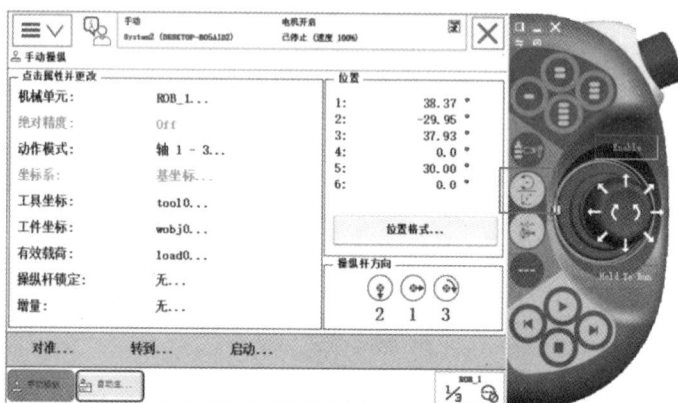

图 3-44　按线性/重定位快捷键

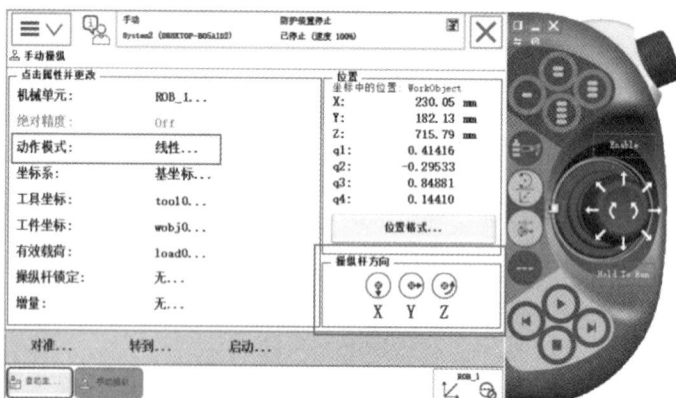

图 3-45　此时的"操纵杆方向"

子任务 3　设置重定位运动模式

操作机器人重定位运动的方法如下。

第 1 步：在主菜单界面中，点击"手动操纵"选项，如图 3-32 所示，进入手动操纵界面。

第 2 步：选择重定位模式，其操作方法有以下两种。

方法 1：在手动操纵界面中，点击"动作模式"选项，进入动作模式界面。在此界面中，点击"重定位"选项，再点击"确定"选项，即可将机器人的动作模式更改为重定位运动模式，如图 3-46 所示。

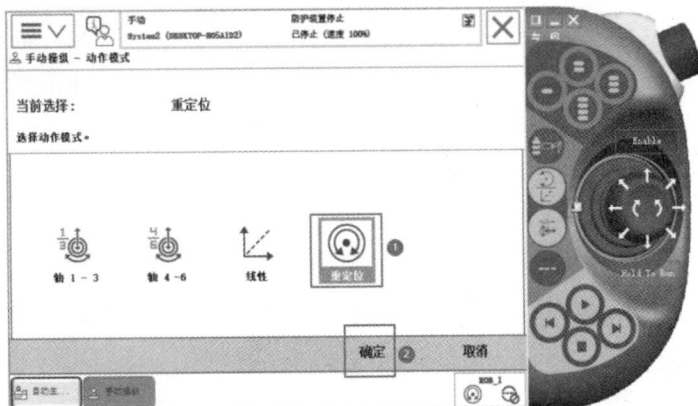

图 3-46　将动作模式更改为重定位运动模式

方法 2：在手动操纵界面中，当前"动作模式"为"线性"的情况下，按线性/重定位快捷键，如图 3-47 所示，即可将机器人的动作模式更改为重定位运动模式。

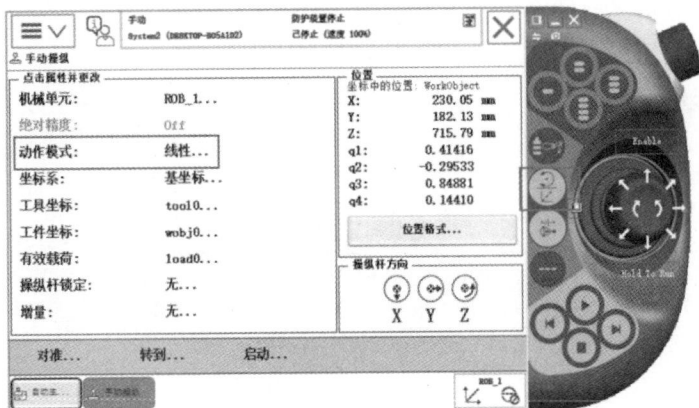

图 3-47　按线性/重定位快捷键

第 3 步：选择工具坐标系。在手动操纵界面中，点击"坐标系"选项，如图 3-48 所示。

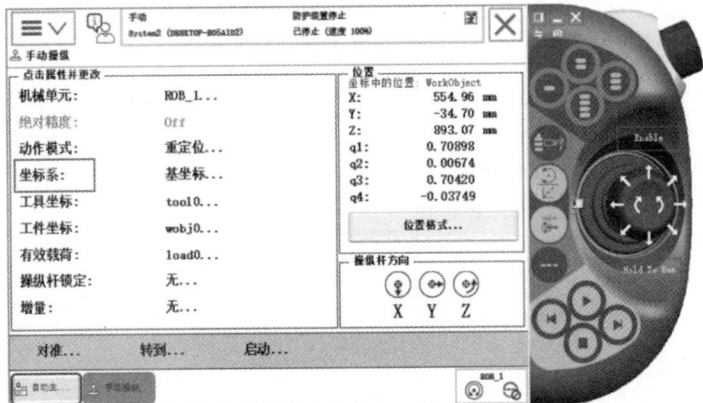

图 3-48　点击"坐标系"选项

第 4 步：在坐标系界面中，点击"工具"选项，再点击"确定"选项，即可将坐标系更改为工具坐标系，如图 3-49 所示。

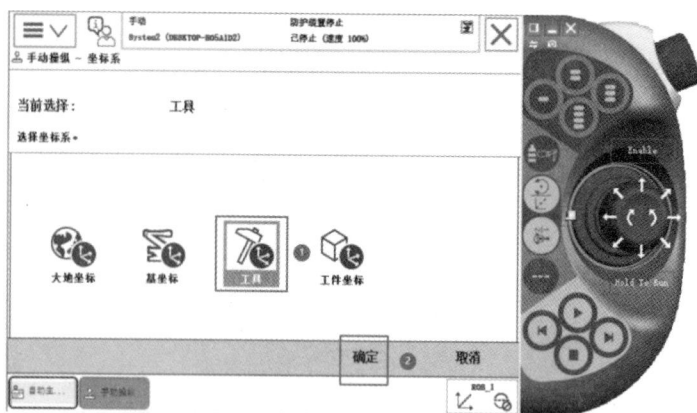

图 3-49　将坐标系更改为工具坐标系

第 5 步：按下使能按键，即可控制工业机器人按照重定位运动，其运动方向参考图 3-48 右下角的"操纵杆方向"。这里要说明一下，在重定位运动模式下，x 方向表示 TCP 绕工具坐标系中的 x 轴运动，y 方向表示 TCP 绕工具坐标系中的 y 轴运动，z 方向表示 TCP 绕工具坐标系中的 z 轴运动。

任务考核与评价

本任务的考核与评价细则如表 3-2 所示。

表 3-2　　　　　　　　　　　　考核与评价细则

姓名		学号		班级		
实操用时		成绩		教师签字		
	任务要点	评分标准			配分	得分
任务模块考核	配置编程环境	按要求正确设置语言			7	
		按要求正确设置日期和时间			7	
		能查阅到指定的相关日志信息			7	
	选择坐标系	能选择指定的工具坐标系			7	
		能选择指定的工件坐标系			7	
	切换机器人的操作模式	能正确、熟练地切换为自动模式			7	
		能正确、熟练地切换为手动模式			7	
	切换机器人的动作模式	能按要求控制机器人单轴运动			7	
		能按要求控制机器人线性运动			7	
		能按要求控制机器人重定位运动			7	
职业素养考核	安全着装	穿劳保服和绝缘鞋			3	
		工作服袖口束紧			3	
	环境清洁	保持地面及实训平台表面清洁，无线头和扎带			3	
		工具摆放整齐，且在装配桌上			3	
	素养意识	具备爱岗敬业、团队协作的意识			3	
		具备自主学习、吃苦耐劳的意识			3	
	实训报告	撰写认真、规范			12	
总得分					100	

任务思考

（1）查阅资料，列举出工业机器人线性运动在实际生产线中的应用场景。

（2）查阅资料，列举出工业机器人重定位运动在实际生产线中的应用场景。

| 任务 3.3　工业机器人的 I/O 通信配置与 IP 地址设定 |

任务描述

一条实际的自动化生产线中的工业机器人若要完成相关生产任务，必须与外围设备进行通信。因此，配置 I/O 通信是非常重要的基础操作，主要包括配置标准 I/O 板、配置 I/O 信号、监控与操作 I/O 信号、配置示教器可编程按键，以及设定 IP 地址等。

任务目标

知识目标

（1）掌握 ABB 工业机器人常用的标准 I/O 板的特性。

（2）掌握 ABB 工业机器人配置标准 I/O 板的步骤及方法。

（3）掌握 ABB 工业机器人 I/O 信号的配置及监控方法。

（4）掌握配置 ABB 工业机器人示教器可编程按键的方法。

（5）掌握 ABB 工业机器人设定 IP 地址的步骤及方法。

能力目标

（1）能正确配置 ABB 工业机器人标准 I/O 板。

（2）能正确配置 ABB 工业机器人 I/O 信号以及对信号进行监控。

（3）能正确配置 ABB 工业机器人示教器可编程按键。

（4）能正确配置 ABB 工业机器人 IP 地址。

素质目标

（1）具备诚信、友善的社会主义核心价值观。

（2）具备吃苦耐劳、爱岗敬业的职业素养。

（3）具备自主学习、勇于创新的工匠精神。

思维导图

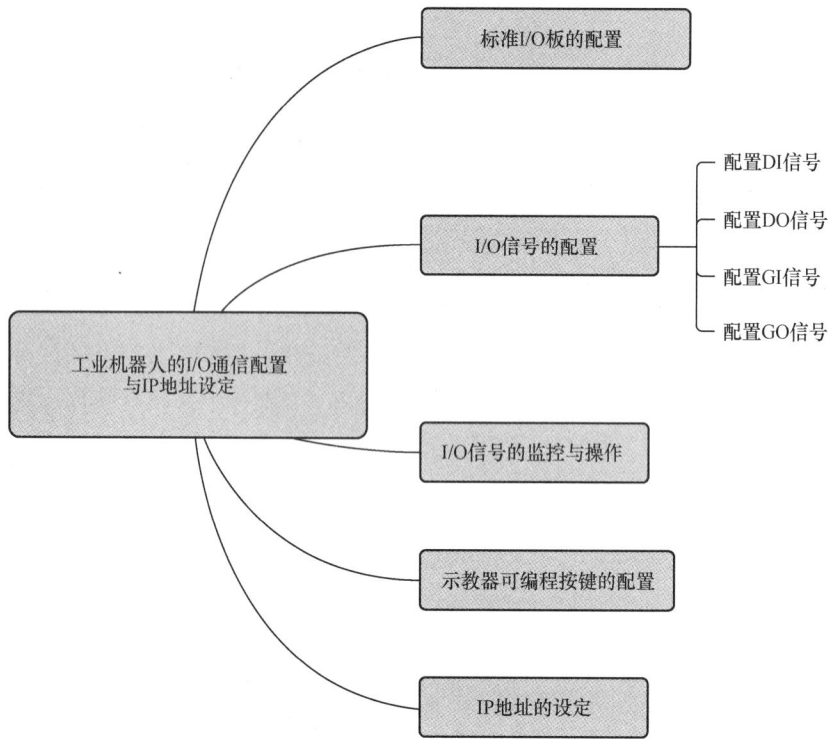

相关知识

知识点 1：ABB 工业机器人标准 I/O 板的特性

ABB 工业机器人标准 I/O 板提供的常用信号有数字输入（DI）信号、数字输出（DO）信号、模拟输入（AI）信号、模拟输出（AO）信号，以及输送链跟踪功能信号等。常用的标准 I/O 板型号有 DSQC651、DSQC652、DSQC653、DSQC355A、DSQC377A 等，不同型号的标准 I/O 板能支持的信号及数量如表 3-3 所示。

表 3-3　　　　　　　　　　　　不同型号的标准 I/O 板能支持的信号及数量

标准 I/O 板型号	能支持的信号
DSQC651	8 通道 DI，8 通道 DO，2 通道 AO
DSQC652	16 通道 DI，16 通道 DO
DSQC653	8 通道 DI，8 通道 DO，带继电器
DSQC355A	4 通道 AI，4 通道 AO
DSQC377A	输送链跟踪功能信号

本任务以常见的 DSQC652 标准 I/O 板为例，详细介绍其信号配置过程。DSQC652 标准 I/O 板实物如图 3-50 所示，其中 X1、X2 为 DO 接口，X3、X4 为 DI 接口，X5 是 I/O 板与 DeviceNet 网络的接口。X1、X2、X3、X4 端子地址分配如表 3-4 所示。

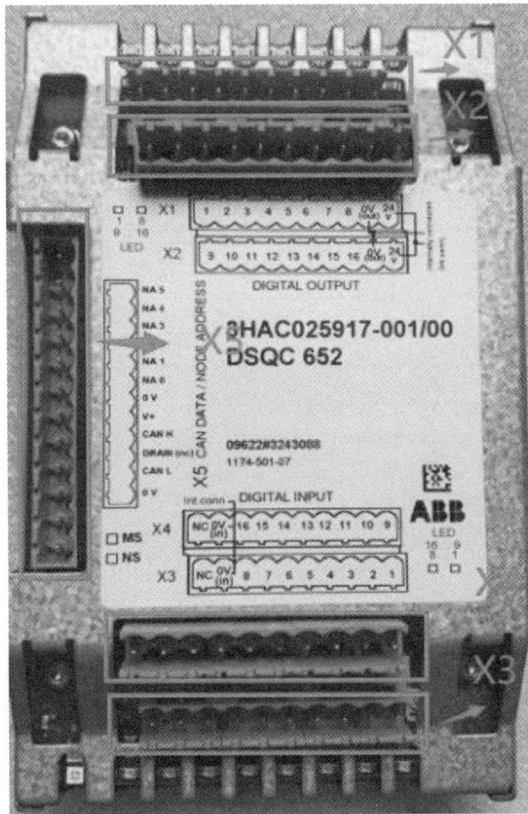

图 3-50　DSQC652 标准 I/O 板实物

表 3-4　　　　　　　　　　　　　　X1、X2、X3、X4 端子地址分配

端子	端子编号	使用定义	地址分配
X1	1	OUTPUT CH1	0
	2	OUTPUT CH2	1
	3	OUTPUT CH3	2
	4	OUTPUT CH4	3
	5	OUTPUT CH5	4
	6	OUTPUT CH6	5
	7	OUTPUT CH7	6
	8	OUTPUT CH8	7
	9	0 V	—
	10	24 V	—
X2	1	OUTPUT CH9	8
	2	OUTPUT CH10	9
	3	OUTPUT CH11	10
	4	OUTPUT CH12	11
	5	OUTPUT CH13	12
	6	OUTPUT CH14	13
	7	OUTPUT CH15	14
	8	OUTPUT CH16	15
	9	0 V	—
	10	24 V	—

续表

端子	端子编号	使用定义	地址分配
X3	1	INPUT CH1	0
	2	INPUT CH2	1
	3	INPUT CH3	2
	4	INPUT CH4	3
	5	INPUT CH5	4
	6	INPUT CH6	5
	7	INPUT CH7	6
	8	INPUT CH8	7
	9	0 V	—
	10	未使用	—
X4	1	INPUT CH9	8
	2	INPUT CH10	9
	3	INPUT CH11	10
	4	INPUT CH12	11
	5	INPUT CH13	12
	6	INPUT CH14	13
	7	INPUT CH15	14
	8	INPUT CH16	15
	9	0V	—
	10	未使用	—

知识点 2：标准 I/O 板地址设定规则

标准 I/O 板均是与 DeviceNet 网络连接的设备，图 3-50 中，X5 为 I/O 板与 DeviceNet 网络的接口，其端子使用定义如表 3-5 所示。其中，1～5 号端子为 DeviceNet 接线端子，6～12 号端子的接线方式决定了标准 I/O 板在总线中的地址值，用户可设定的地址范围为 10～63。7～12 号端子跳线剪断（悬空）有效，对应的地址值分别为 1、2、4、8、16、32。以图 3-51 所示的接线方式为例，图 3-51 中 8 号和 10 号端子跳线被剪断（悬空），因此该模块在 DeviceNet 网络中的地址值为 2+8=10。如果悬空端子发生改变，那么地址值也会更改。

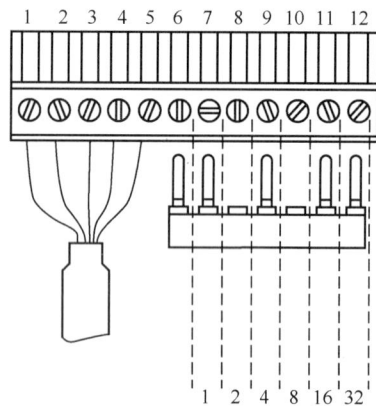

图 3-51　标准 I/O 板与地址接线方式示例

表 3-5　　　　　　　　　　　X5 端子使用定义

X5 端子编号	使用定义
1	O V BLACK
2	CAN 信号线 low BLUE
3	屏蔽线
4	CAN 信号线 high WHITE
5	24 V RED
6	GND 地址选择公共端
7	模块 ID bit0（LSB）

续表

X5 端子编号	使用定义
8	模块 ID bit1（LSB）
9	模块 ID bit2（LSB）
10	模块 ID bit3（LSB）
11	模块 ID bit4（LSB）
12	模块 ID bit5（LSB）

3.3.1 标准 I/O 板的配置

标准 I/O 板连接 DeviceNet 现场总线下的设备，要将标准 I/O 板通过相应端口与 DeviceNet 网络连接后，才能进行通信。DSQC652 是 ABB 工业机器人常用的标准 I/O 板之一，本节以 DSQC652 为例，讲解其配置过程。

微课

标准 I/O 板的配置

第1步：在示教器主菜单界面中，点击"控制面板"选项，如图 3-22 所示，进入控制面板界面。

第2步：在控制面板界面中，点击"配置"选项，如图 3-52 所示。

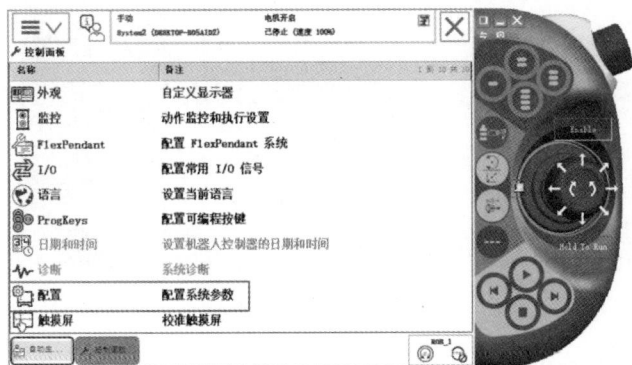

图 3-52 点击"配置"选项

第3步：进入配置界面后，双击 DeviceNet Device 选项，如图 3-53 所示。

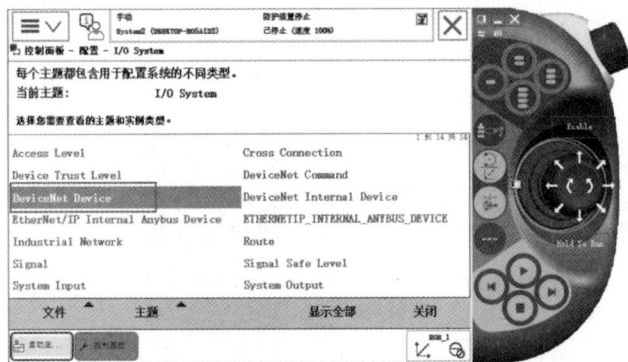

图 3-53 双击 DeviceNet Device 选项

第4步：进入 DeviceNet Device 界面后，点击"添加"选项，如图 3-54 所示，进入 DeviceNet Device 添加界面。

图 3-54　点击"添加"选项

第 5 步：点击"使用来自模板的值"下拉列表的按钮，并在弹出的下拉列表中选择 DSQC 652 24 VDC I/O Device 选项，如图 3-55 所示，表示采用的是 DSQC652 标准 I/O 板。当此项参数被确定后，Name 就自动变成了 d652。用户也可将其改为其他名称，但是建议使用默认名称，这样就可以通过查看所配置的标准 I/O 板名称知道所有标准 I/O 板的型号。

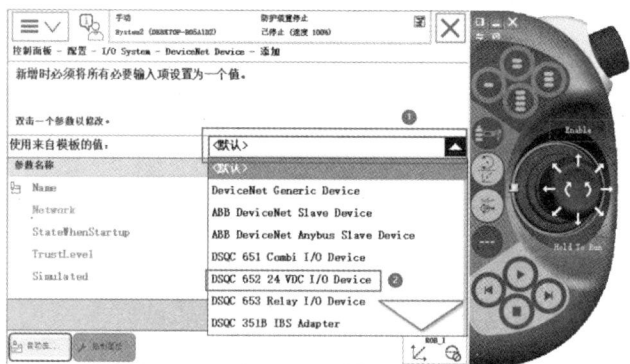

图 3-55　使用来自模板的值

第 6 步：点击示教器右下角的黄色三角形图标（注：黄色单三角形图标表示向下或向上翻行，黄色双三角形图标表示向下或向上翻页），找到 Address 选项，如图 3-56 所示。此时 Address 显示的地址值为默认值 63，将其改为实际地址值。由于大多数 ABB 工业机器人控制柜中，DSQC652 标准 I/O 板硬件接线地址值为 10，因此这里要将地址值更改为 10，并点击"确定"选项，如图 3-57 所示。

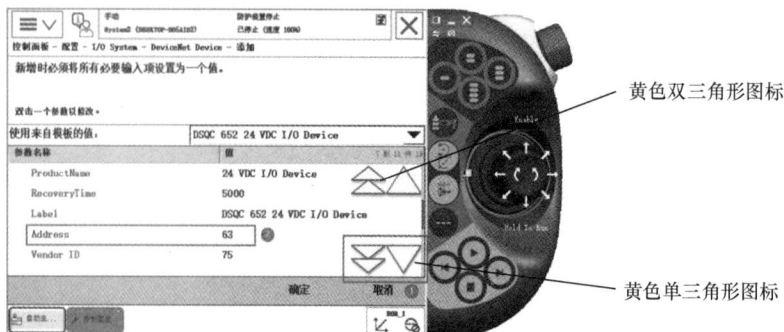

图 3-56　找到 Address 选项

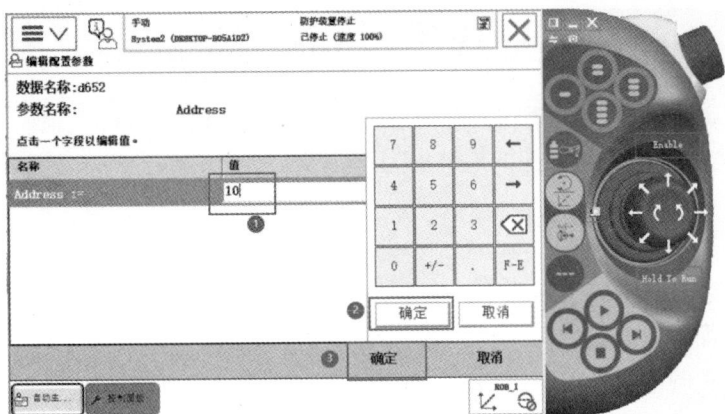

图 3-57　设定标准 I/O 板的地址值

第 7 步：确认一个标准 I/O 板需要的参数设定完毕。回到 DeviceNet Device 界面后，点击"确定"选项，确定设定的参数信息，如图 3-58 所示。点击"确定"选项后，示教器会弹出重启提示对话框，如图 3-59 所示。相应配置的更改在示教器重启后才能生效，但是后面的任务还会配置 I/O 信号，因此为了节约时间和省略操作步骤，这里暂不重启，等后续所有信号配置完成后，再一并重启。

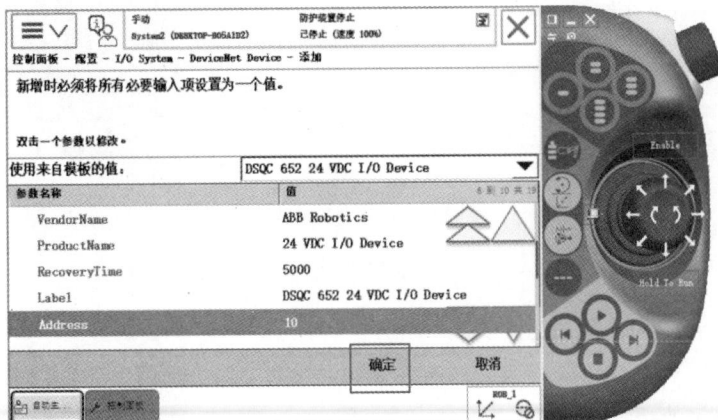

图 3-58　确定设定的参数信息

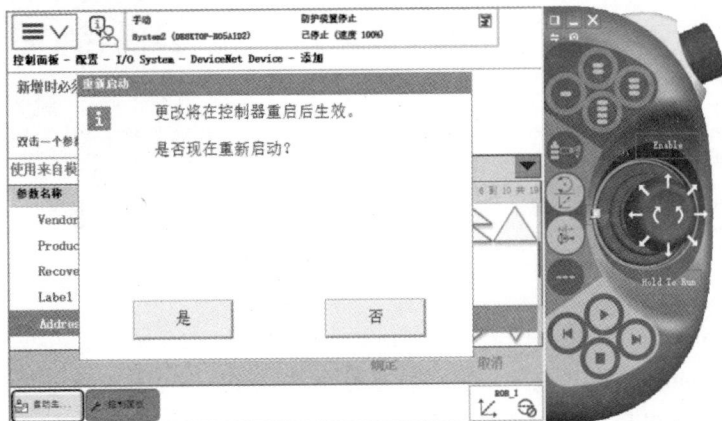

图 3-59　重启提示对话框

3.3.2　I/O 信号的配置

DSQC652 标准 I/O 板可以配置 DI 信号、DO 信号、组输入（GI）信号、组输出（GO）信号，可分配的地址均为 0～15。

子任务 1　配置 DI 信号

第 1 步：在示教器主菜单界面中，点击"控制面板"选项，如图 3-22 所示，进入控制面板界面。

第 2 步：在控制面板界面中，点击"配置"选项，如图 3-52 所示。

第 3 步：进入配置界面后，双击 Signal 选项，如图 3-60 所示。

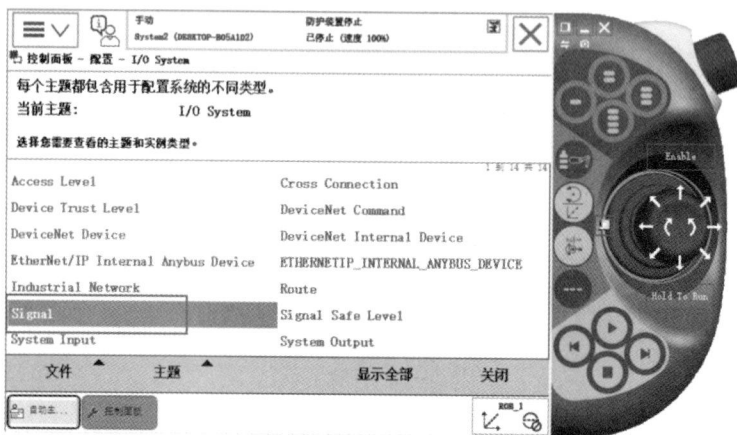

图 3-60　双击 Signal 选项

第 4 步：进入 Signal 界面后，点击"添加"选项，如图 3-61 所示。

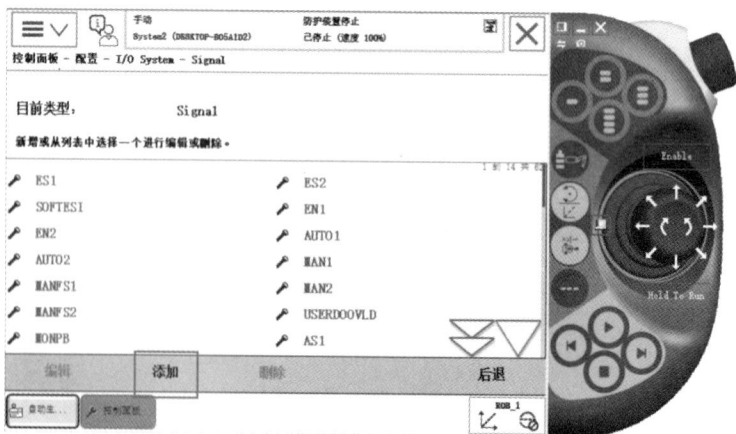

图 3-61　点击"添加"选项

第 5 步：在 Signal 添加界面中，双击 Name 选项，如图 3-62 所示，进入 Name 编辑界面。

第 6 步：在 Name 编辑界面中，将信号名称更改为 di1 并点击"确定"选项，如图 3-63 所示。当然，用户也可将其改为其他名称。

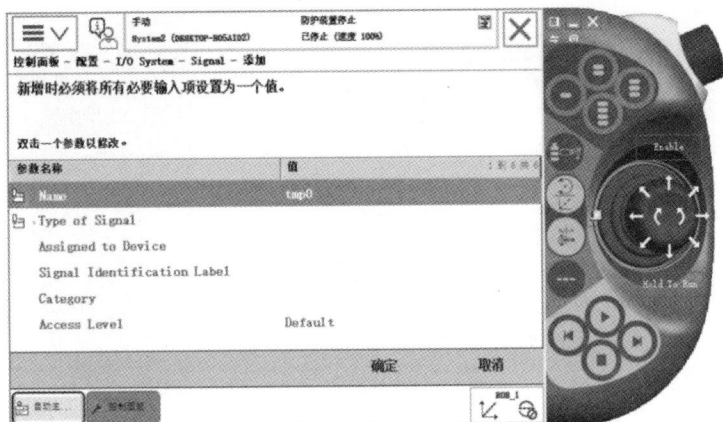

图 3-62　双击 Name 选项

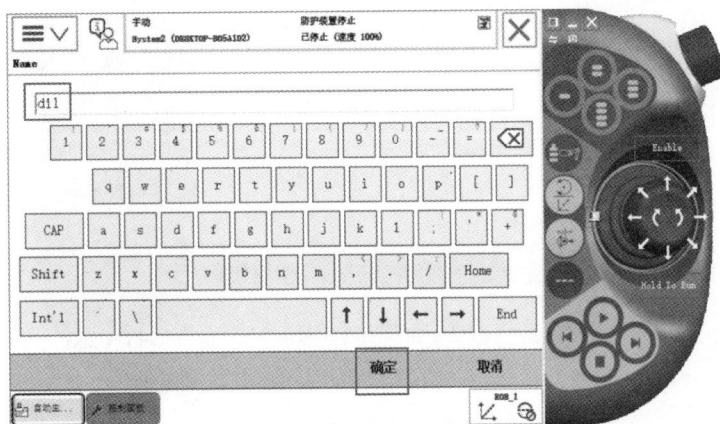

图 3-63　更改信号名称

第 7 步：双击 Type of Signal 选项，在弹出的下拉列表中选择 Digital Input 选项，即 DI 信号，如图 3-64 所示。

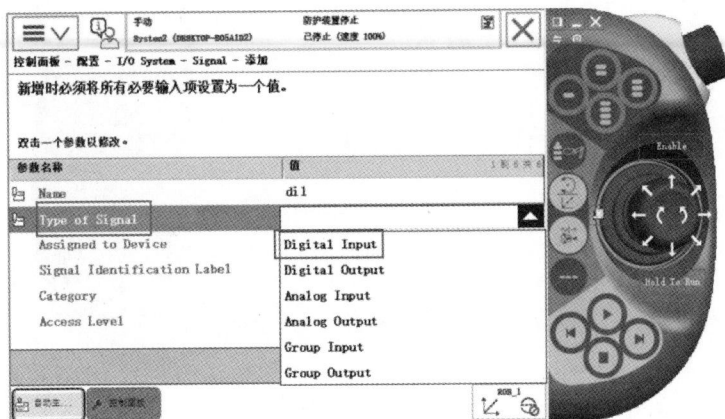

图 3-64　配置信号类型

第 8 步：双击 Assigned to Device 选项，在弹出的下拉列表中选择 d652 选项，即前文配置的标准 I/O 板，此操作用于将信号配置到标准 I/O 板上，如图 3-65 所示。

第 9 步：双击 Device Mapping 选项，如图 3-66 所示，进入地址编辑界面。

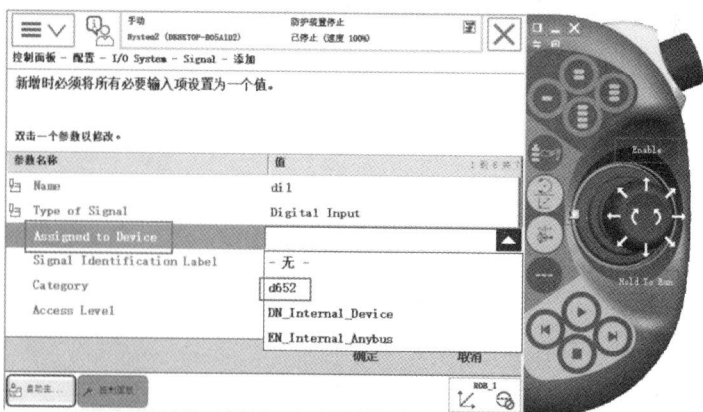

图 3-65　将信号配置到标准 I/O 板上

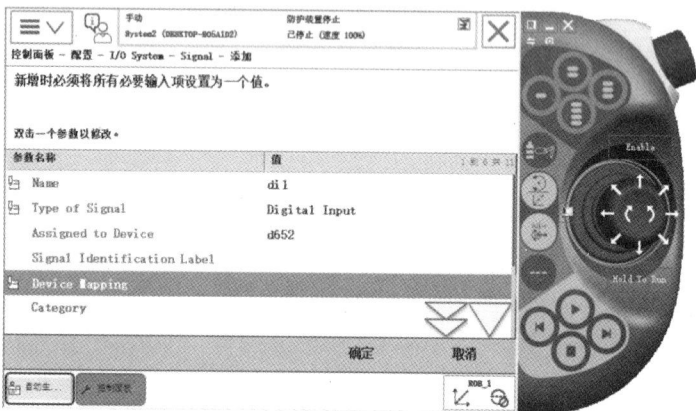

图 3-66　双击 Device Mapping 选项

第 10 步：在地址编辑界面中，将信号地址值设置为"0"（注：地址值为 0～15 均可），并点击"确定"选项，如图 3-67 所示。

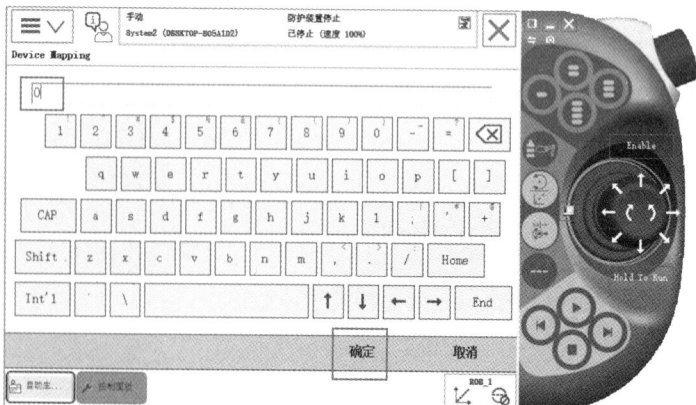

图 3-67　设置信号地址值

第 11 步：回到 Signal 添加界面，点击"确定"选项，确定信号参数配置，如图 3-68 所示。此时，示教器会弹出重启提示对话框，如图 3-59 所示。相应配置的更改在示教器重启后才能生效，但是后面的任务还会继续配置 I/O 信号，因此为了节约时间和省略操作步骤，这里暂不重启，等后续所有信号配置完成后，再一并重启。

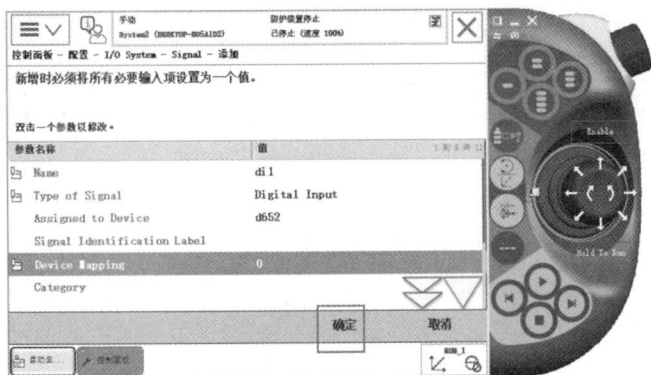

图 3-68　确定信号参数配置

子任务 2　配置 DO 信号

第 1 步：在 Signal 界面中，点击"添加"选项，如图 3-61 所示。

第 2 步：在 Signal 添加界面中，双击 Name 选项，如图 3-62 所示，进入 Name 编辑界面。

第 3 步：在 Name 编辑界面中，将信号名称更改为 do1 并点击"确定"选项，如图 3-69 所示。当然，用户也可将其改为其他名称。

图 3-69　更改 DO 信号名称

第 4 步：双击 Type of Signal 选项，在弹出的下拉列表中选择 Digital Output 选项，即 DO 信号，如图 3-70 所示。

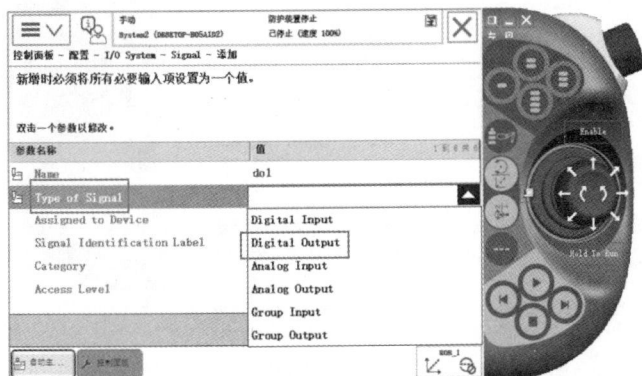

图 3-70　配置信号类型

第 5 步：双击 Assigned to Device 选项，在弹出的下拉列表中选择 d652 选项，即前文配置的标准 I/O 板，如图 3-65 所示。

第 6 步：双击 Device Mapping 选项，如图 3-66 所示，进入地址编辑界面。

第 7 步：在地址编辑界面中，将信号地址值设置为"0"（注：地址值为 0～15 均可），并点击"确定"选项，如图 3-67 所示。

第 8 步：回到 Signal 添加界面，点击"确定"选项，确定信号参数配置，如图 3-71 所示。此时，示教器会弹出重启提示对话框，如图 3-59 所示。相应配置的更改在示教器重启后才能生效，但是后面的任务还会继续配置 I/O 信号，因此为了节约时间和省略操作步骤，这里暂不重启，等后续所有信号配置完成后，再一并重启。

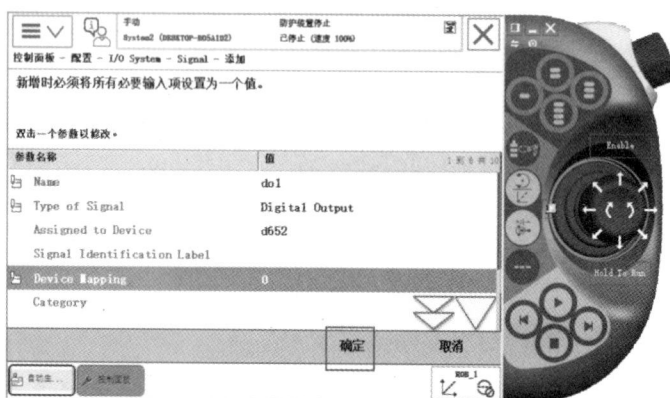

图 3-71　确定信号参数配置

子任务 3　配置 GI 信号

第 1 步：在 Signal 界面中，点击"添加"选项，如图 3-61 所示。

第 2 步：在 Signal 添加界面中，双击 Name 选项，如图 3-62 所示，进入 Name 编辑界面。

第 3 步：在 Name 编辑界面中，将信号名称更改为 gi1 并点击"确定"选项，如图 3-72 所示。当然，用户也可将其改为其他名称。

图 3-72　更改 GI 信号名称

第 4 步：双击 Type of Signal 选项，在弹出的下拉列表中选择 Group Input 选项，即 GI 信号，如图 3-73 所示。

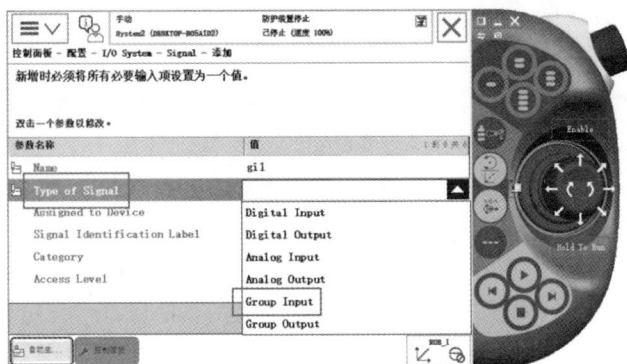

图 3-73　配置信号类型

第 5 步：双击 Assigned to Device 选项，在弹出的下拉列表中选择 d652 选项，即前文配置的标准 I/O 板，如图 3-65 所示。

第 6 步：双击 Device Mapping 选项，如图 3-66 所示，进入地址编辑界面。

第 7 步：在地址编辑界面中，将信号地址值设置为"1～4"（注：应为 GI 信号分配两个以上的地址，最好不要与之前分配的地址重复），并点击"确定"选项，如图 3-74 所示。

图 3-74　设置信号地址值

第 8 步：回到 Signal 添加界面，点击"确定"选项，确定信号参数配置，如图 3-75 所示。此时，示教器会弹出重启提示对话框，如图 3-59 所示。相应配置的更改在示教器重启后才能生效，但是后面的任务还会继续配置 I/O 信号，因此为了节约时间和省略操作步骤，这里暂不重启，等后续所有信号配置完成后，再一并重启。

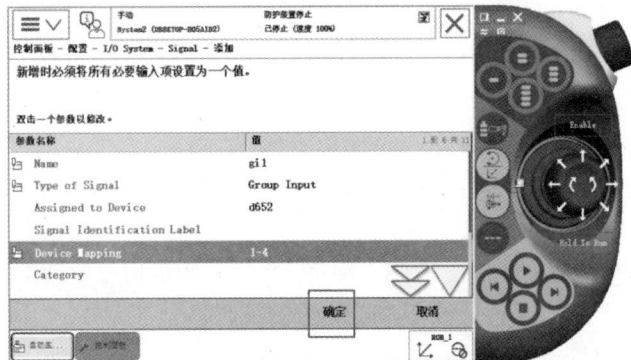

图 3-75　确定信号参数配置

子任务 4　配置 GO 信号

第 1 步：在 Signal 界面中，点击"添加"选项，如图 3-61 所示。

第 2 步：在 Signal 添加界面中，双击 Name 选项，如图 3-62 所示，进入 Name 编辑界面。

第 3 步：在 Name 编辑界面中，将信号名称更改为 go1 并点击"确定"选项，如图 3-76 所示。当然，用户也可将其改为其他名称。

图 3-76　更改 GO 信号名称

第 4 步：双击 Type of Signal 选项，在弹出的下拉列表中选择 Group Output 选项，即 GO 信号，如图 3-77 所示。

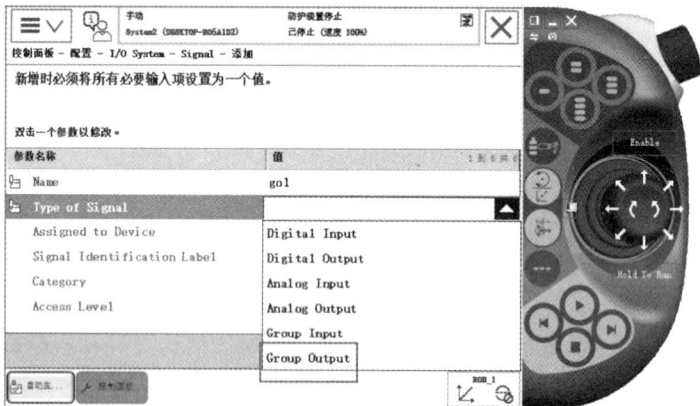

图 3-77　配置信号类型

第 5 步：双击 Assigned to Device 选项，在弹出的下拉列表中选择 d652 选项，即前文配置的标准 I/O 板，如图 3-65 所示。

第 6 步：双击 Device Mapping 选项，如图 3-66 所示，进入地址编辑界面。

第 7 步：　在地址编辑界面中，将信号地址值设置为"1~4"，并点击"确定"选项，如图 3-74 所示。

第 8 步：回到 Signal 添加界面，点击"确定"选项，确定信号参数配置，如图 3-78 所示。此时，示教器会弹出重启提示对话框，由于信号的配置已全部完成，因此可选择重启，点击对话框中的"是"按钮重启示教器，如图 3-79 所示。

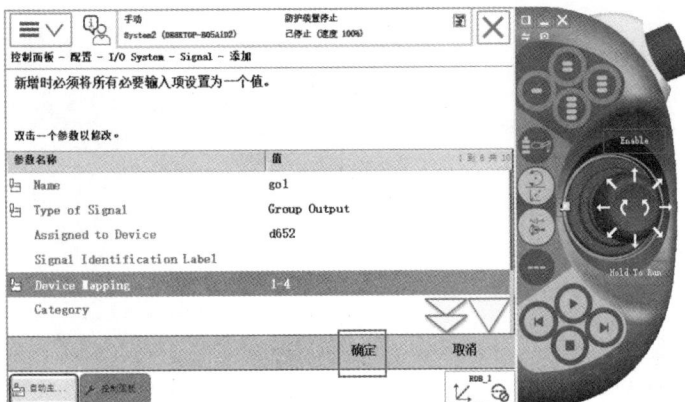

图 3-78　确定信号参数配置

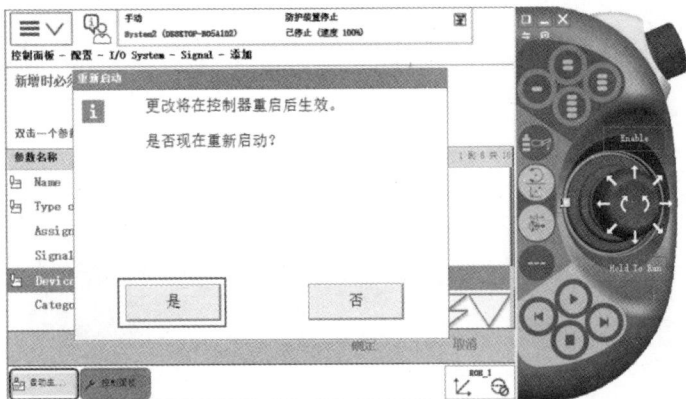

图 3-79　重启示教器

当示教器重启完成，之前所配置的标准 I/O 板及所有信号生效。

3.3.3　I/O 信号的监控与操作

第 1 步：在示教器主菜单界面中，点击"输入输出"选项，如图 3-80 所示。

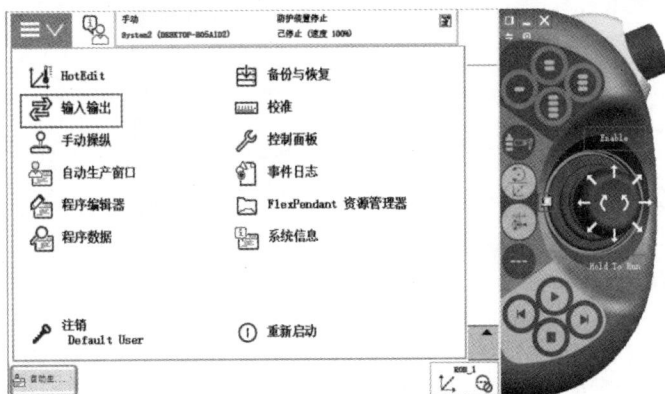

图 3-80　点击"输入输出"选项

第 2 步：在输入输出界面中，点击右下方的"视图"选项，在弹出的下拉列表中选择"IO 设备"选项，如图 3-81 所示。

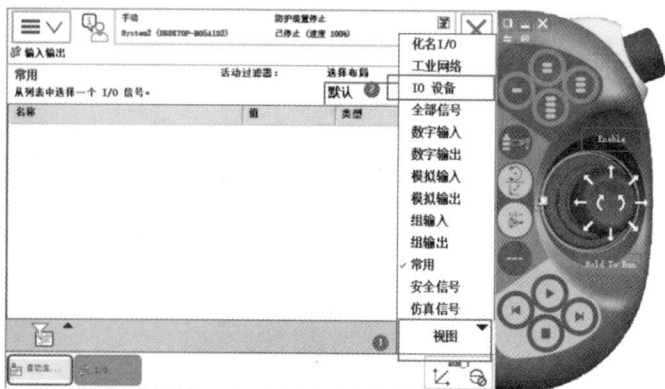

图 3-81 选择下拉列表中的"IO 设备"

第 3 步：在 IO 设备界面中，选择前文配置的 d652，再点击"信号"选项，如图 3-82 所示，即可看到前文所配置的各类信号，包括信号名称、信号当前值、信号类型及信号所分配的地址等，如图 3-83 所示。

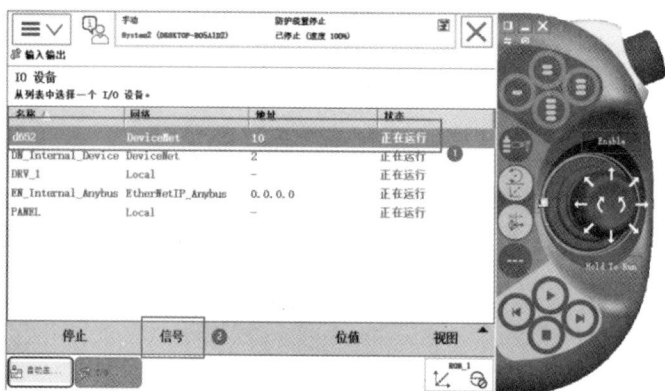

图 3-82 选择标准 I/O 板 d652

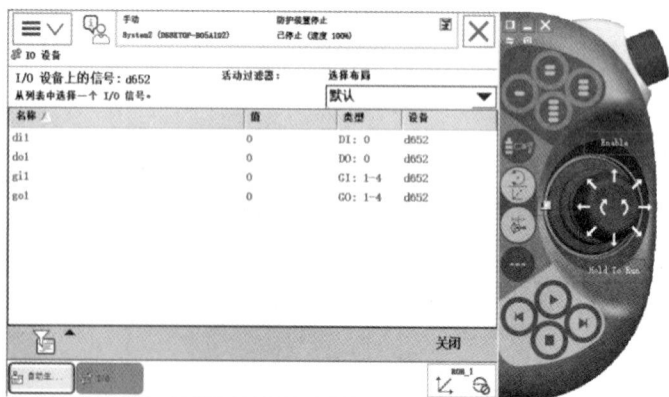

图 3-83 配置的各类信号

第 4 步：点击信号"di1"，再点击示教器下方的"仿真"选项，如图 3-84 所示，系统就能对信号进行仿真。

第 5 步：点击示教器下方的"1"选项，可以看到 di1 的值从之前的 0 变为如今的 1，如图 3-85 所示。用户也可以将其值在此仿真为 0。

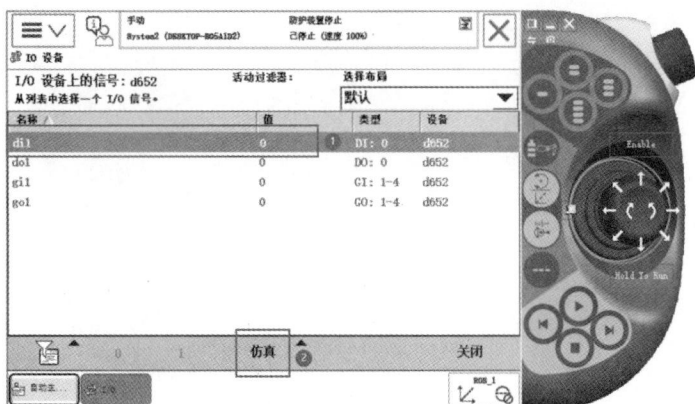

图 3-84　点击"仿真"选项

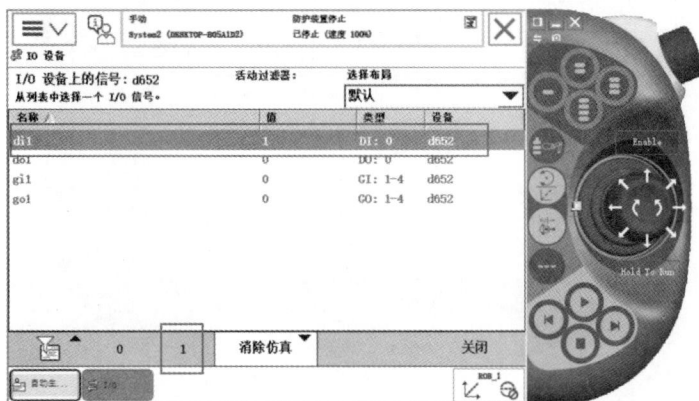

图 3-85　仿真 di1 信号

第 6 步：用同样的方法，将信号 do1 的值仿真为 1。

第 7 步：选中信号"gi1"，点击示教器下方的"仿真"选项，如图 3-86 所示。再点击"仿真"选项左边的"123"选项，如图 3-87 所示。

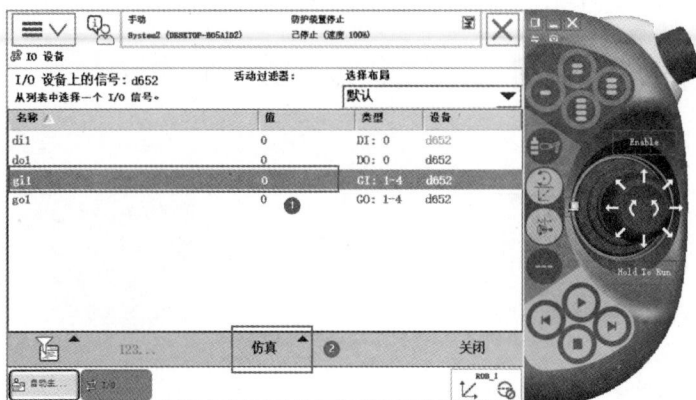

图 3-86　点击"仿真"选项

第 8 步：在弹出的赋值对话框中，可以对信号 gi1 进行赋值，因为给信号 gi1 分配的地址数为 4，相当于 4 位二进制数，所以可以对 gi1 赋值的范围是 0～15。此处将其赋值为 7（将地址 1、地址 2、地址 3 的值同时置位为 1），如图 3-88 所示。

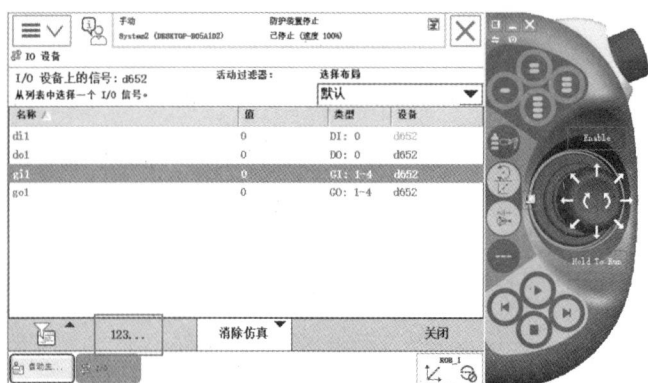

图 3-87　点击"123"选项

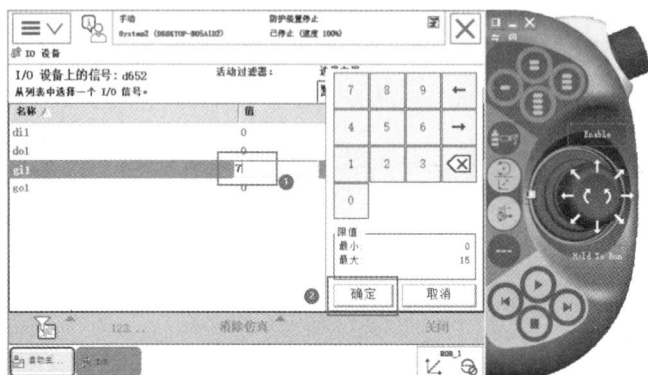

图 3-88　对信号 gi1 进行仿真赋值

第 9 步：用第 8 步的方法，给信号 go1 赋值。

3.3.4　示教器可编程按键的配置

第 1 步：在示教器主菜单界面中，点击"控制面板"选项，如图 3-22 所示，进入控制面板界面。

第 2 步：进入控制面板界面后，点击 ProgKeys 选项以配置可编程按键，如图 3-89 所示。

微课

示教器可编程按键的配置

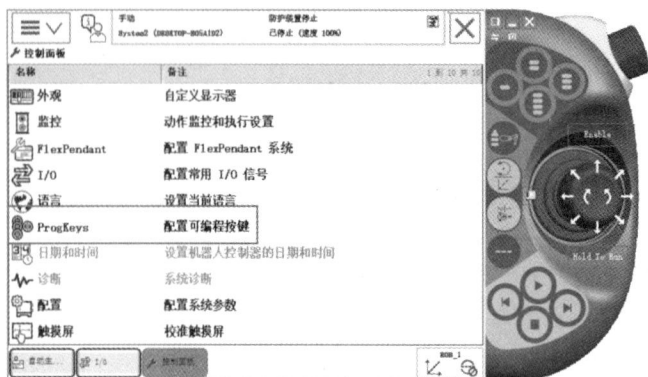

图 3-89　点击 ProgKeys 选项

第 3 步：进入 ProgKeys 界面后，即可对示教器中的 4 个可编程按键进行配置。这里对"按键 1"进行配置，其他按键的配置方法相同。点击"类型"下拉列表的按钮，在弹出的下拉列表中选择"输出"选项，如图 3-90 所示。

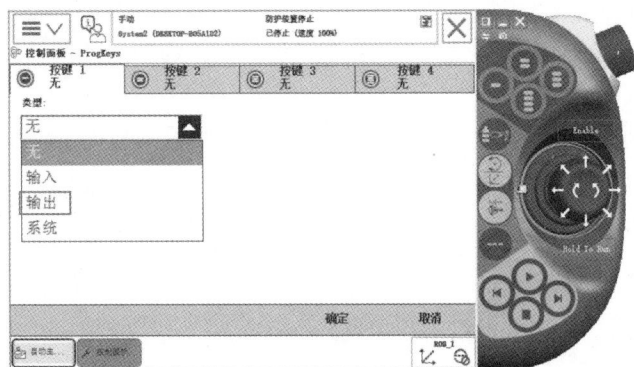

图 3-90　选择"输出"选项

第 4 步：选择输出信号 do1，点击"按下按键"下拉列表的按钮，在弹出的下拉列表中选择"切换"选项，再点击"确定"选项，将按键 1 的功能设置为切换，如图 3-91 所示。

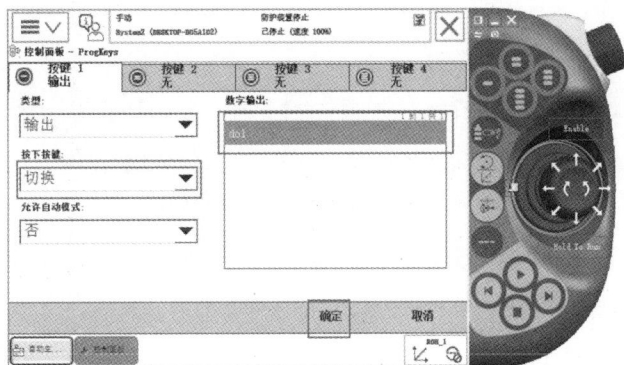

图 3-91　将按键 1 的功能设置为切换

第 5 步：将示教器界面切换回"输入输出"状态界面，按"可编程按键 1"，可以看到信号 do1 的值变为 1，再次按"可编程按键 1"，信号 do1 的值变为 0，效果如图 3-92 所示。对于"按下按键"的其他模式，用户可以用相同的方法验证，这里就不详细介绍。

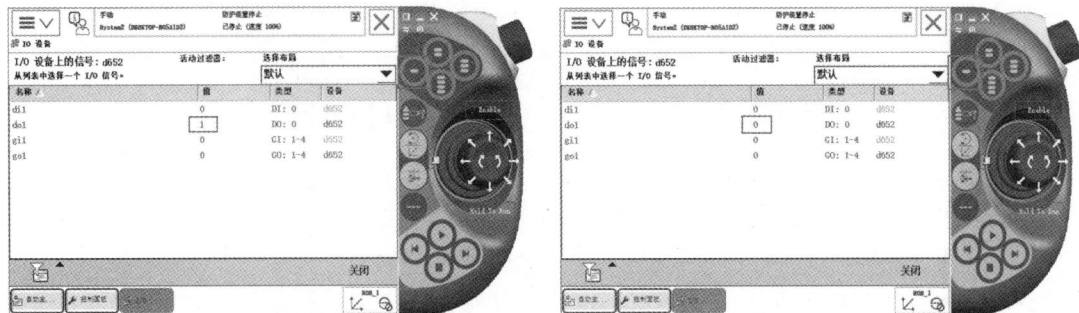

(a) 按"可编程按键 1"　　　　　　　(b) 再次按"可编程按键 1"

图 3-92　按"可编程按键 1"的效果

3.3.5 IP 地址的设定

当工业机器人与外围设备通信时，需要设定 IP 地址及相关信息。设定 IP 地址的主要步骤如下。

第 1 步：在示教器主菜单界面中，点击"控制面板"选项，如图 3-22 所示，进入控制面板界面。

第 2 步：在控制面板界面中，点击"配置"选项，如图 3-52 所示，进入配置界面。

第 3 步：在配置界面中，先点击示教器下方的"主题"选项，在弹出的下拉列表中选择 Communication 选项，如图 3-93 所示。

图 3-93　选择 Communication 选项

第 4 步：在弹出的界面中，双击 IP Setting 选项，如图 3-94 所示，进入 IP Setting 界面。

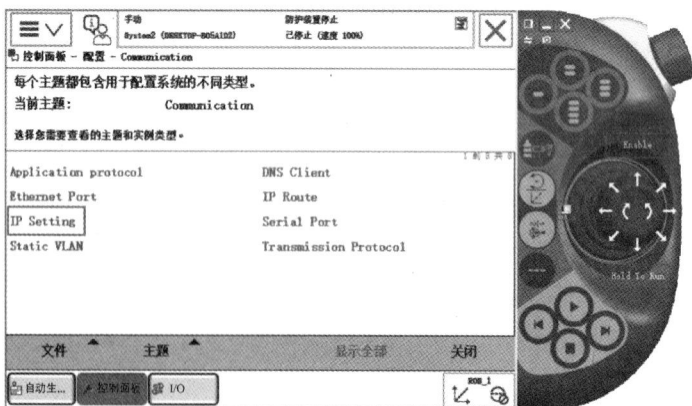

图 3-94　双击 IP Setting 选项

第 5 步：在 IP Setting 界面中，点击"添加"选项，如图 3-95 所示。

第 6 步：在弹出的界面中，双击 IP 选项，如图 3-96 所示。

第 7 步：在弹出的界面中就可编辑工业机器人的 IP 地址，具体根据实际情况而定。本节主要讲解 IP 地址的设定方法，此处将 IP 地址设定为"192.168.100.10"，并点击"确定"选项，如图 3-97 所示。

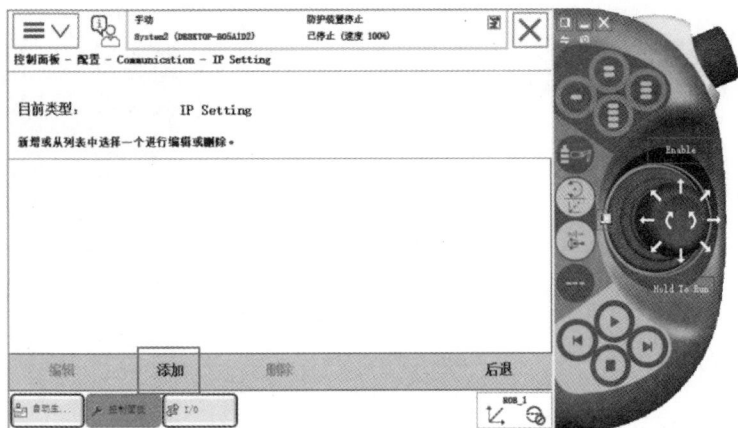

图 3-95　点击"添加"选项

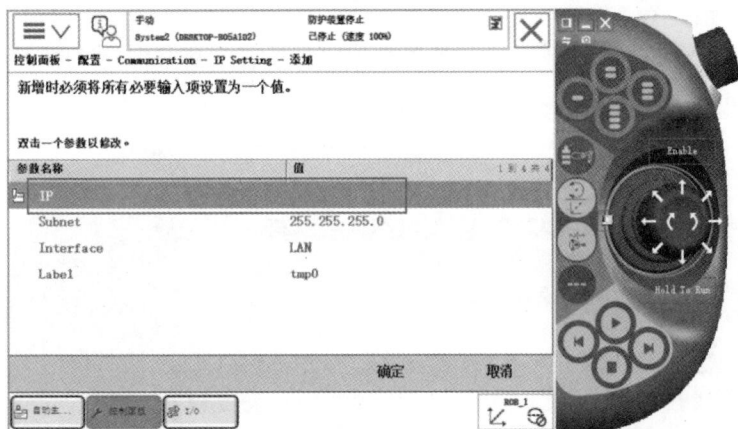

图 3-96　双击 IP 选项

图 3-97　设定 IP 地址

　　对 Subnet 与 Lable 可以用相同的方式进行设定，但 Subnet 通常采用默认值，Lable 可以根据需要改成合适的名称。

　　第 8 步：点击 Interface 选项，在弹出的下拉列表中根据需要选择 Interface 的类型，具体类型根据外围设备与机器人控制柜所连接口决定。此处选择 LAN 接口，并点击"确定"选项，如图 3-98 所示。

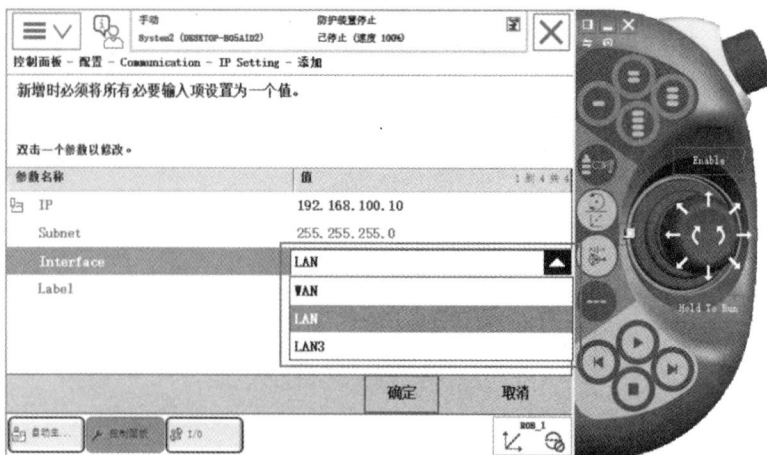

图 3-98　设定 Interface

第 9 步：点击"确定"选项后，示教器会弹出重启提示对话框，此时点击"是"按钮，重启示教器，如图 3-99 所示，设定的 IP 地址及相关信息生效。

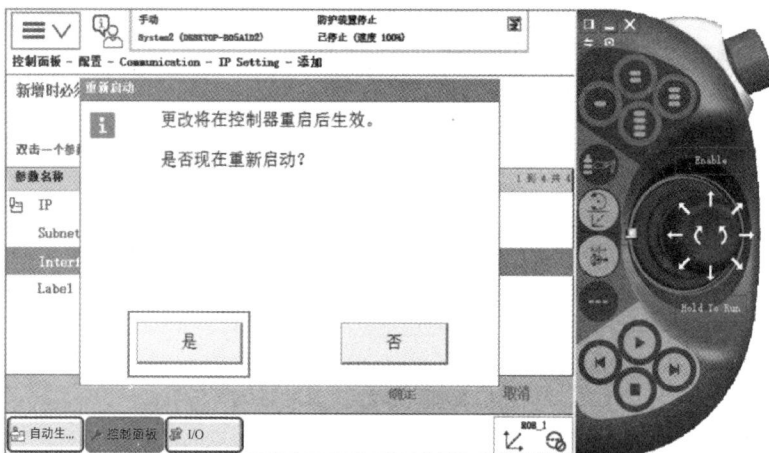

图 3-99　重启示教器

任务考核与评价

本任务的考核与评价细则如表 3-6 所示。

表 3-6　考核与评价细则

姓名		学号		班级		
实操用时		成绩		教师签字		
任务模块考核	任务要点		评分标准		配分	得分
	配置标准 I/O 板		正确配置标准 I/O 板的名称		3	
			正确配置标准 I/O 板的地址		5	
	配置 I/O 信号		按要求正确配置 DI 信号		8	
			按要求正确配置 DO 信号		8	
			按要求正确配置 GI 信号		8	
			按要求正确配置 GO 信号		8	

续表

任务模块考核	监控并操作 I/O 信号	按要求仿真 DI 信号	3	
		按要求仿真 DO 信号	3	
		按要求仿真 GI 信号	4	
		按要求仿真 GO 信号	4	
	配置示教器可编程按键	按要求选择可编程按键号	3	
		按要求配置"按下按键"动作方式	4	
	设定 IP 地址	正确设定机器人 IP 地址	6	
		正确设定连接端口	3	
职业素养考核	安全着装	穿劳保服和绝缘鞋	3	
		工作服袖口束紧	3	
	环境清洁	保持地面及实训平台表面清洁,无线头和扎带	3	
		工具摆放整齐,且在装配桌上	3	
	素养意识	具备爱岗敬业、团队协作的意识	3	
		具备自主学习、吃苦耐劳的意识	3	
	实训报告	撰写认真、规范	12	
总得分			100	

任务思考

（1）查阅资料，思考若将标准 I/O 板改为 DSQC651，则配置标准 I/O 板的操作与 DSQC652 相比有哪些不同之处。

（2）实操练习。在配置可编程按键时，将"按下按键"动作改为其他方式，观察信号的变化。

任务 3.4 工业机器人的坐标系标定

任务描述

根据企业要求，工业机器人若要完成一项绘图任务，需要使用绘画笔工具。但是，工业机器人默认工具（tool0）的 TCP 位于工业机器人法兰盘的中心，因此默认工具并不适用，需要将工业机器人的 TCP 从默认的法兰盘中心调整到绘画笔工具的笔尖，并定义绘画笔工具的物理属性，如质量、重心等参数。

企业还有一项码垛任务，要求工业机器人将加工好的零部件分别码放到多个平台上。为了提高工作效率，需要在编程时事先在不同平面上新建工件坐标系，将同一程序引入不同工件坐标系以完成任务，以此来简化编程。

根据这两项任务要求，我们需要完成相关工具坐标系和工件坐标系的标定。坐标系标定之前，我们应该充分掌握工业机器人工具坐标系和工件坐标系的概念、特性、应用场景、标定方法和标定操作步骤等知识和技能。通过对本任务的学习和实践操作，即可掌握以上知识和技能。

任务目标

知识目标

（1）了解工具坐标系和工件坐标系的应用场景。

（2）掌握工具坐标系和工件坐标系的标定方法。

能力目标

具备正确标定工业机器人工具坐标系和工件坐标系的能力。

素质目标

（1）具备诚信、友善的社会主义核心价值观。

（2）具备吃苦耐劳、爱岗敬业的职业素养。

（3）具备自主学习、勇于创新的工匠精神。

思维导图

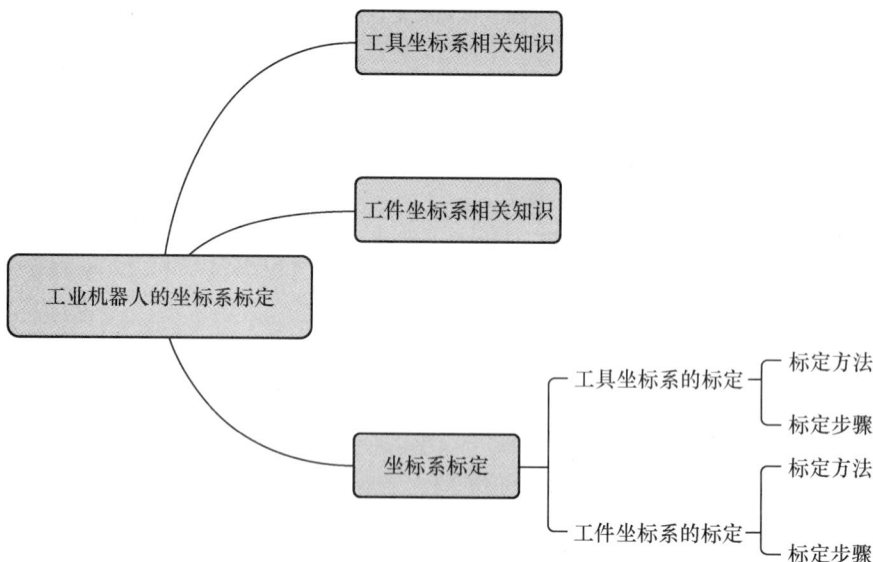

相关知识

知识点 1：工具坐标系

工具坐标系将工业机器人第 6 轴法兰盘上携带工具的参照中心设为坐标系原点，以创建一个坐标系，该参照点称为 TCP，即工具中心点。TCP 的位置与工业机器人携带的工具有关，工业机器人出厂时末端未携带工具，此时工业机器人默认的 TCP 为第 6 轴法兰盘的中心。工具坐标系的方向也与工业机器人携带的工具有关，一般定义为：工具坐标系的 x 轴方向与工具的工作方向一致。

为了使工业机器人能够以用户需要的坐标系原点和方向为基准进行运动，用户可以自定义工具坐标系。工具坐标系的定义即定义工具坐标系的 TCP 及坐标系各轴方向，其设定方法包括 N 点法（3≤N≤9）、TCP 和 Z 法、TCP 和 Z，X 法等。N 点法（3≤N≤9）定义的工具坐标系方向与默认工具坐标系的一致。TCP 和 Z 法定义的工具坐标系改变了默认工具坐标系的 z 轴方向。TCP 和 Z，X 法定义的工具坐标系改变了默认工具坐标系的 x 轴和 z 轴方向。ABB 示教器默认状态下，N=4。

知识点 2：工件坐标系

工件坐标系对应工件，定义了工件相对其他坐标系的位置。工业机器人可以拥有多个工件坐标系，既可以表示不同的工件，也可以表示同一工件在不同位置的若干副本。对工业机器人进行作业轨迹编程，就是在工件坐标系中创建目标和路径。重新定位工作站中的工件时，只需要重新定义工件坐标系的位置，定义后坐标系内的所有路径目标点位置也将随之更新。

工业机器人在出厂时有一个预定义的工件坐标系 wobj0，默认与基坐标系一致。工业机器人的坐标系符合右手定则，即食指指向+x 方向，中指指向+y 方向，拇指指向+z 方向。设定工件坐标系时，通常采用 3 点法。只需要在工件表面位置或工件边缘角位置上定义 3 个点的位置，就能创建一个工件坐标系。其设定原理可以概括为 3 步：第一步，手动操纵工业机器人，在工件表面或边缘找到 X1 作为 x 轴上的一点；第二步，手动操纵工业机器人，沿着工件表面或边缘找到 X2，X1、X2 用于确定工件坐标系的 x 轴正方向，X1 和 X2 距离越远，定义的坐标系轴向越精准；第三步，手动操纵工业机器人，在 xy 平面上并且 y 值为正的方向找到 Y1，用于确定坐标系的 y 轴正方向。

3.4.1 工具坐标系的标定

第 1 步：点击示教器主菜单，在进入的主菜单界面中，点击"手动操纵"选项，如图 3-100 所示，进入手动操纵界面。

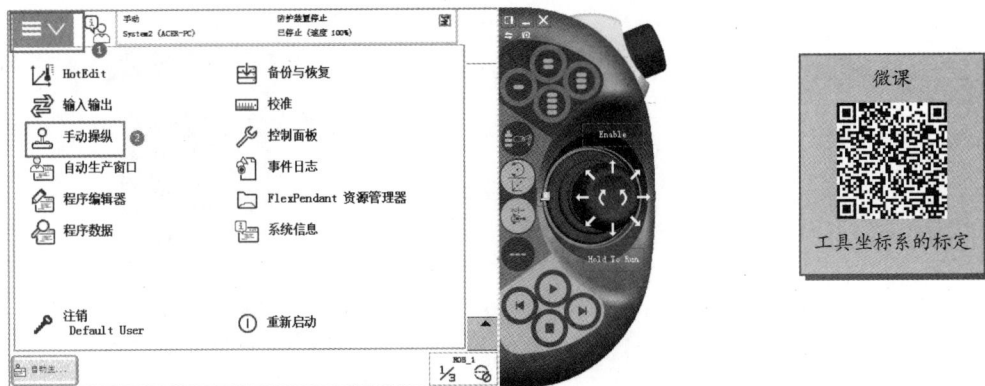

图 3-100 点击"手动操纵"选项

第 2 步：界面中的名称 tool0 是系统默认的工具坐标系名称，如图 3-101 所示。在手动操纵界面中点击"工具坐标"选项，进入手动操纵-工具界面。

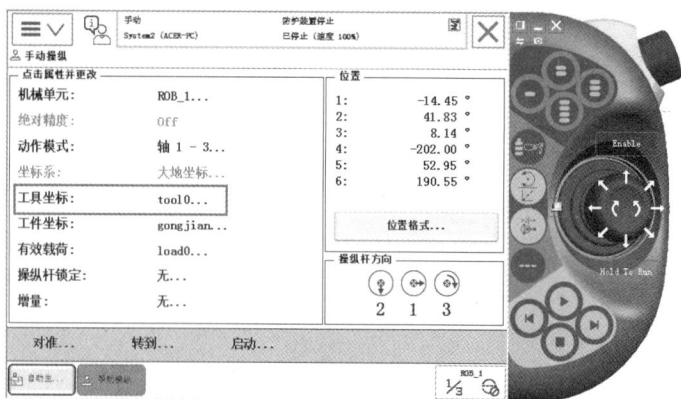

图 3-101　系统默认的工具坐标系名称

第 3 步：在手动操纵-工具界面中，点击左下角的"新建"选项，进入新数据声明界面，如图 3-102 所示。在此界面中，可以设定新建工具坐标系的名称及其他各种信息。通常情况下，建议保持其他信息不变，名称可根据实际需求或示教编程的便利性进行设置。

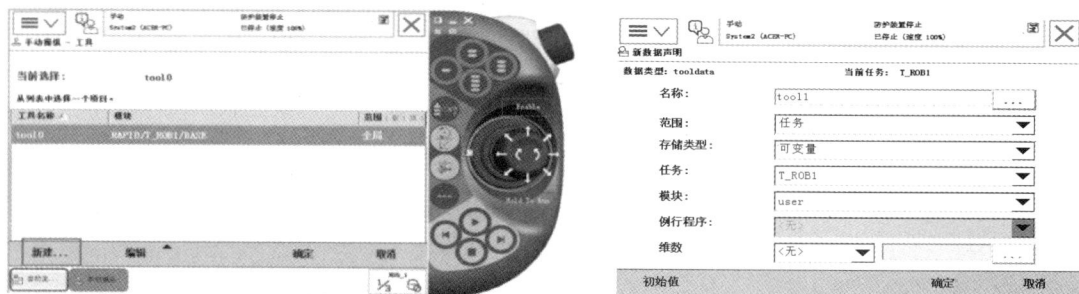

（a）手动操纵-工具界面　　　　　　　　　（b）新数据声明界面

图 3-102　进入新数据声明界面

第 4 步：更改新建工具坐标系名称。点击"名称"栏右端的"…"按钮，可编辑工具坐标系名称，输入名称"tPen"（可以更改为其他名称），点击下方的"确定"选项，如图 3-103 所示。回到手动操纵-工具界面，界面上出现新建的工具坐标系名称 tPen。

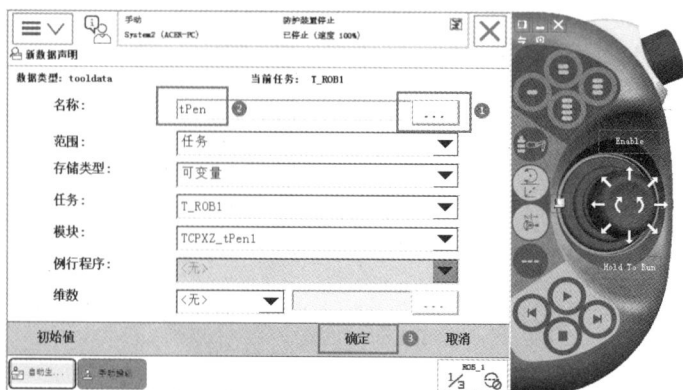

图 3-103　更改新建工具坐标系名称

第 5 步：进入坐标系定义界面。选中新建的工具坐标系名称"tPen"，点击下方的"编辑"选项，在弹出的下拉列表中选择"定义"选项，如图 3-104 所示，进入程序数据-tooldata-定义界面。

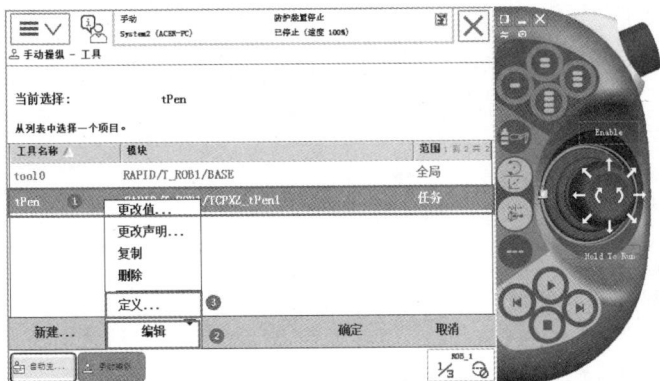

图 3-104　选择"定义"选项

定义工具坐标系的方法有 3 种，分别是 TCP 法（4 点法）、TCP 和 Z 法（5 点法）、TCP 和 Z，X 法（6 点法），可在"方法"下拉列表中进行选择，如图 3-105 所示。

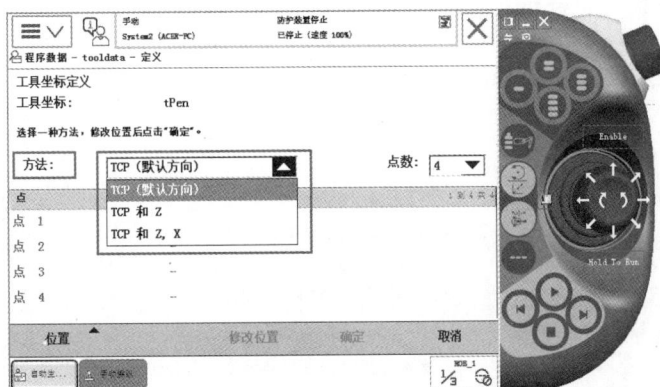

图 3-105　在"方法"下拉列表中选择定义工具坐标系的方法

第 6 步：用 TCP 和 Z，X 法，即 6 点法定义工具坐标系。

首先手动操纵工业机器人，使工业机器人末端执行器上的参考点（新建 TCP）以 4 种不同的姿态靠近空间中的固定参考点。当机器人末端执行器上的参考点以姿态 1 靠近固定参考点时，记录此时的位置信息，选中"点 1"后，点击"修改位置"选项，姿态 1 确定，如图 3-106 所示。

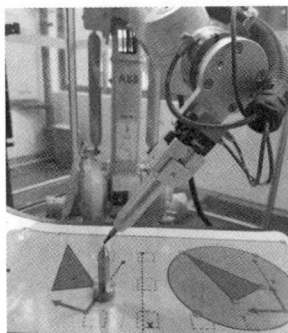

(a) 姿态 1 参考点

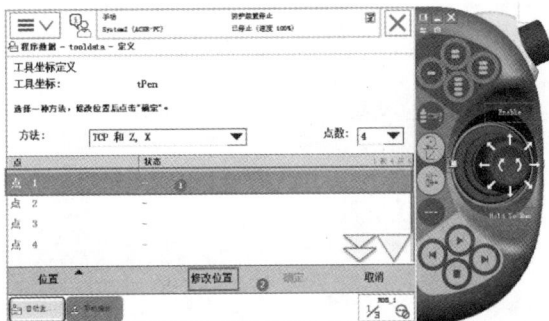

(b) 修改点 1 位置

图 3-106　姿态 1 确定

改变工业机器人姿态，使机器人末端执行器上的参考点靠近固定参考点（姿态 2），选中"点 2"后，点击"修改位置"选项，姿态 2 确定，如图 3-107 所示。

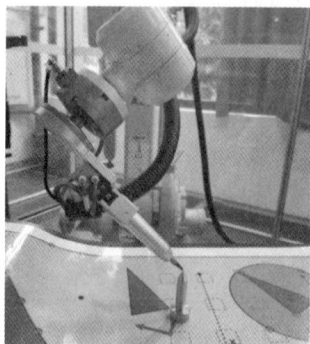

(a) 姿态 2 参考点

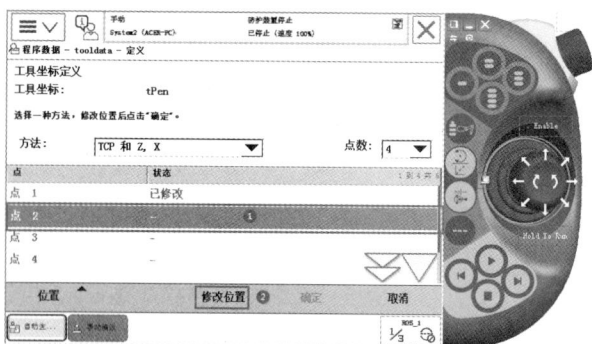

(b) 修改点 2 位置

图 3-107　姿态 2 确定

再次改变工业机器人姿态，使机器人末端执行器上的参考点靠近固定参考点（姿态 3），选中"点 3"后，点击"修改位置"选项，姿态 3 确定，如图 3-108 所示。

(a) 姿态 3 参考点

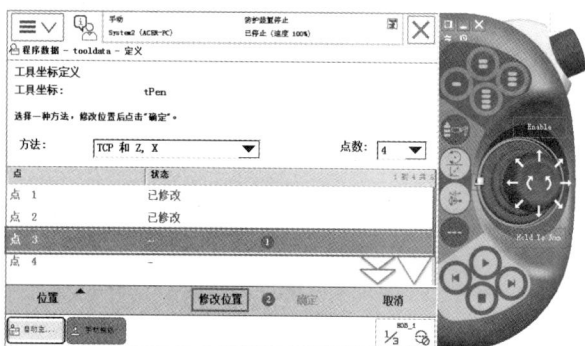

(b) 修改点 3 位置

图 3-108　姿态 3 确定

操作示教器，改变工业机器人姿态，使机器人末端执行器上的参考点再次靠近固定参考点（姿态 4），选中"点 4"后，点击"修改位置"选项，姿态 4 确定，如图 3-109 所示。

(a) 姿态 4 参考点

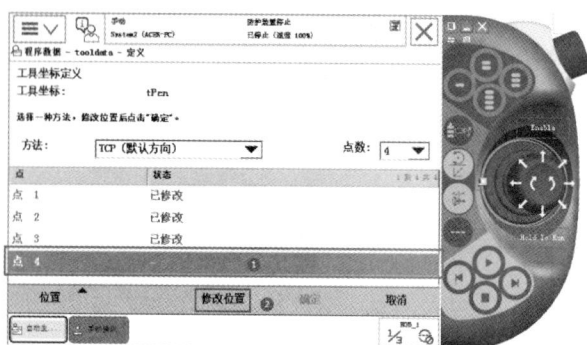

(b) 修改点 4 位置

图 3-109　姿态 4 确定

如果选用 TCP 法（默认方向），也就是 4 点法定义工具坐标系，那么此时所有点修改完毕。

将末端执行器从固定参考点移动到期望的新建 TCP 的 x 轴正方向，如姿态 5 所示，选中"延伸器点 X"后，点击"修改位置"选项，姿态 5 确定，如图 3-110 所示。

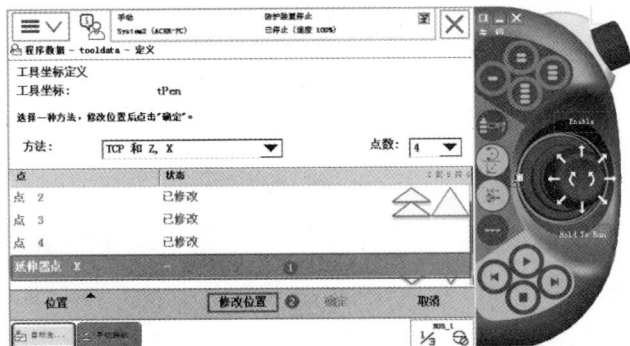

(a) 姿态 5 参考点　　　　　　　　(b) 修改"延伸器点 X"的位置

图 3-110　姿态 5 确定

再将末端执行器从固定参考点移动到期望的新建 TCP 的 z 轴正方向，如姿态 6 所示，选中"延伸器点 Z"后，点击"修改位置"选项，姿态 6 确定，如图 3-111 所示。

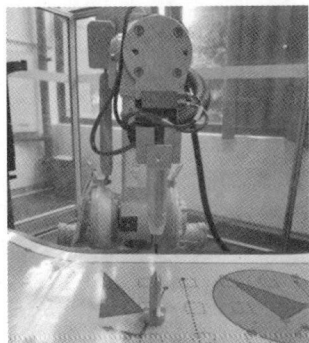

(a) 姿态 6 参考点　　　　　　　　(b) 修改"延伸器点 Z"的位置

图 3-111　姿态 6 确定

6 个点修改完成后，点击"确定"选项，查看系统计算误差，如图 3-112 所示，在误差界面中点击"确定"选项。误差结果越小越好，在实际工程中，通常要求平均误差不超过 5 mm。若误差过大，需重新对工具坐标系进行定义。

(a) 再次确定各点位置　　　　　　　　(b) 确定新建工具数据计算结果

图 3-112　查看系统计算误差

第 7 步：编辑新建工具坐标系以更改值。在手动操纵-工具界面中，选择新建的工具坐标系名称"tPen"，点击"编辑"选项，在下拉列表中选择"更改值"选项，如图 3-113 所示，进入编辑界面。

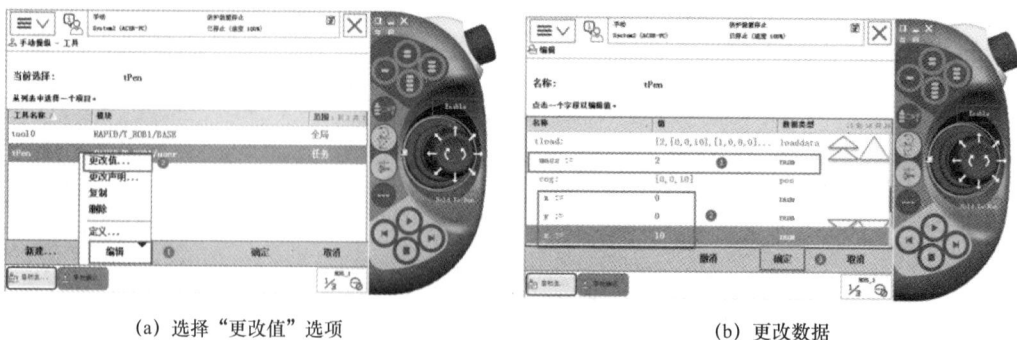

(a) 选择"更改值"选项　　　　　　　　　(b) 更改数据

图 3-113　更改新建工具坐标系数据

根据实际情况设定末端执行器的质量 mass（单位为 kg）和重心位置数据 cog（末端执行器中心基于默认工具 TCP 的偏移值，单位为 mm），然后点击"确定"选项，回到手动操纵-工具界面。

第 8 步：在手动操纵-工具界面中，选择新建的工具坐标系名称"tPen"，点击"确定"选项，完成工具坐标系的标定，如图 3-114 所示。

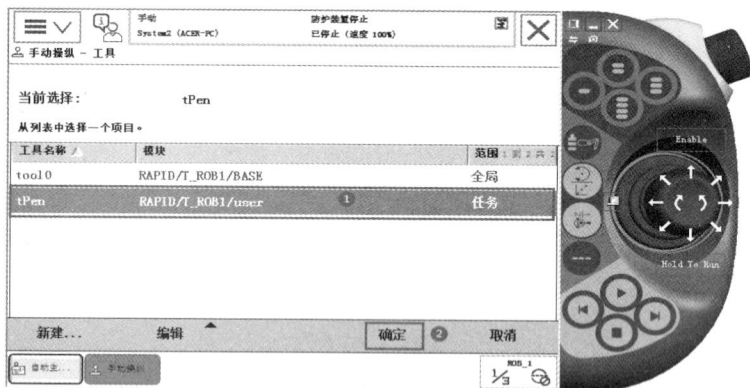

图 3-114　完成工具坐标系的标定

第 9 步：在手动模式下，移动工业机器人末端执行器上的参考点使其靠近固定参考点，选择重定位运动模式，随意操纵工业机器人，可以看到工业机器人末端执行器上的参考点与固定参考点始终的位置保持不变，而工业机器人会根据重定位运动模式改变姿态，这就表明，工具坐标系 tPen 标定成功。

3.4.2　工件坐标系的标定

第 1 步：在手动操纵界面中，点击"工件坐标"选项，进入手动操纵-工件界面。该界面中的 wobj0 是系统默认的工件坐标系名称，如图 3-115 所示。

微课

工件坐标系的标定

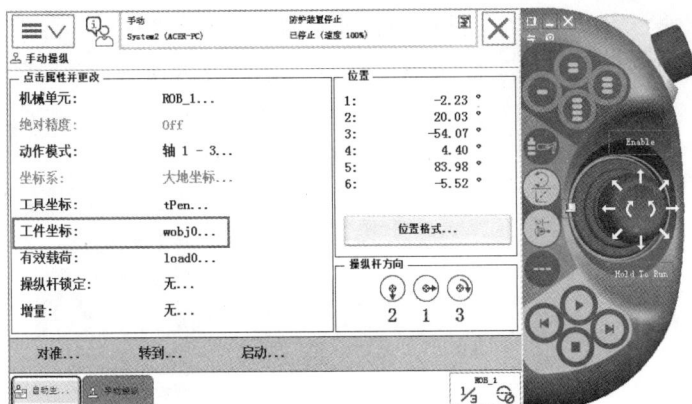

图 3-115　系统默认的工件坐标系名称

第 2 步：在手动操纵-工件界面中，点击"新建"选项，进入新数据声明界面，如图 3-116 所示。在此界面中，可以设定新建工件坐标系的名称及其他各种信息。通常情况下，建议保持其他信息不变，名称可根据实际需求或示教编程的便利性进行设置。

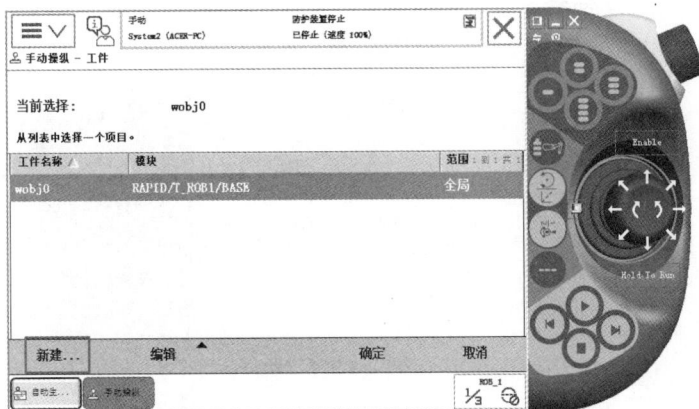

图 3-116　手动操纵-工件界面

第 3 步：更改新建工件坐标系名称。点击"名称"右端的"…"按钮，可编辑工件坐标系名称，输入名称"gongjian"（可以更改成其他名称），点击下方的"确定"选项，如图 3-117 所示。回到手动操纵-工件界面，界面上出现新建的工件坐标系名称 gongjian。

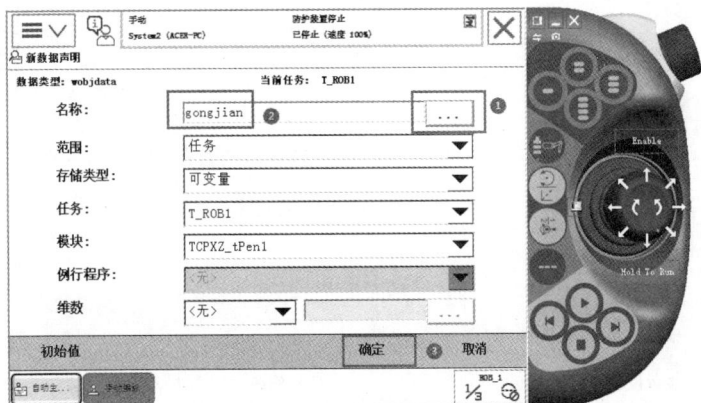

图 3-117　更改新建工件坐标系名称

第 4 步：进入坐标系定义界面。选中新建的工件坐标系名称"gongjian"，点击下方的"编辑"选项，在弹出的下拉列表中选择"定义"选项，如图 3-118 所示，进入程序数据-wobjdata-定义界面。工件坐标系的定义方法只有一种，即 3 点法。

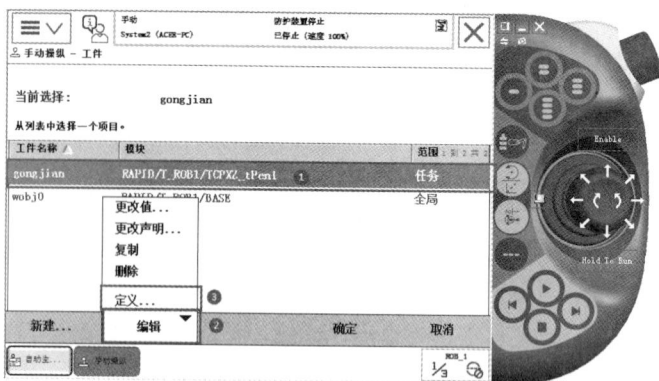

图 3-118 选择"定义"选项

第 5 步：定义工件坐标系。将"用户方法"设定为"3 点"。需要标定"用户点 X1""用户点 X2""用户点 Y1" 3 个点，如图 3-119 所示。

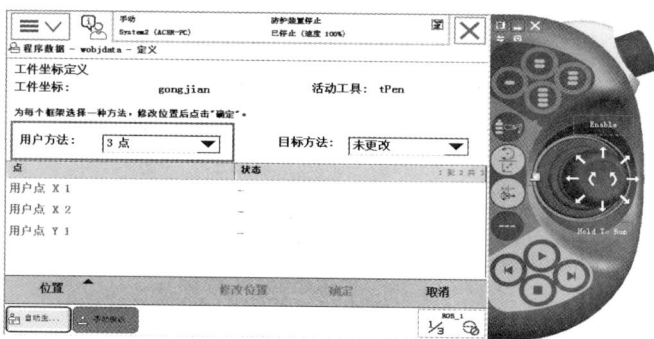

图 3-119 设定 3 点法

手动操纵工业机器人使工件参考点靠近期望定义的工件坐标系的"X1 点"，在程序数据-wobjdata-定义界面中，选中"用户点 X1"，点击"修改位置"选项，标定"用户点 X1"，如图 3-120 所示。

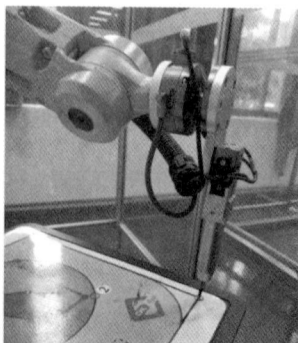

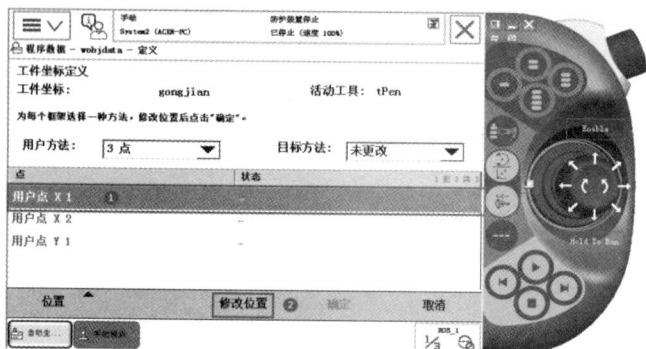

(a) X1 点参考位姿   (b) 修改"用户点 X1"的位置

图 3-120 标定"用户点 X1"

操纵工业机器人，使工件参考点靠近期望定义的工件坐标系的"X2 点"，在程序数据-wobjdata-定义界面中，选中"用户点 X2"，点击"修改位置"选项，标定"用户点 X2"，如图 3-121 所示。

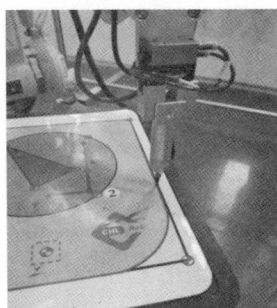

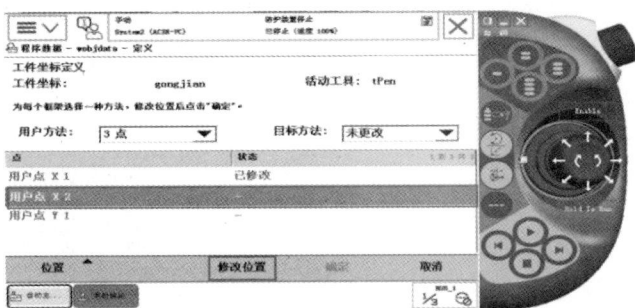

（a）X2 点参考位姿　　　　　　　　　（b）修改"用户点 X2"的位置

图 3-121　标定"用户点 X2"

再次操纵工业机器人，使工件参考点靠近期望定义的工件坐标系的"Y1 点"，在程序数据-wobjdata-定义界面中，选中"用户点 Y1"，点击"修改位置"选项，标定"用户点 Y1"，如图 3-122 所示。

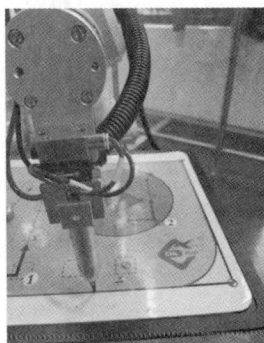

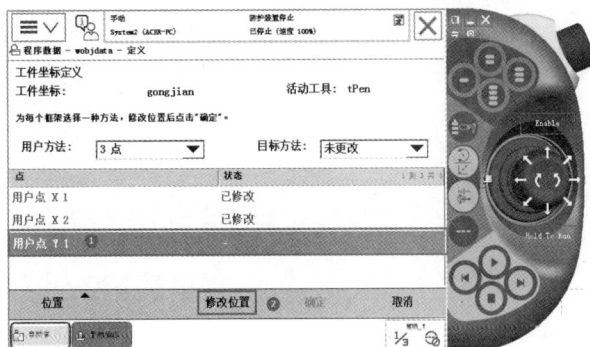

（a）X3 点参考位姿　　　　　　　　　（b）修改"用户点 Y1"的位置

图 3-122　标定"用户点 Y1"

3 个点修改完成后，点击"确定"选项，查看系统计算误差，点击误差界面的"确定"选项，完成工件坐标系的标定，如图 3-123 所示。

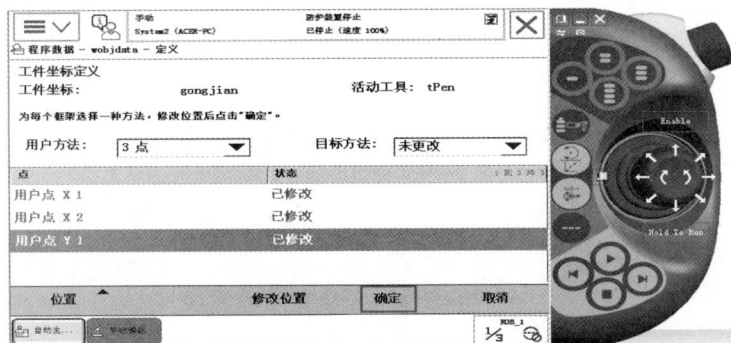

图 3-123　完成工件坐标系的标定

任务考核与评价

以绘画笔为工业机器人末端执行器，以绘画板为工件，完成工业机器人工具坐标系和工件坐标系的标定。考核与评价细则如表 3-7 所示。

表 3-7　　　　　　　　　　　　考核与评价细则

姓名		学号		班级		
实操用时		成绩		教师签字		
任务模块考核	任务要点	评分标准			配分	得分
	创建工具坐标系（6点法）	按要求命名新建的工具坐标系			5	
		根据控制要求，正确选择标定方法			5	
		确定姿态 1～姿态 6，姿态 1、姿态 2、姿态 3 的姿态差别应大一些，姿态 4 垂直向下，姿态 5、姿态 6 符合新建坐标系要求			22	
		对新建的工具坐标系做误差检验，最大误差不超过 5 mm			10	
		按要求设定工具质量及重心偏移数据			5	
		进行重定位运动验证工具坐标系，TCP 空间位姿不变			5	
	创建工件坐标系	按要求命名新建的工件坐标系			5	
		确定用户点 X1、X2、Y1，由这些点形成的平面坐标轴尽可能垂直			10	
		工件坐标系标定完成，无错误提示			3	
职业素养考核	安全着装	穿劳保服和绝缘鞋			3	
		工作服袖口束紧			3	
	环境清洁	保持地面及实训平台表面清洁，无线头和扎带			3	
		工具摆放整齐，且在装配桌上			3	
	素养意识	具备爱岗敬业、团队协作的意识			3	
		具备自主学习、吃苦耐劳的意识			3	
	实训报告	撰写认真、规范			12	
总得分					100	

任务思考

（1）查阅资料，若工业机器人需要更换夹爪、吸盘等工具，请使用 4 点法、5 点法创建工具坐标系。

（2）查阅资料，列举出哪些工程实例可以通过创建不同的工件坐标系来提高工程师的工作效率。

任务 3.5　工业机器人的系统数据备份与恢复

任务描述

当机器人系统示教器编程完成后，要求备份系统的所有数据，同时要求操作人员恢复以前备份的数据。

任务目标

知识目标

（1）掌握 ABB 工业机器人的数据备份操作步骤。
（2）掌握 ABB 工业机器人的数据恢复操作步骤。

能力目标

（1）能正确、熟练地备份 ABB 工业机器人的数据。
（2）能正确、熟练地恢复 ABB 工业机器人的数据。

素质目标

（1）具备诚信、友善的社会主义核心价值观。
（2）具备吃苦耐劳、爱岗敬业的职业素养。
（3）具备自主学习、勇于创新的工匠精神。

思维导图

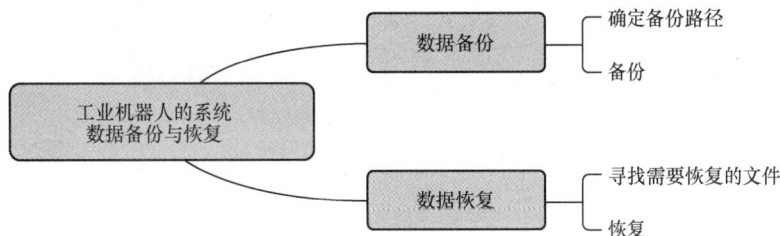

相关知识

知识点：EIO 文件

EIO 文件是 ABB 工业机器人有关 I/O 的配置文件，包含机器人系统 I/O 相关的配置。当掌握 EIO 文件的保存及加载方法后，可以在计算机上用 RobotStudio 软件进行 I/O 相关的配置，并将配置保存至 U 盘（U 盘为 FAT32 格式），然后在真实机器人上进行加载使用。也可以把相同配置的某台机器人的 EIO 文件加载至另一台机器人中，以节省现场编程时间。

3.5.1　数据备份

第 1 步：在示教器主菜单界面中，点击"备份与恢复"选项，如图 3-124 所示。

微课

数据备份

图 3-124　点击"备份与恢复"选项

第 2 步：在备份与恢复界面中，点击"备份当前系统"选项，如图 3-125 所示。

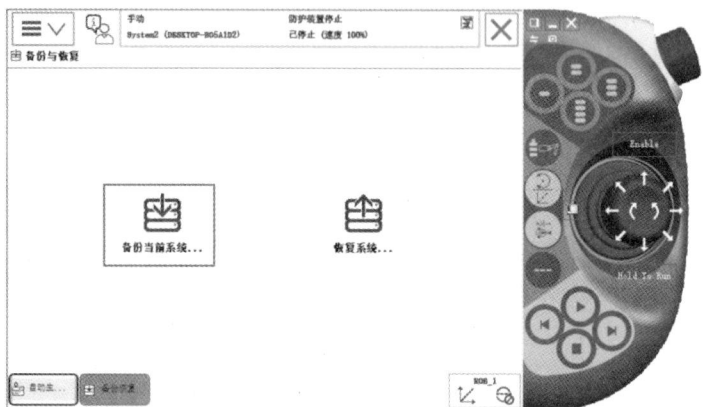

图 3-125　点击"备份当前系统"选项

第 3 步：在弹出的界面中，点击"备份文件夹"的"ABC"按钮，可以更改备份文件夹的名称。点击"备份路径"的"…"按钮，如图 3-126 所示，可以更改备份路径。如图 3-127所示，在选择文件夹界面中，①为向上翻页选项，方便选择路径，②为新建文件夹选项。本任务"备份文件夹"和"备份路径"均选择默认选项，点击"备份"选项即可，如图 3-128所示。

图 3-126　更改备份路径

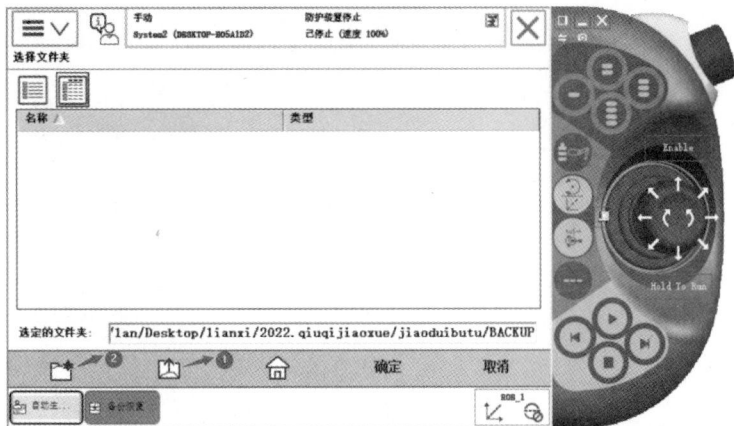

图 3-127　选择文件夹界面

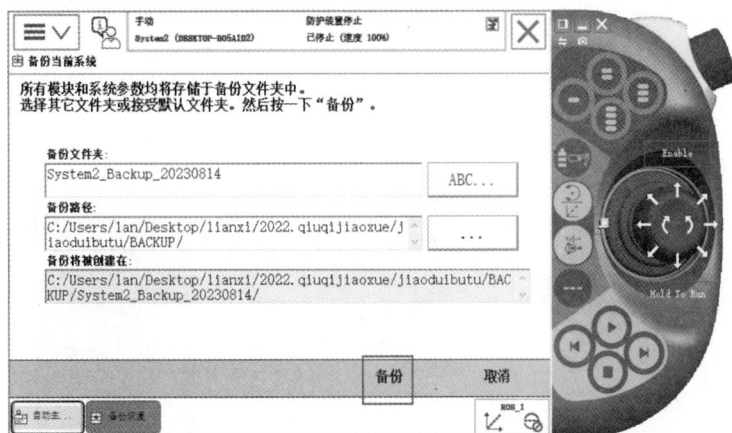

图 3-128　点击"备份"选项

3.5.2　数据恢复

第 1 步：在示教器主菜单界面中，点击"备份与恢复"选项，如图 3-124 所示。

第 2 步：在备份与恢复界面中，点击"恢复系统"选项，如图 3-129 所示。

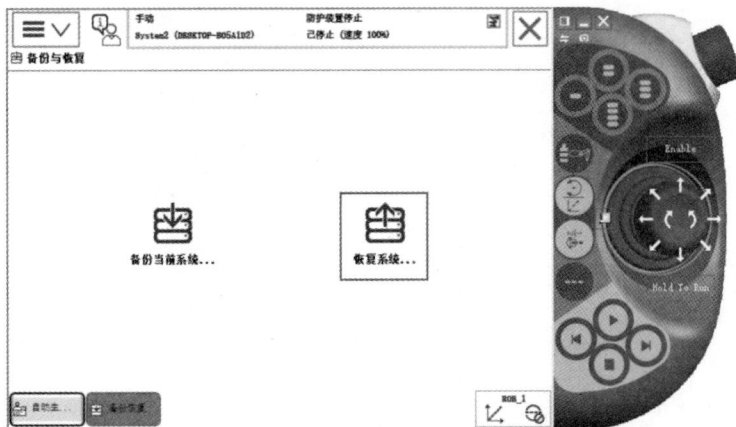

图 3-129　点击"恢复系统"选项

第3步：在恢复系统界面中，点击"…"选项，寻找需要恢复的文件夹，如图3-130所示。

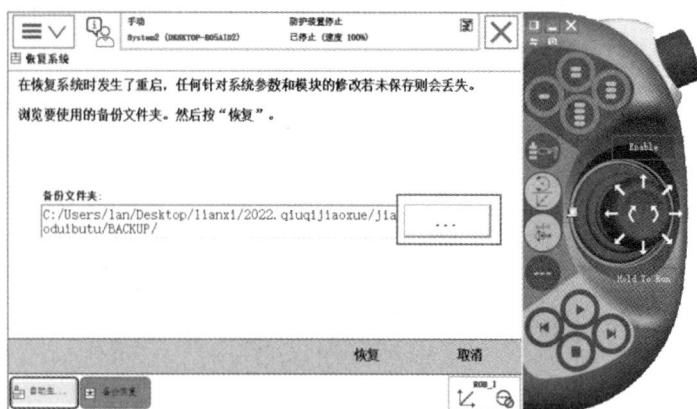

图3-130　寻找需要恢复的文件夹

第4步：选择需要恢复的文件夹，如图3-131所示，确认文件夹中需要恢复的数据后，点击"确定"选项，如图3-132所示。

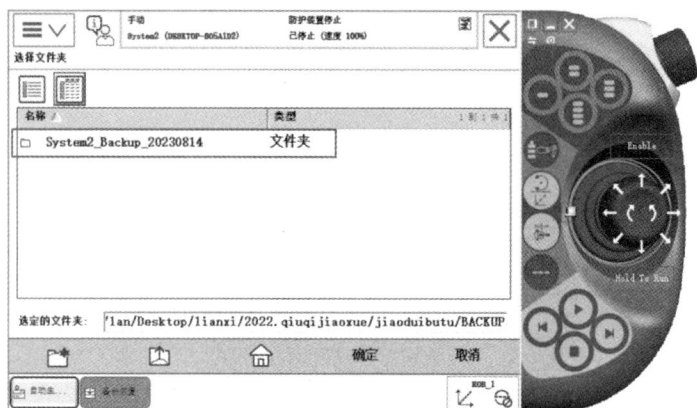

图3-131　选择需要恢复的文件夹

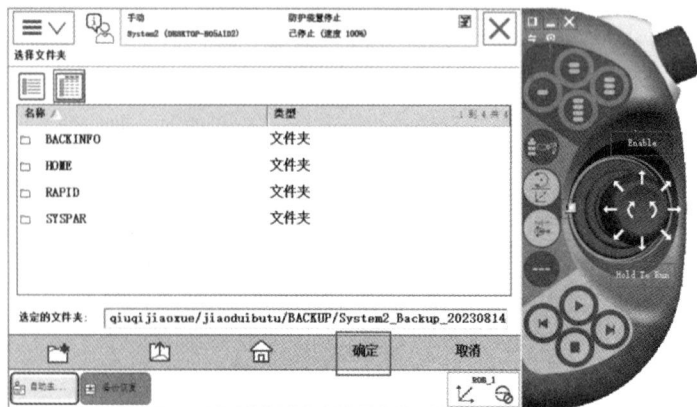

图3-132　点击"确定"选项

第5步：确定要恢复的文件夹后，点击"恢复"选项，如图3-133所示。此时，系统会弹出提示对话框，询问是否继续，点击"是"按钮，继续恢复操作，如图3-134所示，机器人就完成了系统数据恢复。

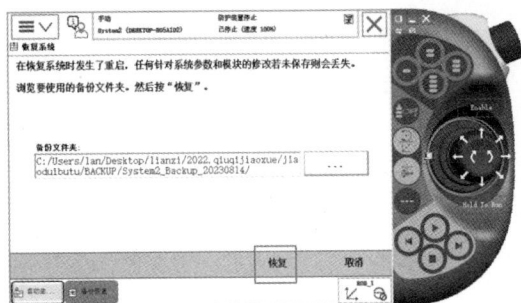
图 3-133　点击"恢复"选项

图 3-134　选择继续恢复操作

任务考核与评价

本任务的考核与评价细则如表 3-8 所示。

表 3-8　　　　　　　　　　　　考核与评价细则

姓名		学号		班级		
实操用时		成绩		教师签字		
	任务要点	评分标准			配分	得分
任务模块考核	数据备份	按要求新建文件夹			10	
		按要求设定备份路径			15	
		正确备份系统数据			15	
	数据恢复	正确找到需要恢复的文件			15	
		正确恢复指定文件			15	
职业素养考核	安全着装	穿劳保服和绝缘鞋			3	
		工作服袖口束紧			3	
	环境清洁	保持地面及实训平台表面清洁，无线头和扎带			3	
		工具摆放整齐，且在装配桌上			3	
	素养意识	具备爱岗敬业、团队协作的意识			3	
		具备自主学习、吃苦耐劳的意识			3	
	实训报告	撰写认真、规范			12	
	总得分				100	

任务思考

查阅资料，尝试单独导出和恢复 EIO 文件。

|任务 3.6　工业机器人转数计数器的更新|

任务描述

当 ABB 工业机器人示教器界面显示系统报警提示"10036 转数计数器未更新"时，就需要对机器人的转数计数器进行更新操作，否则机器人将无法正常工作。

任务目标

知识目标

（1）熟悉更新转数计数器的条件。
（2）掌握更新转数计数器的方法与步骤。

能力目标

能正确更新转数计数器。

素质目标

（1）具备诚信、友善的社会主义核心价值观。
（2）具备吃苦耐劳、爱岗敬业的职业素养。
（3）具备自主学习、勇于创新的工匠精神。

思维导图

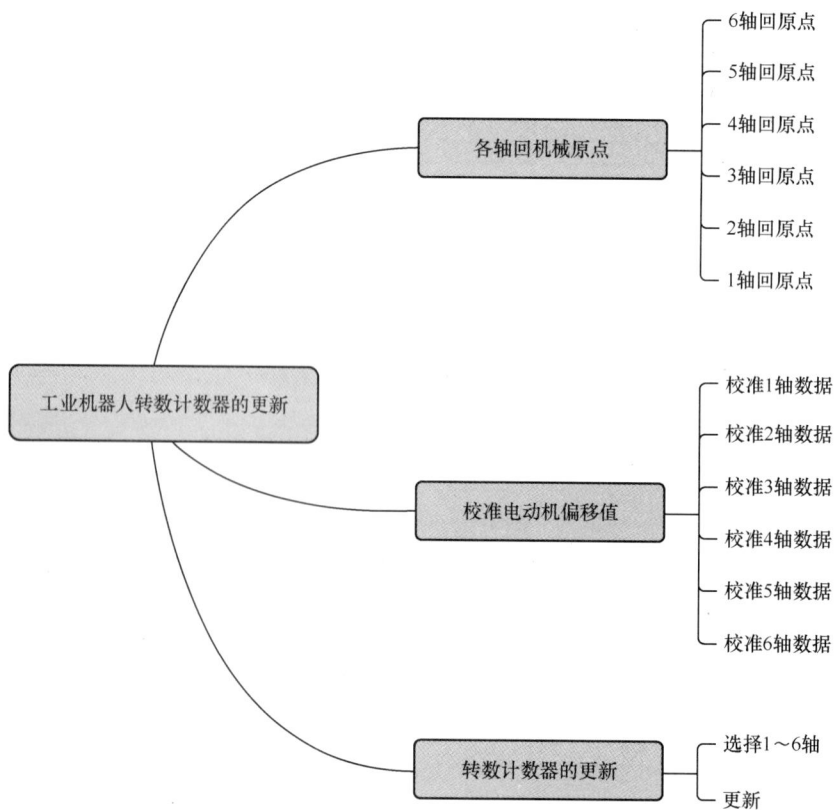

工业机器人转数计数器的更新
- 各轴回机械原点
  - 6轴回原点
  - 5轴回原点
  - 4轴回原点
  - 3轴回原点
  - 2轴回原点
  - 1轴回原点
- 校准电动机偏移值
  - 校准1轴数据
  - 校准2轴数据
  - 校准3轴数据
  - 校准4轴数据
  - 校准5轴数据
  - 校准6轴数据
- 转数计数器的更新
  - 选择1~6轴
  - 更新

相关知识

知识点：转数计数器的更新条件

ABB 6 轴工业机器人的每根轴都有一个机械原点，当机器人丢失原点位置后，需要机械原点作为参考点更新原点位置数据。此外若遇到以下情况，也需要更新转数计数器。

（1）更换伺服电动机转数计数器的电池后。

（2）当转数计数器发生故障并修复后。

（3）转数计数器与测量板之间断开重连后。

（4）断电后，机器人关节轴发生了移动时。

（5）当系统报警提示"10036 转数计数器未更新"时。

转数计数器的更新步骤如下。

第 1 步：手动操作让工业机器人各关节轴运动到机械原点位置，为了方便对准和观察机械原点刻度，建议各轴运动的顺序是：6—5—4—3—2—1。各轴机械原点的位置在机器人各轴的轴身上。本任务以 ABB IRB 1410 型机器人为例，展示各轴的机械原点，如图 3-135 所示。

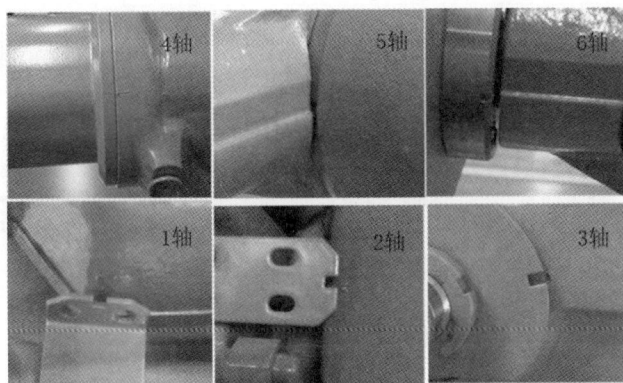

图 3-135　ABB IRB 1410 型机器人各轴的机械原点

第 2 步：点击示教器主菜单界面中的"校准"选项，如图 3-136 所示。

图 3-136　点击"校准"选项

第 3 步：在校准界面中，点击"机械单元"下方的"ROB_1"选项选择机械单元，如图 3-137 所示。

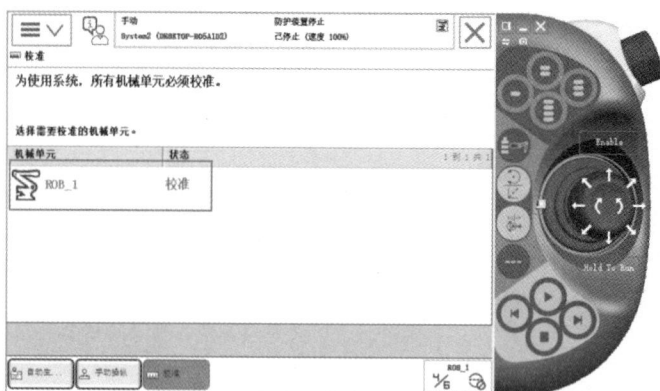

图 3-137　选择机械单元

第 4 步：在弹出的界面中，先点击"校准 参数"选项，再选择"编辑电动机校准偏移"选项，如图 3-138 所示。此时系统会弹出询问是否继续的对话框，点击"是"按钮继续操作，如图 3-139 所示。

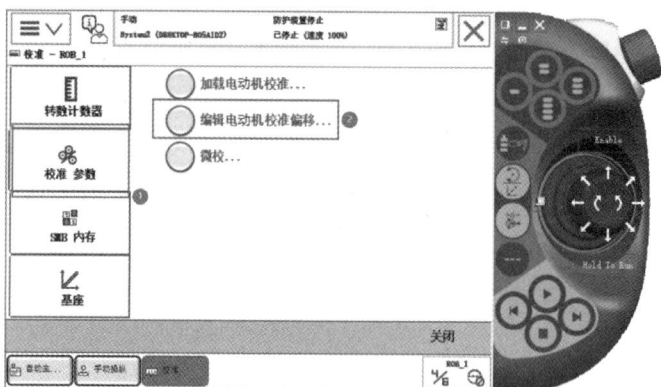

图 3-138　选择"编辑电动机校准偏移"选项

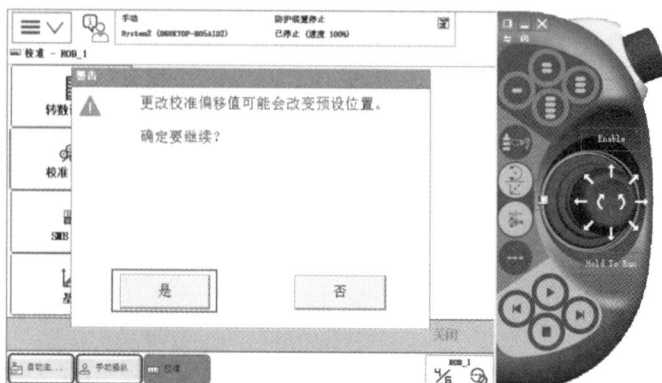

图 3-139　继续执行编辑电动机校准偏移操作

第 5 步：在弹出的界面中，将每根轴的偏移值更改为机器人本体上所记录的每根轴的偏移数据，如图 3-140 所示，更改完成后点击"确定"选项。

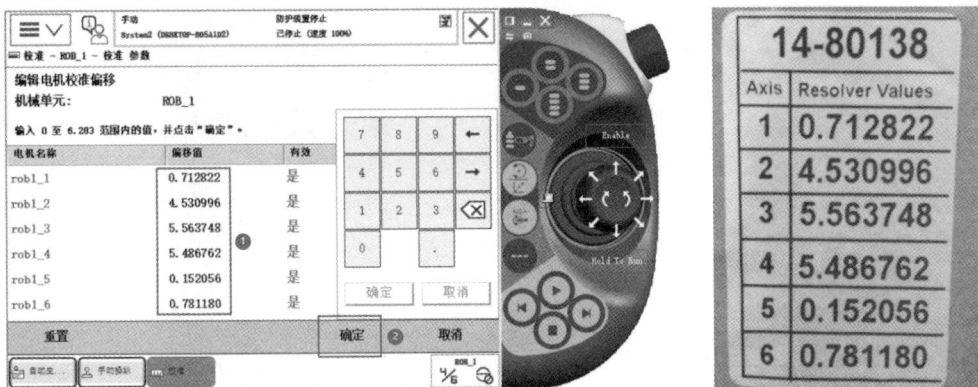

图 3-140　更改电动机校准偏移值

第 6 步：点击"确定"选项后，系统弹出询问是否重启示教器的对话框，重启后设置的校准偏移值才生效，因此要点击"是"按钮，如图 3-141 所示。

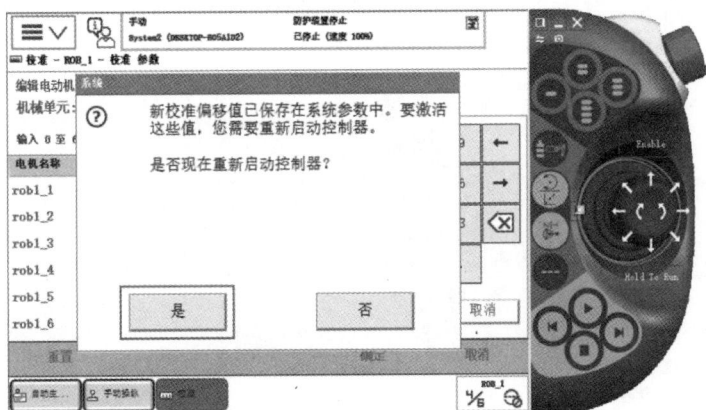

图 3-141　重启示教器

第 7 步：示教器重启后，在主菜单界面中点击"校准"选项，如图 3-136 所示。

第 8 步：在校准界面中，点击"机械单元"下方的"ROB_1"选项，如图 3-137 所示。

第 9 步：在弹出的界面中，先点击"转数计数器"选项，再选择"更新转数计数器"选项，如图 3-142 所示。之后，系统会弹出询问是否继续的询问对话框，点击"是"按钮，继续更新操作，如图 3-143 所示。

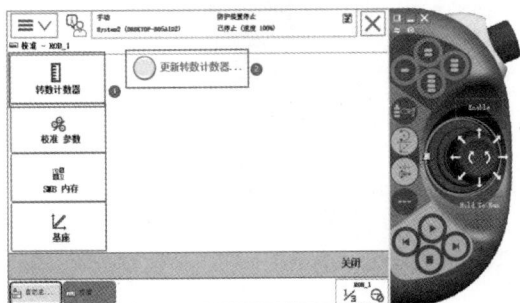

图 3-142　更新转数计数器

图 3-143　继续更新操作

第 10 步：在弹出的界面中，点击"确定"选项，确定更新操作，如图 3-144 所示。

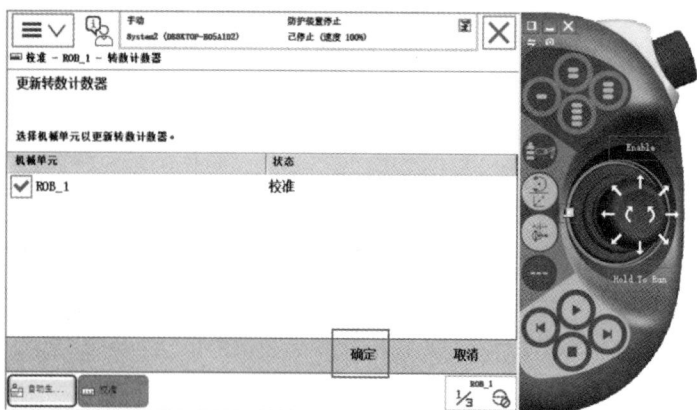

图 3-144　确定更新操作

第 11 步：在弹出的界面中，点击"全选"选项，将 6 根轴全部选中，然后点击"更新"选项，如图 3-145 所示。之后系统会弹出询问是否继续的对话框，点击"更新"按钮，如图 3-146 所示，继续更新操作。

图 3-145　全选 6 根轴

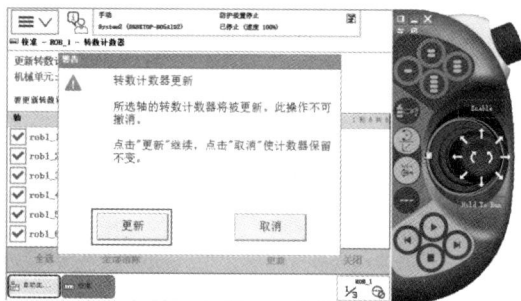

图 3-146　点击"更新"按钮

第 12 步：当示教器弹出图 3-147 所示对话框时，表示机器人转数计数器更新完成，点击"确定"按钮即可。

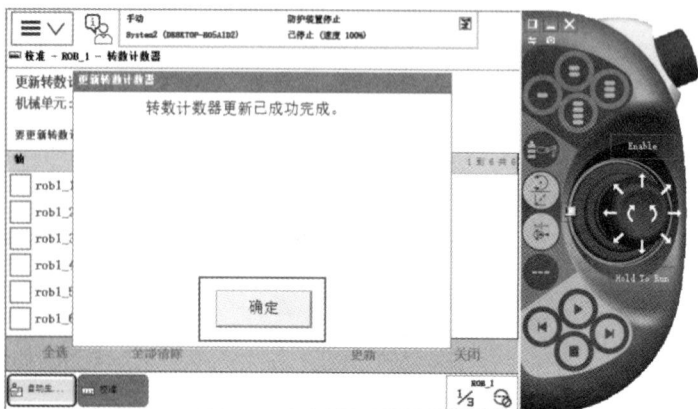

图 3-147　转数计数器更新完成对话框

任务考核与评价

本任务的考核与评价细则如表 3-9 所示。

表 3-9 考核与评价细则

姓名		学号		班级		
实操用时		成绩		教师签字		
	任务要点	评分标准			配分	得分
任务模块考核	各轴回机械原点	1 轴回到机械原点			5	
		2 轴回到机械原点			5	
		3 轴回到机械原点			5	
		4 轴回到机械原点			5	
		5 轴回到机械原点			5	
		6 轴回到机械原点			5	
	校准电动机偏移值	校准 1 轴电动机偏移值			5	
		校准 2 轴电动机偏移值			5	
		校准 3 轴电动机偏移值			5	
		校准 4 轴电动机偏移值			5	
		校准 5 轴电动机偏移值			5	
		校准 6 轴电动机偏移值			5	
	更新转数计数器	正确完成转数计数器的更新			10	
职业素养考核	安全着装	穿劳保服和绝缘鞋			3	
		工作服袖口束紧			3	
	环境清洁	保持地面及实训平台表面清洁, 无线头和扎带			3	
		工具摆放整齐, 且在装配桌上			3	
	素养意识	具备爱岗敬业、团队协作的意识			3	
		具备自主学习、吃苦耐劳的意识			3	
	实训报告	撰写认真、规范			12	
总得分					100	

任务思考

查阅资料, 再列出两种需要更新转数计数器的情况。

|项目总结|

工业机器人的电气连接与开关机是工业机器人能正常运行的基础。本项目任务 3.1 介绍了工业机器人的电气连接与开关机步骤。电气连接主要包括编码器线缆连接、动力线连接、示教器连接及气路连接; 正确执行工业机器人的开关机步骤是操作工业机器人应遵循的规范之一, 该任务详细介绍了机器人开关机正确的操作步骤。

本项目任务 3.2 介绍了工业机器人示教器编程环境的配置、坐标系的选择、操作模式的选择以及工业机器人的手动操作。编程环境的配置主要包括示教器语言的设置、日期和时间的设置以及查看常用信息的方法; 坐标系选择主要是选择 ABB 工业机器人常用的两种坐标系, 即工具坐标系和工件坐标系; 工业机器人操作模式的选择主要涉及工业机器人手动模式和自动模式的切换操作; 手动操作主要涉及单轴运动模式、线性运动模式和重定位运动模式的切换和操作控制。

本项目任务 3.3 主要介绍 ABB 工业机器人 I/O 信号的配置。其中，I/O 信号的配置包括配置标准 I/O 板、配置各种类型的 I/O 信号、监控 I/O 信号以及配置可编程按键等。当机器人与外部设备进行网络通信时，需要设定机器人的 IP 地址，该任务还介绍了设定机器人 IP 地址的相关操作。

本项目任务 3.4 主要介绍 ABB 工业机器人坐标系的标定，包括工具坐标系的作用，工具坐标系的设定原理、设定方法及操作步骤；工件坐标系的用途，工件坐标系的设定方法及操作步骤。

数据备份是工业机器人编程、调试时非常重要的操作。本项目任务 3.5 主要介绍 ABB 工业机器人的系统数据备份与恢复的相关操作步骤。

工业机器人在实际工作中的某些情况下需要更新转数计数器才能正常工作，如当转数计数器发生故障并修复后、更换伺服电动机转数计数器电池后等。本项目任务 3.6 主要介绍了更新 ABB 工业机器人转数计数器的相关操作和步骤。

实践过程中，学生应胸怀科技报国的家国情怀和使命担当，树立遵守规章制度、规范操作和安全生产的意识，具有通过时间管理进行生涯规划的能力、分析并解决问题的实践能力以及逻辑思维能力，培养严谨细致、精益求精的工匠精神。

| 思考与练习 |

一、多选题

1. ABB 工业机器人增量移动的幅度有（　　　）。

A. 小　　　　　　　　B. 中　　　　　　　　C. 大　　　　　　　　D. 用户

2. ABB 工业机器人中，用户能自定义的坐标系是（　　　）。

A. 工具坐标系　　　B. 基坐标系　　　　C. 工件坐标系　　　D. 用户坐标系

3. ABB 工业机器人的动作模式有（　　　）。

A. 轴 1-3　　　　　B. 轴 4-5　　　　　C. 线性　　　　　　D. 重定位

4. ABB 工业机器人定义工具坐标系的方法有（　　　）。

A. TCP 法　　　　B. TCP 和 Z 法　　C. TCP 和 Z，Y 法　D. TCP 和 Z，X 法

5. ABB 工业机器人标准 I/O 板中，能处理模拟信号的是（　　　）。

A. DSQC651　　B. DSQC652　　　C. DSQC653　　　　D. DSQC355A

6. DSQC652 标准 I/O 板可以配置的信号有（　　　）。

A. DI 信号　　　　B. DO 信号　　　　C. GO 信号　　　　D. GI 信号

7. 在配置示教器可编程按键时，其按键功能模式有切换、（　　　）等形式。

A. 设为 1　　　　　B. 设为 0　　　　　C. 按下/松开　　　　D. 脉冲

二、填空题

1. 示教器出厂时操作界面默认的显示语言为_____。

2. 示教器操作界面上的状态栏显示的机器人操作模式有_____和_____两种。

3. 手动减速模式下，机器人的运行速度最高只能达到_____。

4．机器人在手动模式下有_____、_____和_____ 3 种运动模式。

5．例行程序的运行方式有_____和_____两种。

6．手动模式下，每次操作时只有一个轴运动的运动称为_____。

7．机器人的线性运动是指_____在空间中做线性运动。

8．机器人的_____是指 TCP 在空间中绕着坐标轴旋转，也可以理解为机器人绕着 TCP 做姿态调整的运动。

9．在机器人没有新建工具坐标系的情况下，可使用出厂时默认的工具坐标系_____。

10．DSQC651 标准 I/O 板主要处理_____路 DI 信号、_____路 DO 信号和_____路 AO 信号。

11．在配置 ABB 工业机器人的标准 I/O 板时，可用的地址范围是_____。

12．机器人系统备份文件中，包含所有存储在运行内存中的 RAPID_____和_____。

三、判断题

1．手持示教器的正确姿势为左手握示教器，4 根手指穿过示教器绑带，松弛地按在使能按键上，右手进行屏幕和按钮的操作。（　　）

2．用力按下使能按键时，机器人处于上电开启状态。（　　）

3．使能按键的功能可根据需要自行配置，常用于配置数字信号切换的快捷键。（　　）

4．在更改 ABB 工业机器人示教器显示语言时，不用重启示教器就可成功更改语言环境。（　　）

5．ABB 工业机器人的操作模式分为自动模式和手动模式两种。（　　）

6．在手动模式下，机器人连续调试程序时不需要按下使能按键。（　　）

7．在机器人示教编程过程中，只能采用手动模式。（　　）

8．工业机器人的运行速度与手动操纵杆的幅度成正比。（　　）

9．在默认情况下，世界坐标系与默认工件坐标系是重合的。（　　）

10．tooldata 是机器人系统的一个程序数据类型，用于定义机器人的工件坐标系。（　　）

11．DSQC552 标准 I/O 板可以处理模拟信号。（　　）

12．DSQC552 标准 I/O 板在设定 GO 信号时，设定的地址为 1-4，最大的信号值为 31。（　　）

13．机器人的系统备份文件可以恢复到任一同型号的机器人中。（　　）

|任务 4.1 管理程序数据|

任务描述

为了保证工业机器人能够准确地完成各项任务，在对工业机器人进行操作和编程的过程中需要创建大量的程序数据。通过对本任务的学习可以了解 ABB 工业机器人程序数据的分类方式和存储类型，认识常用的程序数据，掌握程序数据的创建、赋值及查询方法等。

任务目标

知识目标

（1）了解 ABB 工业机器人程序数据的分类方式。

（2）了解 ABB 工业机器人程序数据的存储类型及特点。

（3）掌握常用程序数据的创建、赋值及查询方法。

能力目标

具备正确使用程序数据的能力。

素质目标

（1）践行社会主义核心价值观，倡导爱国、敬业、诚信、友善。

（2）具备吃苦耐劳、甘于奉献的职业素养。

（3）具备自主学习、勇于创新的工匠精神。

思维导图

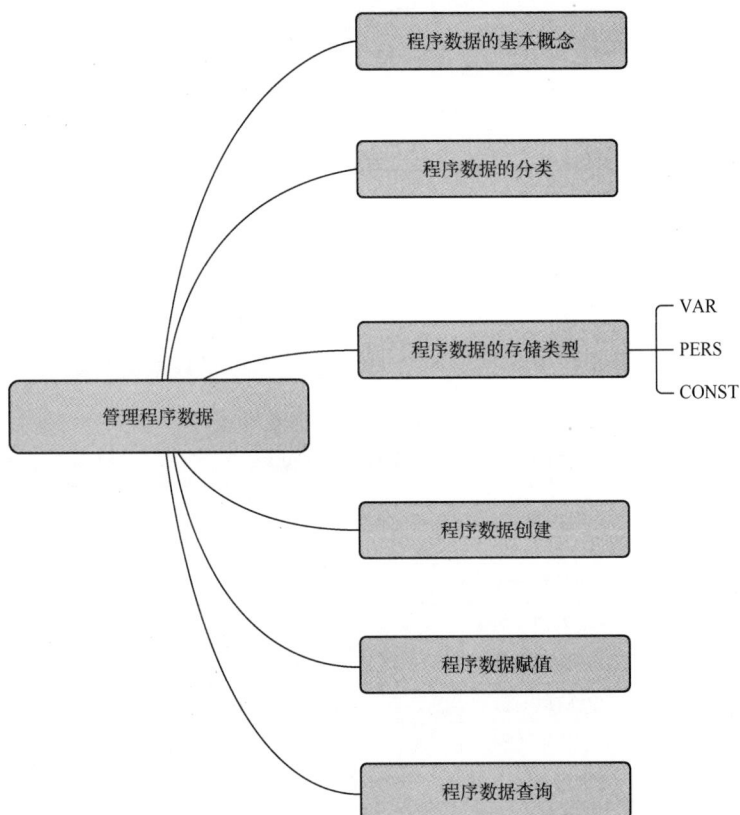

相关知识

知识点 1：程序数据的基本概念

程序数据是在程序模块或系统模块中设定的参数值和环境数据定义。创建的程序数据可由同一个模块或其他模块中的指令调用。

图 4-1 所示为工业机器人常用的直线运动指令，在该行程序中调用了 5 个常用程序数据，具体说明如表 4-1 所示。

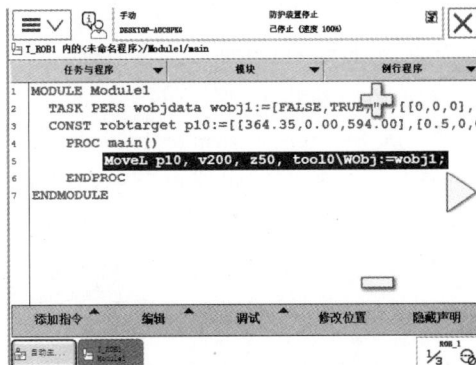

图 4-1 工业机器人常用的直线运动指令

表 4-1 程序数据的具体说明

程序数据	数据类型	说明
p10	robtarget	机器人运动目标位置数据
v200	speeddata	机器人运动速度数据
z50	zonedata	机器人运动转弯数据
tool0	tooldata	机器人工具坐标数据
wobj1	wobjdata	机器人工件坐标数据

知识点 2：程序数据的分类

ABB 工业机器人的程序数据共有 76 个，程序数据可以根据实际应用需求进行创建，为 ABB 工业机器人程序设计提供完善的数据支持，常见的程序数据类型如表 4-2 所示。

表 4-2 常见的程序数据类型

程序数据	说明	程序数据	说明
bool	布尔数据	pos	位置数据（只有 x、y 和 z）
byte	整数数据，范围为 0～255	pose	坐标转换
clock	计时数据	robjoint	机器人轴角度数据
dionum	数字输入输出信号	robtardata	机器人与外轴的位置数据
extjoint	外轴位置数据	speeddata	机器人与外轴的速度数据
intnum	中断标识符	string	字符串
jointtarget	关节位置数据	tooldata	工具数据
loaddata	负荷数据	trapdata	中断数据
mecunit	机械装置数据	wobjdata	工件数据
num	数值数据	zonedata	TCP 转弯半径数据
orient	姿态数据		

知识点 3：程序数据的存储类型

1．VAR

VAR 表示存储类型为变量，变量型数据在程序执行的过程中和停止时，都保持当前的值，不会改变，但如果程序指针被移动到主程序后，变量型数据的值会丢失。

举例如下。

VAR num abc:=1; 表示名称为 abc 的数字数据。

VAR string name:="Rose"; 表示名称为 name 的字符数据。

VAR bool flag:=FALSE; 表示名称为 flag 的布尔数据。

其中，VAR 表示存储类型为变量，num、string、bool 表示程序数据类型。

如果进行了程序数据的声明，在程序编辑器窗口中会显示出来，如图 4-2 所示。在 RAPID 程序中也可以对变量型程序数据进行赋值操作，如图 4-3 所示。但在程序中执行变量型程序数据的赋值时，指针复位后程序数据的值将恢复为初始值。例如，变量 abc 的初始值为 1，执行完 main 程序以后 abc 的当前值为 9，当指针复位后，abc 的当前值恢复为初始值 1。

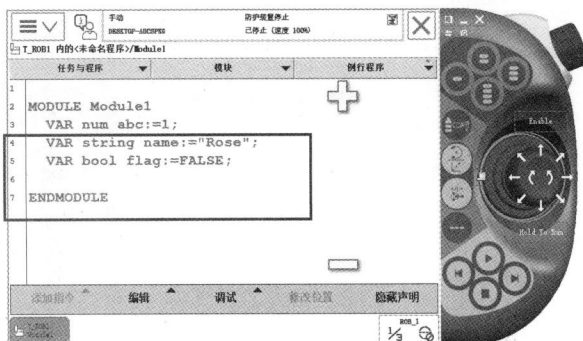

图 4-2　显示定义的变量型程序数据

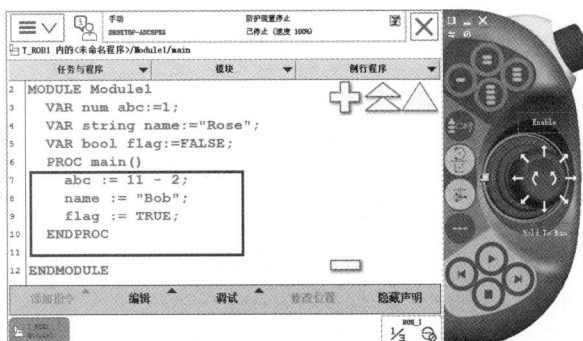

图 4-3　对变量型程序数据进行赋值操作

2．PERS

PERS 表示存储类型为可变量。与变量型程序数据不同，可变量型程序数据的主要特点是无论程序的指针如何，可变量型程序数据都会保持最后赋予的值。

举例如下。

PERS num length:=2; 表示名称为 length 的数值数据。

PERS string text:="Hello"; 表示名称为 text 的字符数据。

在示教器中进行定义后，会在程序编辑器窗口显示，如图 4-4 所示。在 RAPID 程序中也可以对可变量型程序数据进行赋值操作，如图 4-5 所示。在程序执行以后，赋值结果会一直保持，与程序指针的位置无关，直到重新对数据赋值，才会改变原来的值。例如，可变量 length 的初始值为 2，执行完 main 程序以后 length 的当前值为 8，并一直保持，直到被重新赋值。

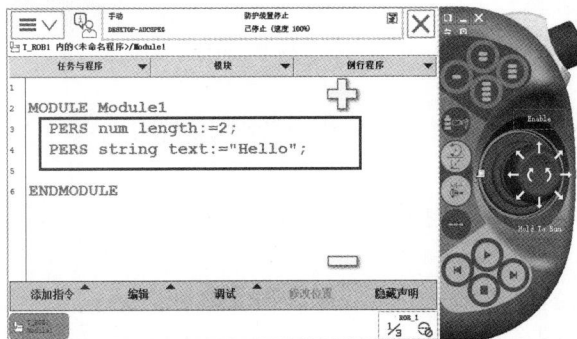

图 4-4　显示定义的可变量型程序数据

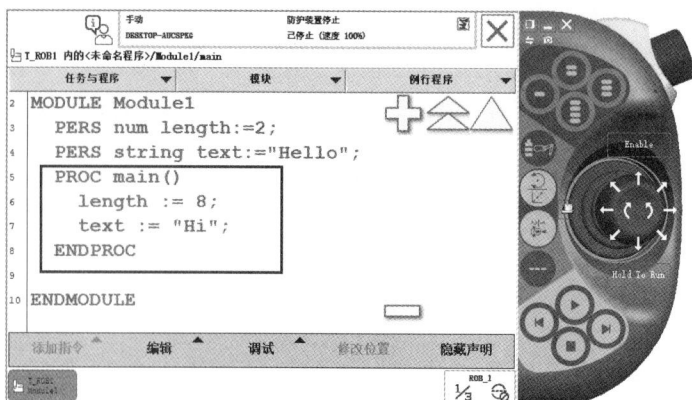

图 4-5　对可变量型程序数据进行赋值操作

3．CONST

CONST 表示存储类型是常量。常量型程序数据的特点是定义的时候就已经被赋予了数值，不能在程序中进行修改，除非进行手动修改，否则数值一直保持不变。

举例如下。

CONST num gravity:=9.8; 表示名称为 gravity 的数值数据。

CONST string greeting:="Hello"; 表示名称为 greeting 的字符数据。

在程序中定义后，会在程序编辑窗口显示，如图 4-6 所示。但是对于存储类型为常量的程序数据，不允许在程序中进行赋值的操作。例如，常量 gravity 的值为 9.8，不能在程序中进行赋值，只能在定义数据时进行修改。

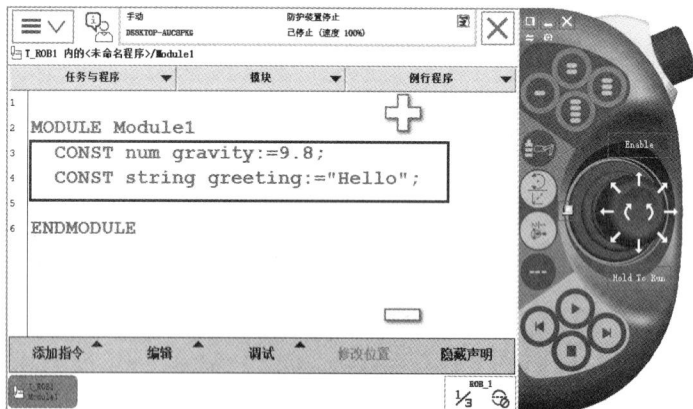

图 4-6　显示定义的常量型程序数据

4.1.1　程序数据创建

创建数值型程序数据 abc，数据类型为 num，存储类型为变量，初始值为 1。

第 1 步：在示教器的主菜单界面上，点击"程序数据"选项，如图 4-7 所示，进入程序数据界面。

第 2 步：在程序数据界面中，若在当前显示的已用数据类型界面中有

微课

程序数据创建

num，则选择 num，然后点击界面右下方的"显示数据"选项，如图 4-8 所示。

图 4-7　点击"程序数据"选项

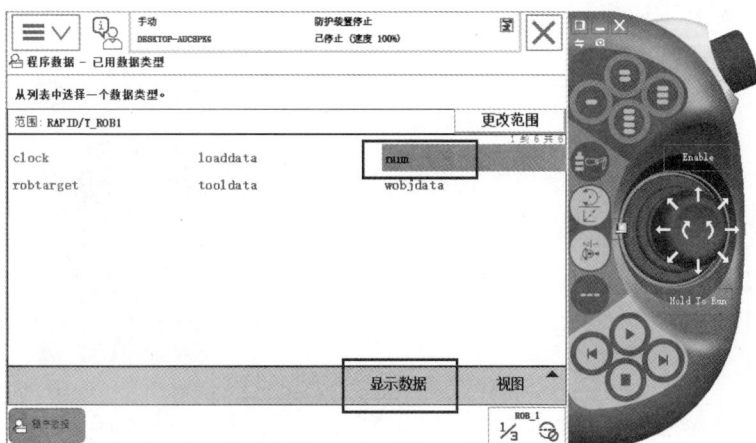

图 4-8　已用数据类型界面的设置

如果在当前显示的已用数据类型界面中没有 num，可以直接点击界面右下角的"视图"，选择"全部数据类型"选项，如图 4-9 所示，显示全部的数据类型，从列表中选择需要的数据类型，在这里选择 num，如图 4-10 所示，然后点击"显示数据"选项。

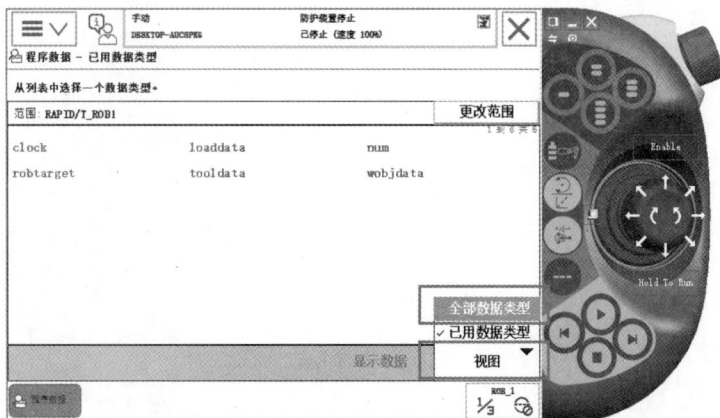

图 4-9　选择"全部数据类型"选项

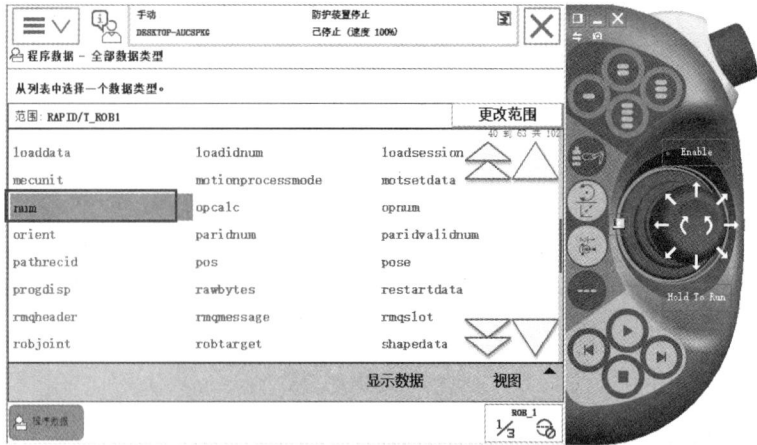

图 4-10　选择 num

第 3 步：点击"显示数据"选项后，进入图 4-11 所示界面，点击界面中的"新建"选项，进入数据参数设定界面。

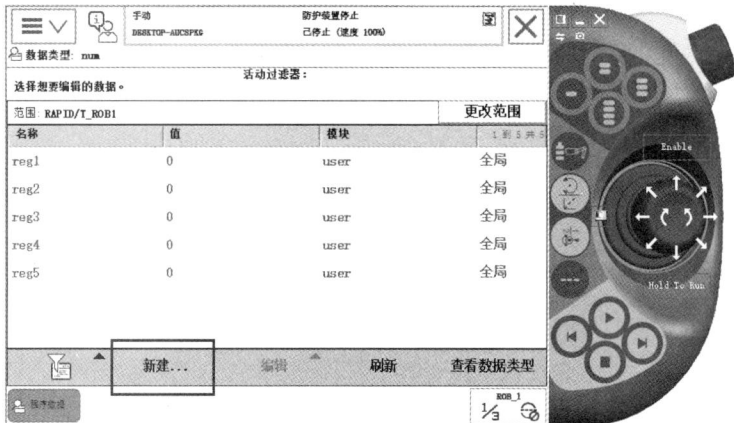

图 4-11　点击"新建"选项

第 4 步：数据参数设定界面如图 4-12 所示，对数据类型的名称、范围、存储类型、任务、模块、例行程序、维数等参数进行设定。数据参数设定的说明如表 4-3 所示。

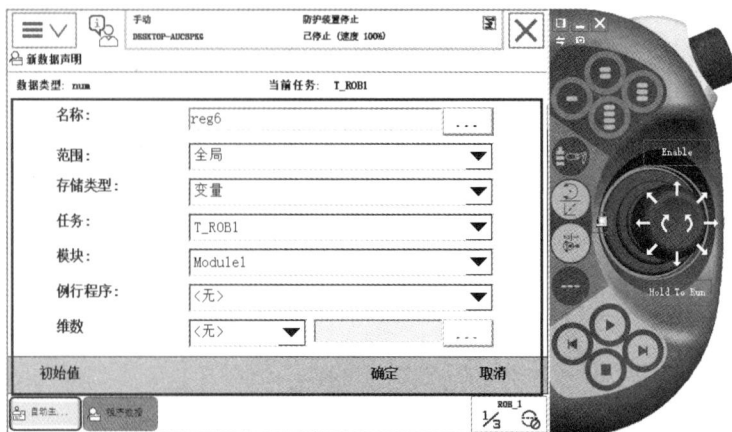

图 4-12　数据参数设定界面

表 4-3　　　　　　　　　　　　　数据参数设定的说明

参数	说明
名称	设定数据的名称
范围	全局表示数据可以应用在所有的模块中
	本地表示定义的数据只可以应用于所在的模块中
	任务表示定义的数据只能应用于所在的任务中
存储类型	设定数据的可存储类型，包括变量、可变量、常量
任务	设定数据所在的任务
模块	设定数据所在的模块
例行程序	设定数据所在的例行程序
维数	设定数据的维数，数据的维数一般是指数据的几种不相干特性
初始值	设定数据的初始值，数据类型不同则初始值不同，根据需要选择合适的初始值

　　然后进行程序数据名称的修改，点击图 4-13 所示数据参数设定界面"名称"后面的"…"按钮，出现图 4-14 所示界面，输入所需要的名称"abc"，然后点击"确定"选项。其他参数可以点击对应选项右侧的下拉按钮进行选择，这里采用默认设置，具体参数如图 4-15 所示。

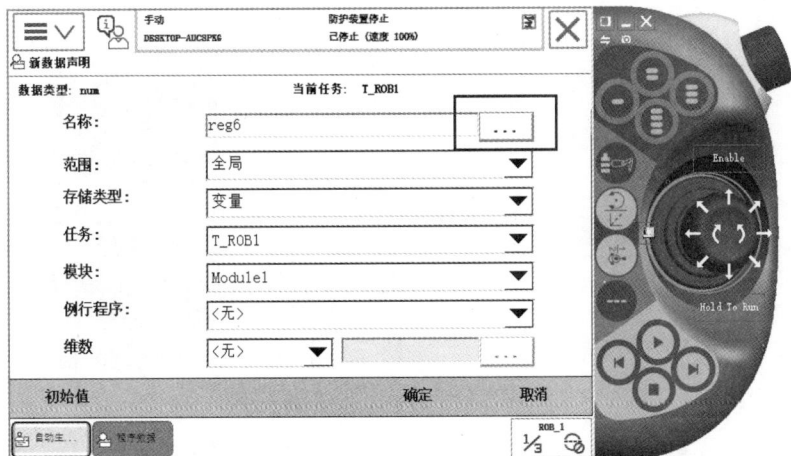

图 4-13　数据参数设定界面

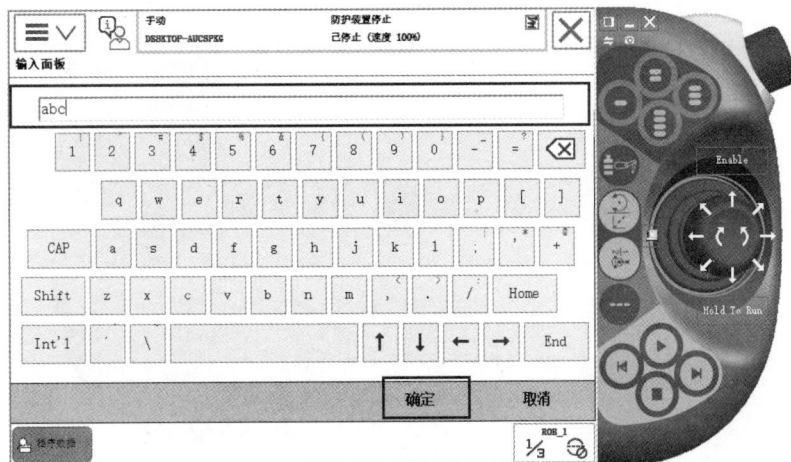

图 4-14　修改数据名称界面

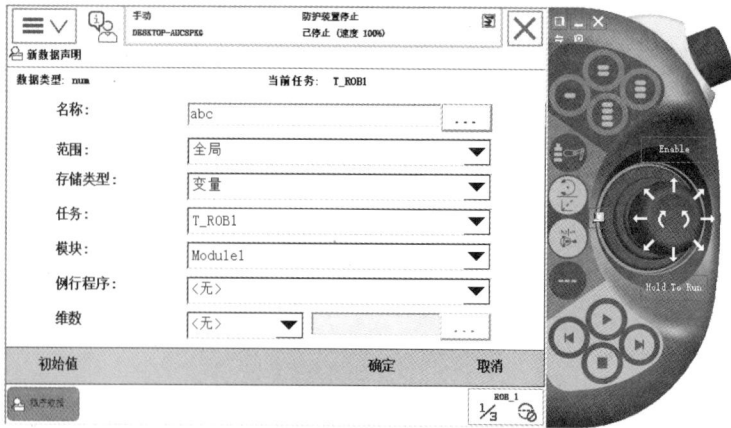

图 4-15 具体参数

第 5 步：设置初始值，点击图 4-15 所示数据参数设定界面左下角的"初始值"选项，出现图 4-16 所示界面，点击对应的"值"的位置，会出现小键盘，可以根据需要输入数据的初始值，这里输入"1"，然后点击"确定"按钮，进入图 4-17 所示界面，再点击"确定"选项，返回数据参数设定界面。

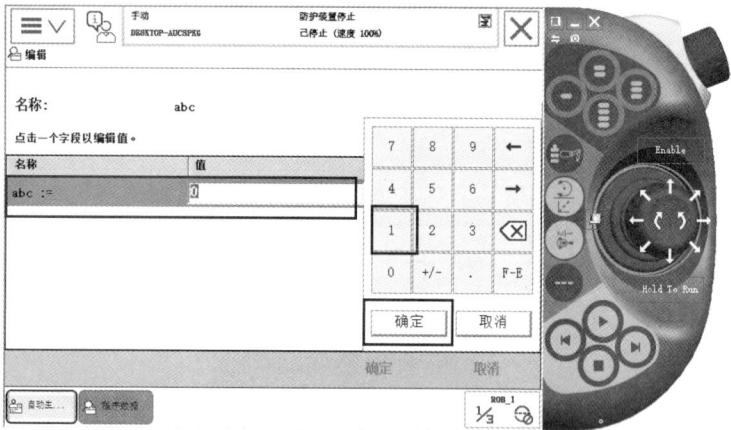

图 4-16 修改数据初始值的界面

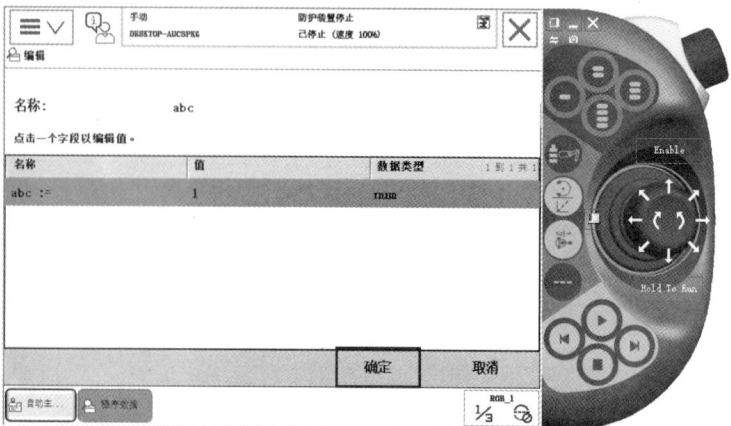

图 4-17 点击"确定"选项

第 6 步：在图 4-18 所示数据参数设定界面点击"确定"选项，完成 num 程序数据的创建。

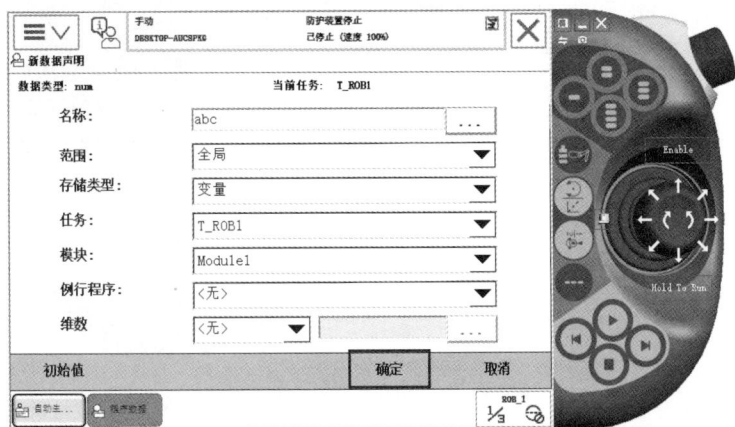

图 4-18　点击"确定"选项

第 7 步：对已创建的程序数据进行编辑。如图 4-19 所示，选中需要编辑的程序数据，点击界面中的"编辑"选项，在打开的下拉列表中选择对应的编辑操作。"删除"表示删除选中的程序数据，"更改声明"表示对选中的程序数据的名称、范围、存储类型等参数进行修改，"更改值"表示对选中的程序数据的当前值进行修改，"复制"表示复制选中的程序数据。

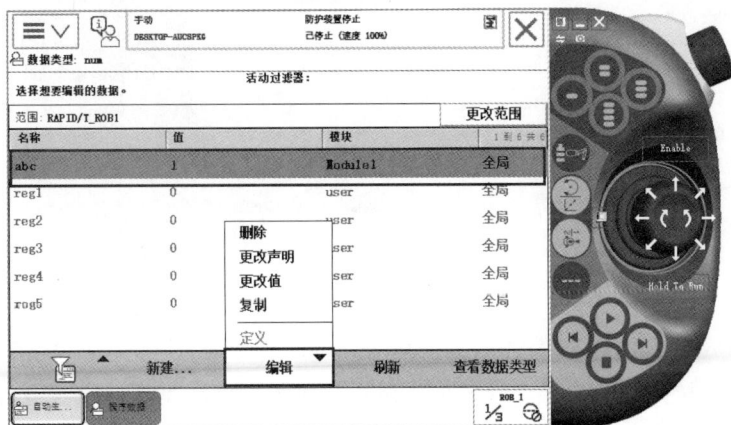

图 4-19　数据编辑界面

创建其他程序数据的方法相同，在已用数据类型或全部数据类型里选择所需要的数据类型，然后进行相关参数的设定即可。

4.1.2　程序数据赋值

对程序进行调试时，有时需要手动修改程序数据的当前值。在这里将 4.1.1 节创建的程序数据 abc 的当前值修改为 5。

第 1 步：在示教器的主菜单界面中，点击"程序数据"选项，如图 4-20 所示，进入程序数据界面。

微课

程序数据赋值

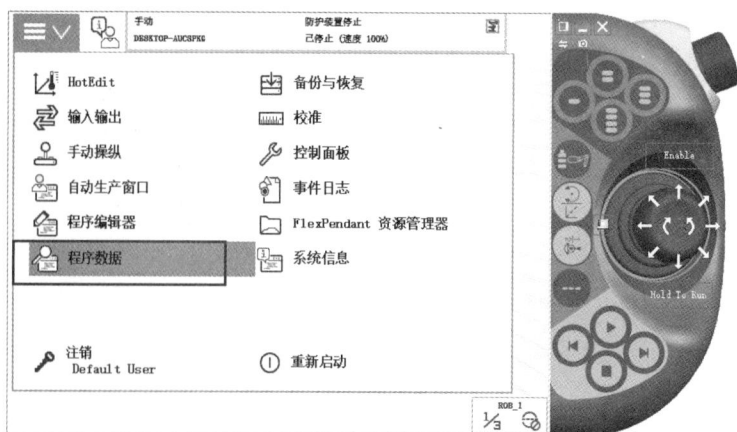

图 4-20　点击"程序数据"选项

第 2 步：如图 4-21 所示，在程序数据界面中，选择 num，然后点击界面右下方的"显示数据"选项。

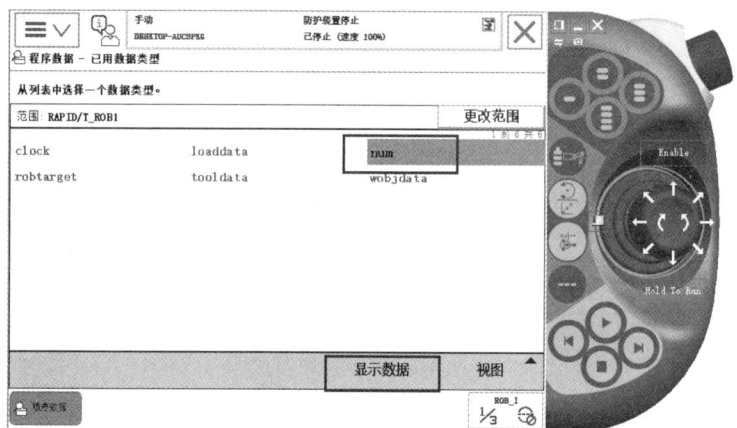

图 4-21　程序数据界面

第 3 步：进入图 4-22 所示的数据编辑界面，选中程序数据 abc，点击界面中的"编辑"选项，在打开的下拉列表中选择"更改值"选项，进入程序数据当前值更改界面。

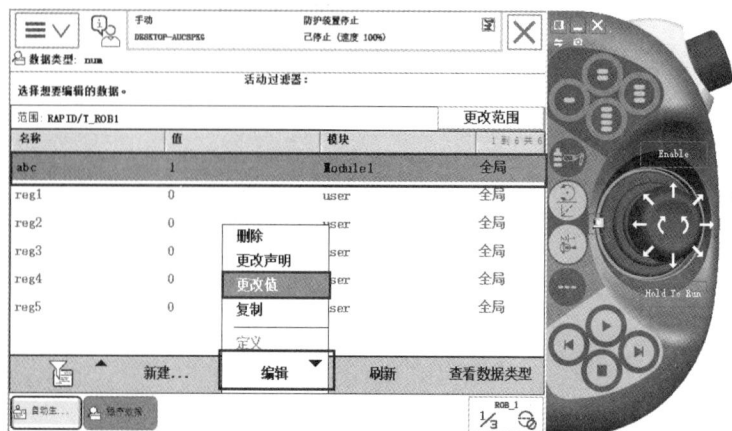

图 4-22　数据编辑界面

第 4 步：在程序数据当前值更改界面中，通过小键盘，将 abc 的当前值改为 5，点击小键盘上的"确定"按钮，再点击下方的"确定"选项，如图 4-23 所示，abc 的当前值修改完成，如图 4-24 所示。注意：这里修改的是 abc 的当前值，不是初始值，初始值需要通过"编辑"→"更改声明"→"初始值"进行修改。

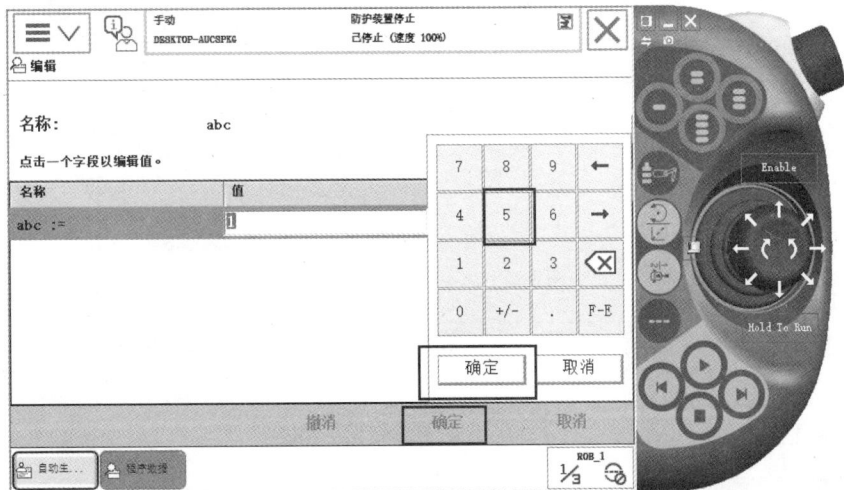

图 4-23 修改数据当前值

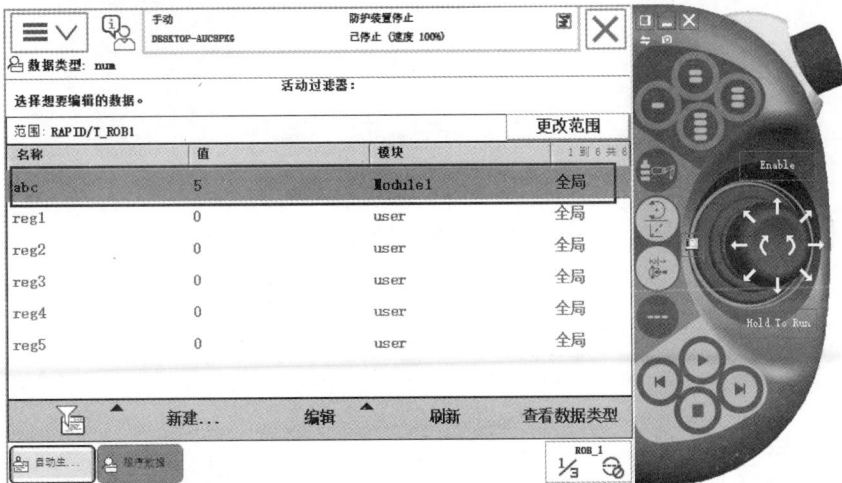

图 4-24 abc 当前值修改完成

4.1.3 程序数据查询

对程序进行编写和调试时，有时需要对系统中现有的程序数据进行查询。这里以查询系统中创建的目标点为例，它的数据类型为 robtarget。

第 1 步：在示教器的主菜单界面上，点击"程序数据"选项，如图 4-25 所示，进入程序数据界面。

第 2 步：如图 4-26 所示，在程序数据界面中，选择 robtarget，然后点击界面右下方的"显示数据"选项。

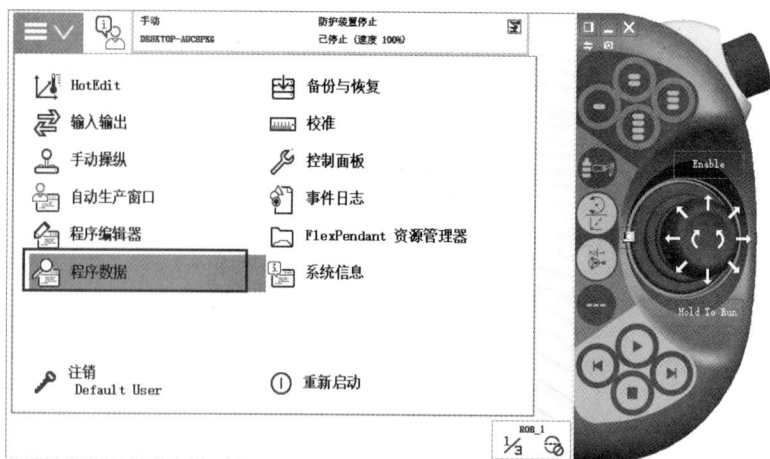

图 4-25　点击"程序数据"选项

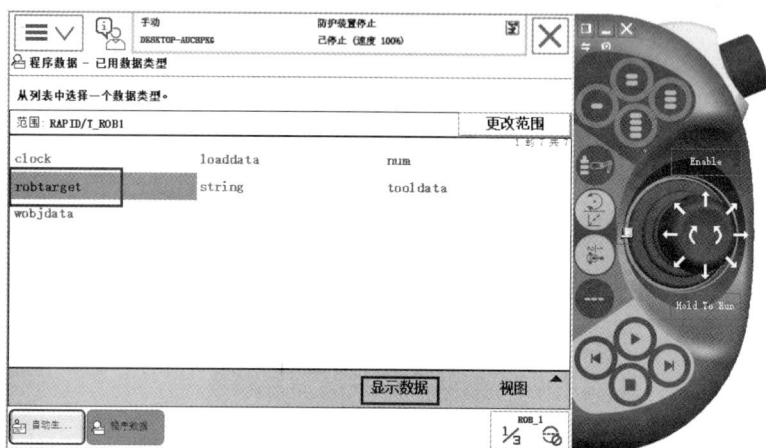

图 4-26　程序数据界面

第 3 步：进入图 4-27 所示界面，显示系统中数据类型为 robtarget 的所有程序数据。如图 4-28 所示，选择其中一个数据，如 p10，点击界面中的"编辑"选项，就可以对 p10 进行编辑，这里的"修改位置"选项表示对 p10 的位置进行重新示教。

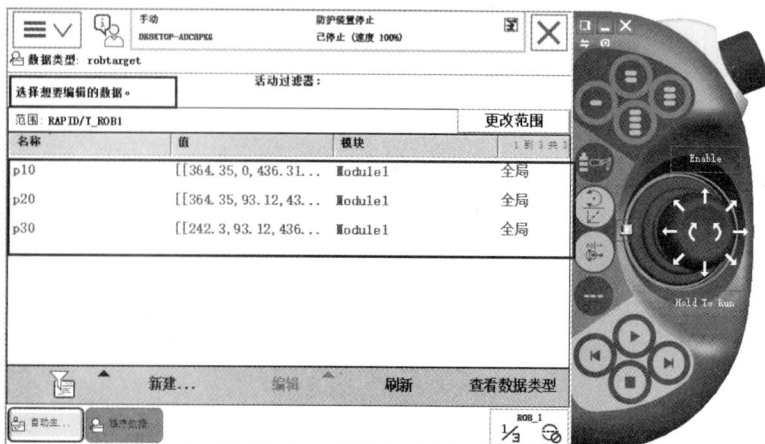

图 4-27　目标点显示界面

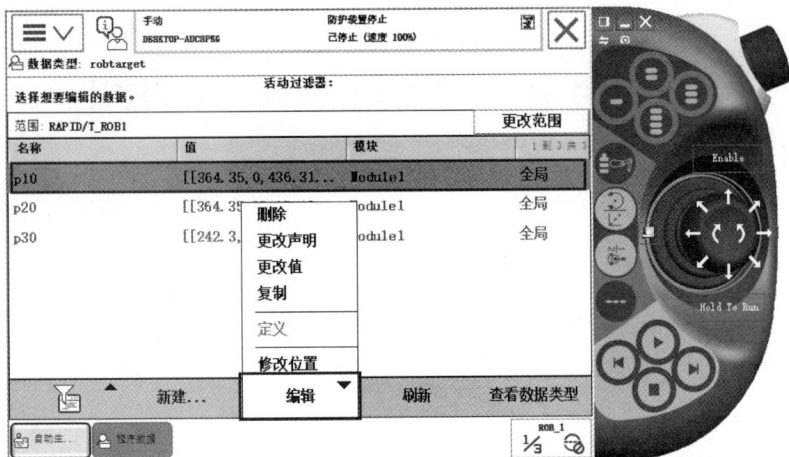

图 4-28　目标点编辑

任务考核与评价

完成不同类型的程序数据的创建、查询和编辑。考核与评价细则如表 4-4 所示。

表 4-4　　　　　　　　　　　　　考核与评价细则

姓名		学号		班级		
实操用时		成绩		教师签字		
	任务要点	评分标准			配分	得分
任务模块考核	程序数据的创建	按照要求选择正确的数据类型			10	
		按照要求命名新建的程序数据			5	
		按照要求设置正确的存储类型			10	
		按照要求设置正确的初始值			10	
		完成程序数据的创建			5	
	程序数据的查询和编辑	对系统里现有的程序数据进行查询			10	
		按照要求对程序数据的名称、存储类型等参数进行修改			5	
		按照要求对程序数据的当前值进行修改			10	
		按照要求对程序数据进行其他的编辑操作			5	
职业素养考核	安全着装	穿劳保服和绝缘鞋			3	
		工作服袖口束紧			3	
	环境清洁	保持地面及实训平台表面清洁，无线头和扎带			3	
		工具摆放整齐，且在装配桌上			3	
	素养意识	具有爱岗敬业、团队协作的意识			3	
		具备自主学习、吃苦耐劳的意识			3	
	实训报告	撰写认真、规范			12	
	总得分				100	

任务思考

查阅资料，了解 ABB 工业机器人的常用程序数据类型，以便在后期的程序编写中进行合理的运用。

|任务 4.2　创建工业机器人程序 |

任务描述

　　要完成企业指定的绘图和零件搬运任务，在建立工具坐标系和工件坐标系后，还必须运用程序数据、指令、函数等编写控制程序，以控制机器人按要求完成相关动作。为了便于对编写的控制程序进行管理，按照 ABB 工业机器人的程序架构，需先建立 RAPID 程序模块。

　　为了完成本次任务，我们需要掌握 ABB 工业机器人的程序架构、常用赋值指令、常用 I/O 控制指令、常用运动指令等的功能和用法；能够新建程序模块，并在程序模块中新建例行程序，会新建各种类型的程序数据并用赋值指令为其赋值，会使用 I/O 控制指令控制机器人信号的输入输出，会运用不同的运动指令编写机器人运动程序。

任务目标

知识目标

（1）掌握 ABB 工业机器人的编程语言与程序架构。

（2）掌握 ABB 工业机器人常用赋值指令的功能和用法。

（3）掌握 ABB 工业机器人常用 I/O 控制指令的功能和用法。

（4）掌握 ABB 工业机器人常用运动指令的功能和用法。

能力目标

（1）会创建程序模块和例行程序。

（2）会用赋值指令为程序数据赋值。

（3）能够根据不同类型的机器人信号选用合适的 I/O 控制指令。

（4）能够合理选用不同的运动指令编写机器人运动程序。

（5）能够通过更改运动指令的参数实现轨迹逼近。

素质目标

（1）培养学生热爱科学、刻苦钻研的精神。

（2）通过编写程序，培养学生严谨、细致、精益求精的工匠精神。

思维导图

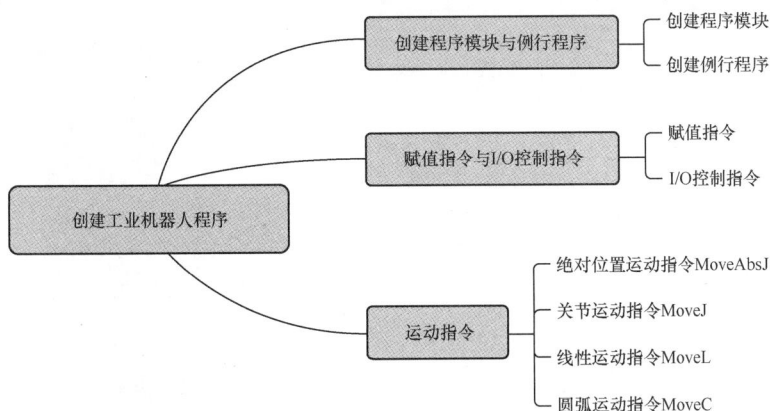

相关知识

知识点 1：程序模块和例行程序

ABB 工业机器人的 RAPID 程序由系统模块和程序模块组成，每个模块中都可以建立多个例行程序。一般情况下，只能通过新建程序模块来构建机器人的例行程序。为了方便程序的编写、管理及排错，通常根据不同的用途创建不同的程序模块，以便于归类管理。

（1）在 RAPID 程序中，只有一个主程序 main，它可以放在任意一个程序模块中，它是执行整个程序的起点。

（2）一个程序模块中通常包含程序数据、指令、程序和函数 4 种类型的对象。

知识点 2：赋值指令与 I/O 控制指令

（1）赋值指令:=用于对程序中的数据进行赋值，它可以将常量赋值给程序数据，也可以将数学表达式赋值给程序数据。

（2）ABB 工业机器人常用的 I/O 控制指令主要用于控制机器人信号的输入输出，以实现机器人系统与机器人外围设备进行通信。例如，通过控制某个输出信号的有无，实现机器人周边相应开关的开启和关闭，以实现夹爪的夹紧和张开；通过输入指令实现将传感器信号输入机器人系统，供机器人判断和选择下一步动作。

知识点 3：运动指令

运动指令即通过建立示教点指示机器人按一定轨迹运动的指令。ABB 工业机器人在空间中的运动方式主要有绝对位置运动、关节运动、线性运动和圆弧运动 4 种，一种运动方式对应一条运动指令，它们分别是 MoveAbsJ、MoveJ、MoveL、MoveC。

微课

创建程序模块与例行程序

4.2.1　创建程序模块与例行程序

第 1 步：在示教器主菜单界面中点击"程序编辑器"选项，如图 4-29

所示，进入程序编辑界面。

图4-29　点击"程序编辑器"选项

第2步：在程序编辑界面中点击"模块"选项，如图4-30所示。

图4-30　点击"模块"选项

第3步：在打开的模块界面中点击左下角的"文件"选项，如图4-31所示。

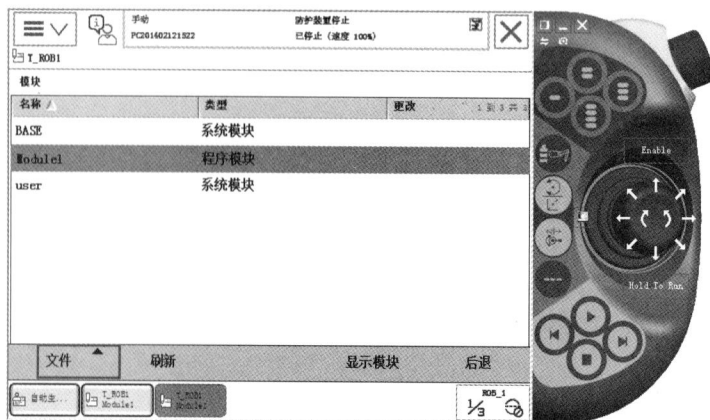

图4-31　点击"文件"选项

第4步：在打开的"文件"下拉列表中选择"新建模块"选项，如图4-32所示。

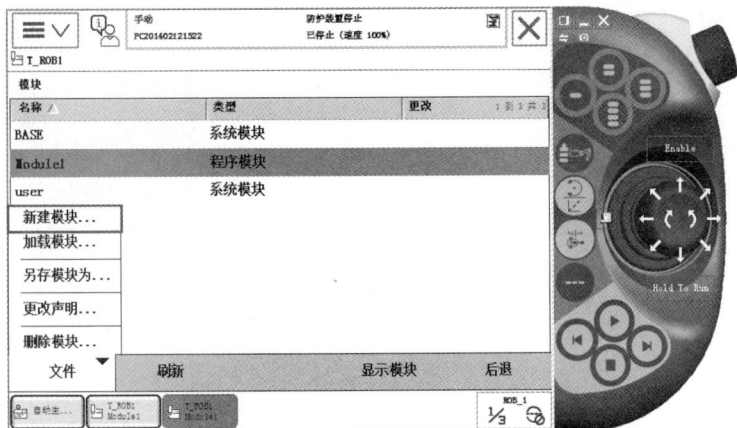

图 4-32　选择"新建模块"选项

第 5 步：在弹出的关于丢失程序指针的对话框中点击"是"按钮，如图 4-33 所示。

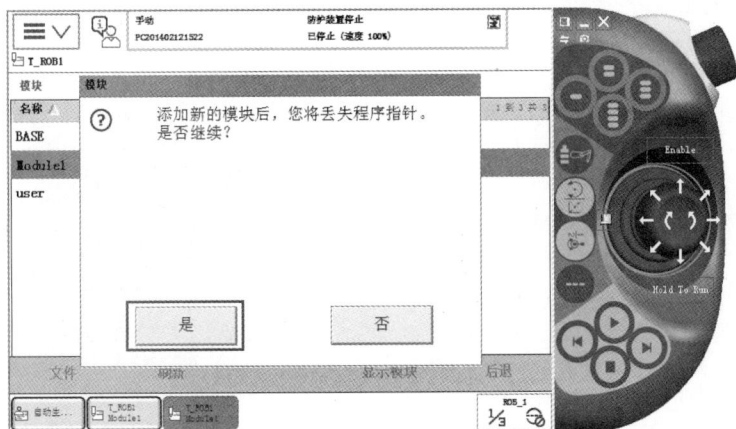

图 4-33　点击"是"按钮

第 6 步：在创建新模块界面中点击"ABC"按钮可对模块名称进行修改，通过点击▼按钮对模块类型进行修改，如图 4-34 所示，系统默认的模块类型是 Program。设置完成后点击"确定"选项完成模块的建立。

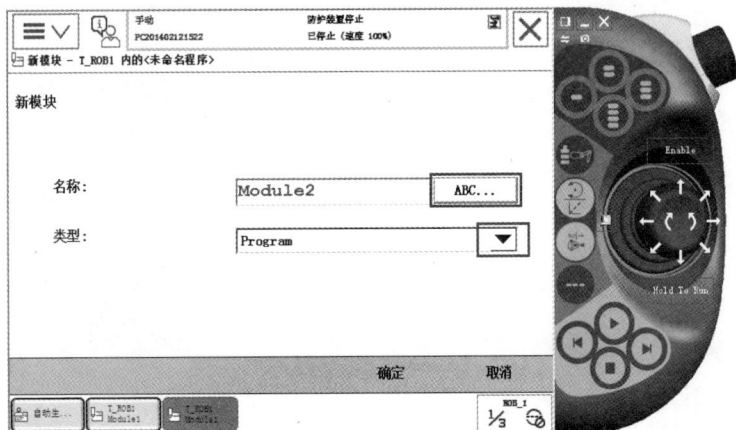

图 4-34　修改模块名称和类型

第 7 步：在模块界面中选择新建的程序模块并点击"显示模块"选项，如图 4-35 所示。

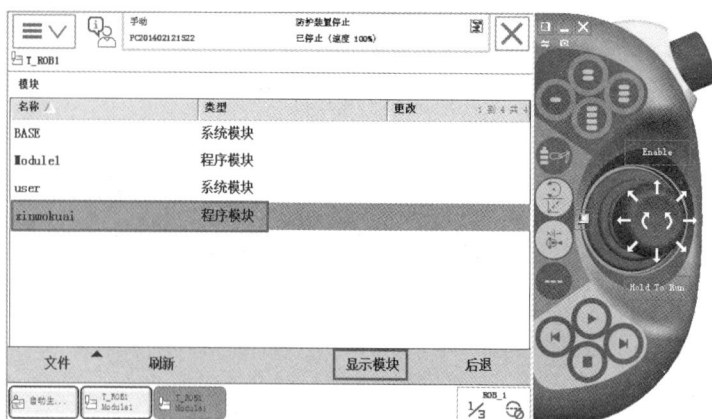

图 4-35　选择相应模块并点击"显示模块"选项

第 8 步：在模块显示界面中可看到该模块中的例行程序情况，点击"例行程序"选项，准备进行例行程序的新建，如图 4-36 所示。

图 4-36　点击"例行程序"选项

第 9 步：在弹出的界面中点击"文件"选项，如图 4-37 所示。

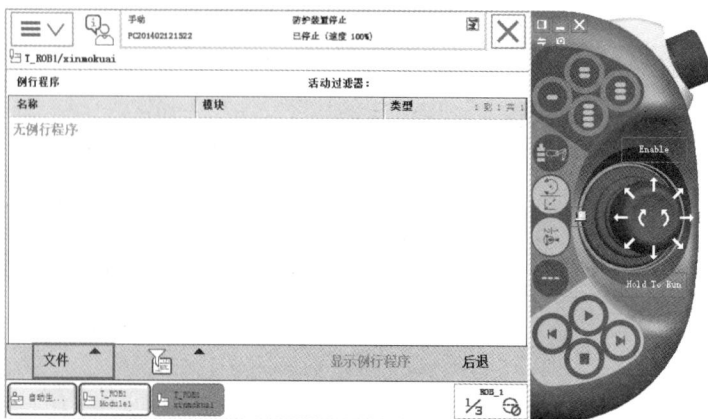

图 4-37　点击"文件"选项

第 10 步：在"文件"下拉列表中选择"新建例行程序"选项，进行例行程序的新建，如图 4-38 所示。

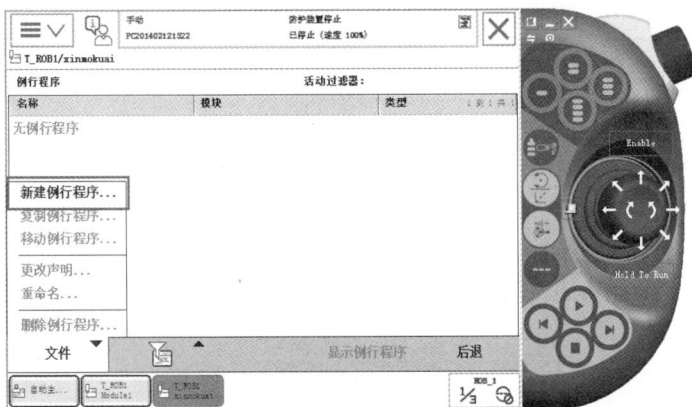

图 4-38　选择"新建例行程序"选项

第 11 步：点击"ABC"按钮进行程序名称的修改，如图 4-39 所示。注意：程序名称不能用系统保留字段。

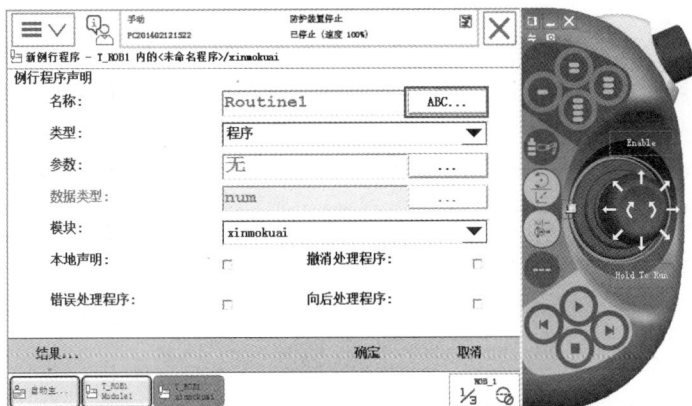

图 4-39　修改程序名称

第 12 步：点击"类型"选项右侧的▼按钮进行程序类型的修改，如图 4-40 所示。

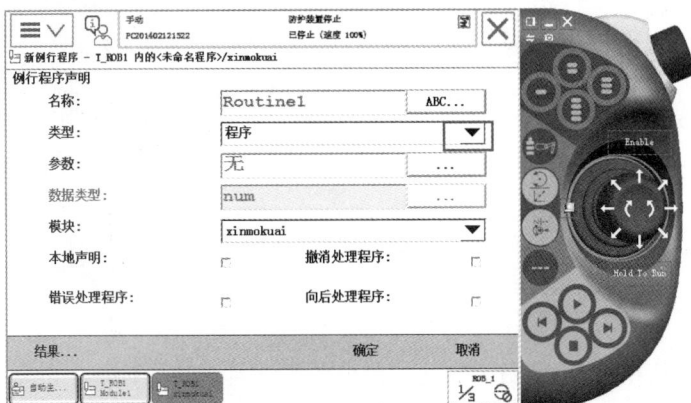

图 4-40　修改程序类型

第 13 步：在例行程序界面中选择对应的例行程序，点击"显示例行程序"选项，如图 4-41 所示，即可进行程序的编辑。

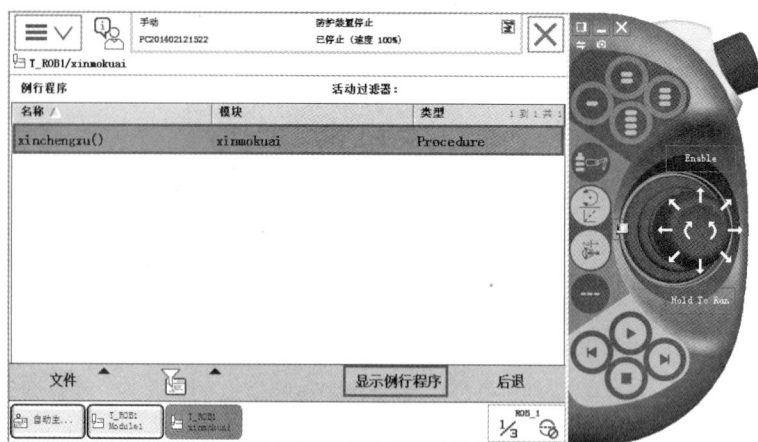

图 4-41 例行程序新建完成效果

4.2.2 赋值指令与 I/O 控制指令

1．赋值指令

ABB 工业机器人赋值指令:=用于对程序中的数据进行赋值，赋值的方式可以是将常量赋值给程序数据，也可以是将数学表达式赋值给程序数据，常用的常量赋值方法如图 4-42 所示。

（1）常量赋值：reg1:=8。

（2）数学表达式赋值：reg2:= reg1+5。

进行数据赋值时，变量与值的数据类型必须一致。程序正在运行时，不允许对常量数据进行修改和赋值。

微课

赋值指令与 I/O
控制指令

图 4-42 常用的常量赋值方法

也可以通过赋值指令，运用数学表达式赋值的方法实现数学计算中的基础运算，如图 4-43 所示。

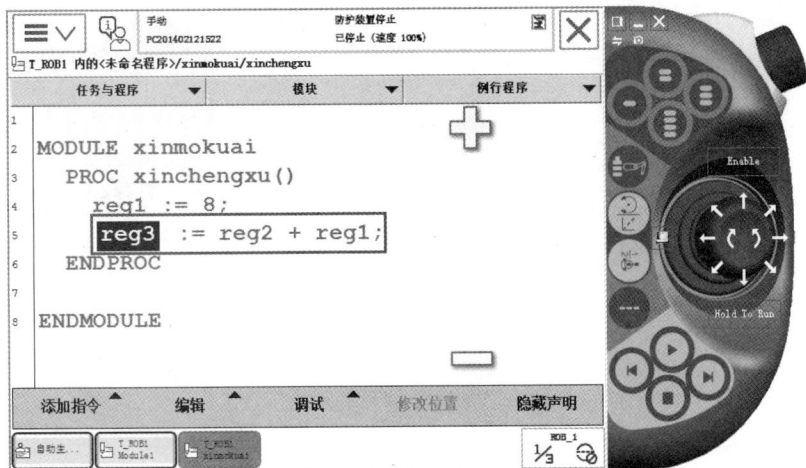

图 4-43　数学表达式赋值

该程序段执行将变量 reg1 与变量 reg2 的值相加后赋给变量 reg3 的操作。

2. I/O 控制指令

ABB 工业机器人常用的 I/O 控制指令主要用于控制机器人信号的输入输出，以实现机器人系统与机器人外围设备进行通信。

（1）Set 指令

Set 指令用于将 DO 信号置位为 1。

如图 4-44 所示，将 DO 信号 shuzishuchu1 置位为 1。

图 4-44　DO 信号的置位

（2）Reset 指令

Reset 指令用于将 DO 信号复位为 0。

如图 4-45 所示，将信号 shuzishuchu1 复位为 0。

（3）SetGO 指令

SetGO 指令用于改变数字 GO 信号的值。

如图 4-46 所示，将数字 GO 信号 shuzizushuchu 的值设置为 24。

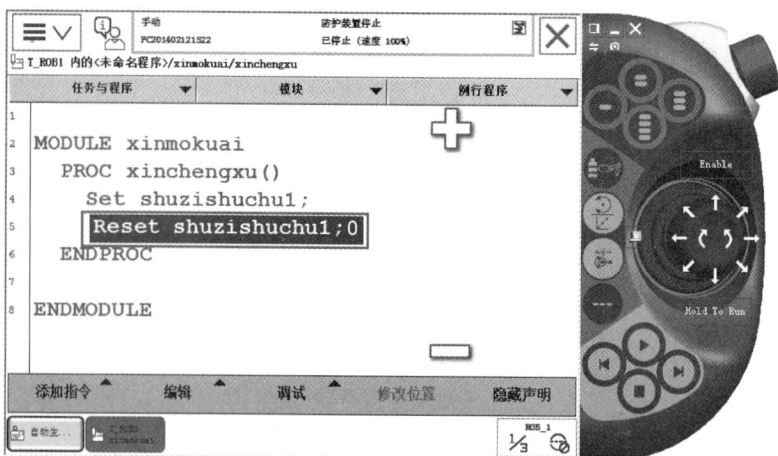

图 4-45　DO 信号的复位

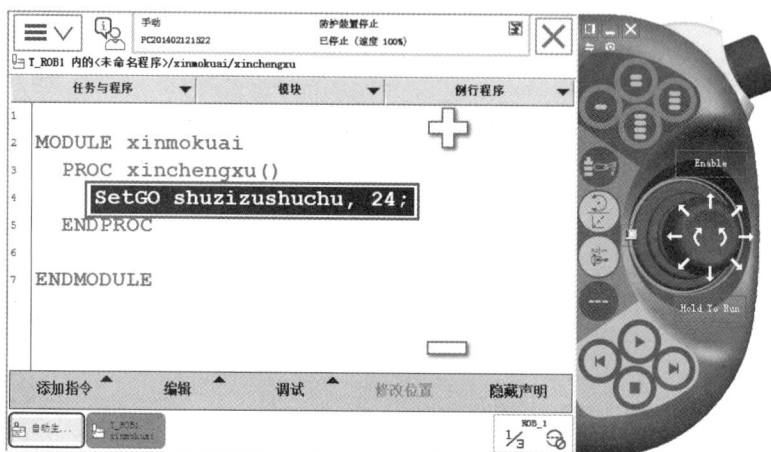

图 4-46　数字 GO 信号的赋值

（4）SetDO 指令

SetDO 指令用于改变 DO 信号的值。

如图 4-47 所示，将 DO 信号 shuzishuchu1 的值设置为 1。

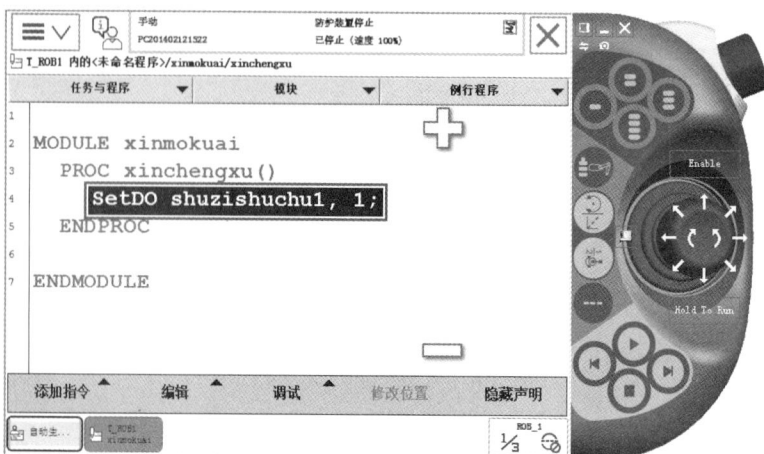

图 4-47　DO 信号的赋值

（5）SetAO 指令

SetAO 指令用于改变 AO 信号的值。

（6）WaitAI 指令

WaitAI 指令用于等待，直到相应 AI 信号的值出现。

（7）WaitDI 指令

WaitDI 指令用于等待，直到相应 DI 信号的值出现。

如图 4-48 所示，直到 DI 信号 shuzishuru1 的值为 1，才执行后续程序。

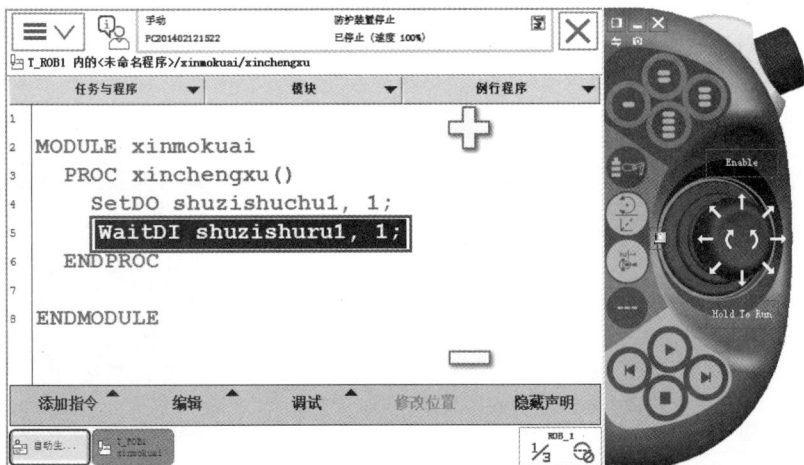

图 4-48　等待 DI 信号

（8）WaitGI 指令

WaitGI 指令用于等待，直到相应数字 GI 信号的值出现。

如图 4-49 所示，直到数字 GI 信号 shuzizushuru 的值为 48，才执行后续程序。

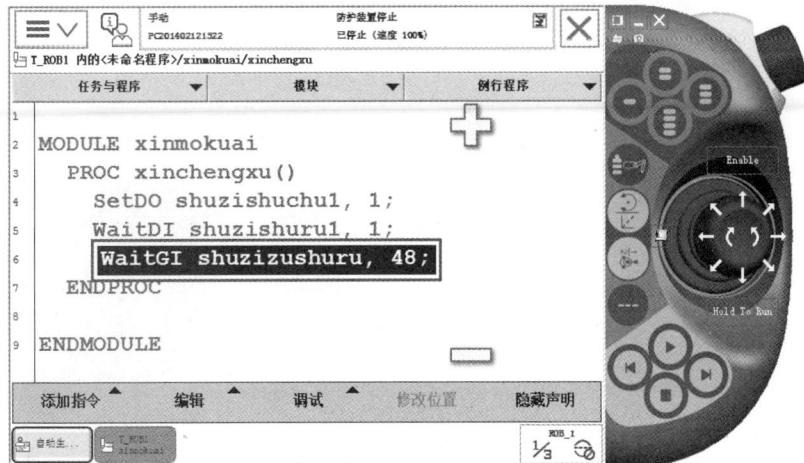

图 4-49　等待数字 GI 信号

4.2.3　运动指令

ABB 工业机器人在空间中的运动方式主要有绝对位置运动、关节运动、线性运动和圆弧运动 4 种，一种运动方式对应一条运动指令。

1．绝对位置运动指令 MoveAbsJ

绝对位置运动指令 MoveAbsJ 指示机器人使用关节轴与外轴的角度值进行运动和定义目标位置数据，它常用于让机器人回到机械原点位置或 Home 点。

第 1 步：设置好 jointtarget 类型点 home 的所有关节轴（若有外轴，则包括外轴）的角度值，如图 4-50 所示。

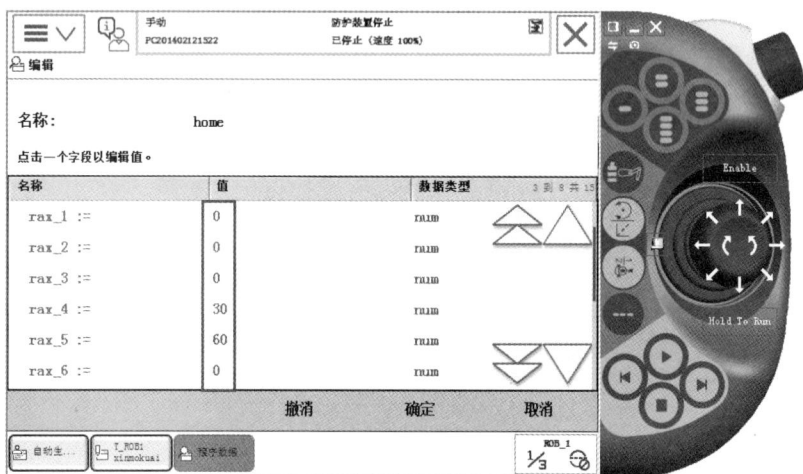

图 4-50　设置各关节轴的角度值

第 2 步：在程序编辑窗口中点击"添加指令"选项，再选择要添加的指令 MoveAbsJ，如图 4-51 所示，在程序中添加运动指令 MoveAbsJ，MoveAbsJ 指令的各参数字段如图 4-52 所示。

图 4-51　添加运动指令 MoveAbsJ

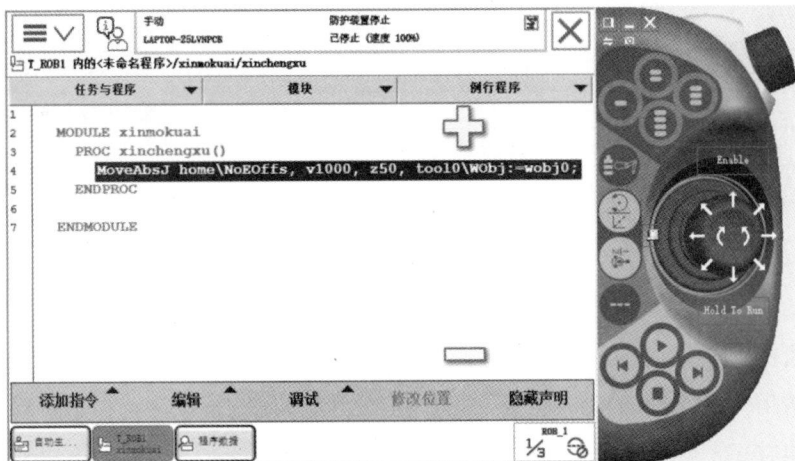

图 4-52 MoveAbsJ 指令的各参数字段

第 3 步：在进行程序语句的编写时，选择相应的参数后，即可对参数值进行编辑和修改，如图 4-53 和图 4-54 所示。MoveAbsJ 指令各参数的解析如表 4-5 所示。

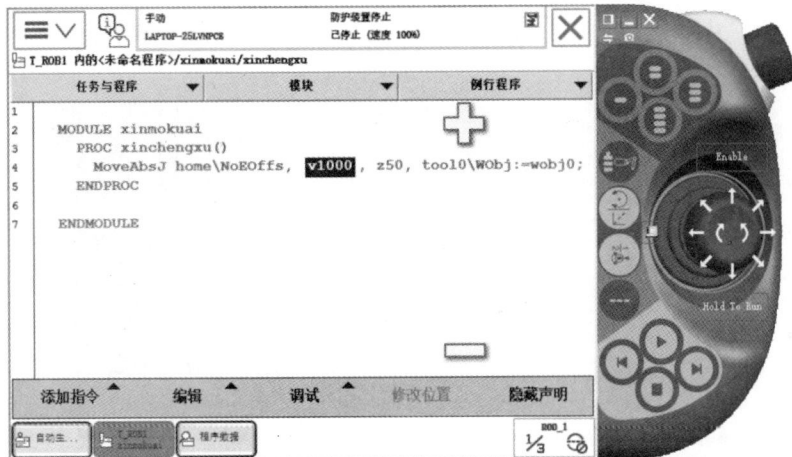

图 4-53 选择相应的参数

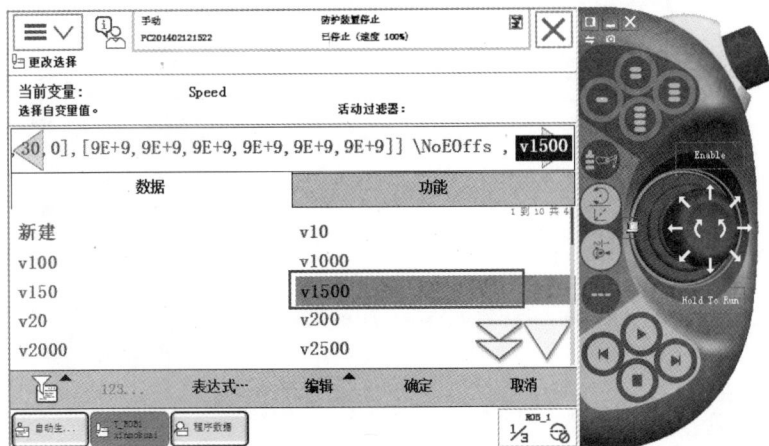

图 4-54 编辑和修改参数值

表 4-5   MoveAbsJ 指令各参数的解析

参数	定义	操作说明
*	目标点位置数据	定义机器人的运动目标
\NoEOffs	外轴不带偏移数据	
v1000	运动速度数据，表示 1000 mm/s	定义机器人运动速度（mm/s）
z50	转弯区数据，它的值越大，机器人的动作越流畅	定义转弯区的大小
tool0	工具坐标数据	使用系统默认的工具坐标系
wobj0	工件坐标数据	使用系统默认的工件坐标系

2．关节运动指令 MoveJ

关节运动指令 MoveJ 是在对机器人路径精度要求不高的情况下，指示机器人 TCP 从一个位置移动到另一个位置的指令，移动过程中机器人运动姿态不完全可控，但运动路径保持不变。

MoveJ 指令适合在机器人需要大范围运动时使用，不易在运动过程中发生关节轴进入奇异点的问题。

第 1 步：在程序编辑窗口中点击"添加指令"选项，再选择要添加的指令 MoveJ，如图 4-55 所示，在程序中添加运动指令 MoveJ，MoveJ 指令的各参数字段如图 4-56 所示。

图 4-55   添加运动指令 MoveJ

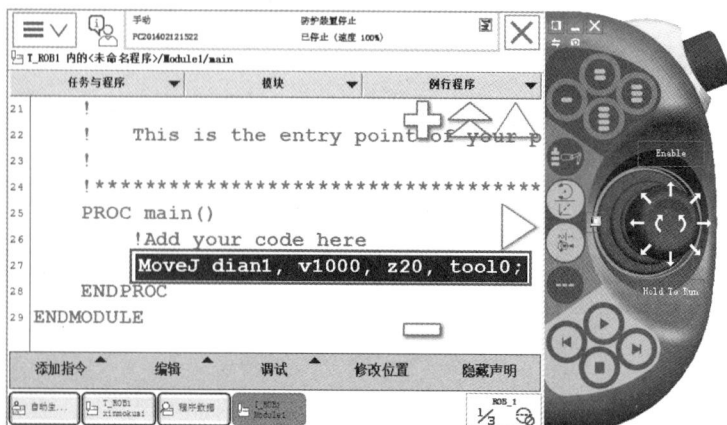

图 4-56   MoveJ 指令的各参数字段

第 2 步：在进行程序语句的编写时，选择相应的参数后，即可对参数值进行编辑和修改，如图 4-57 和图 4-58 所示，MoveJ 指令各参数的解析如表 4-6 所示。

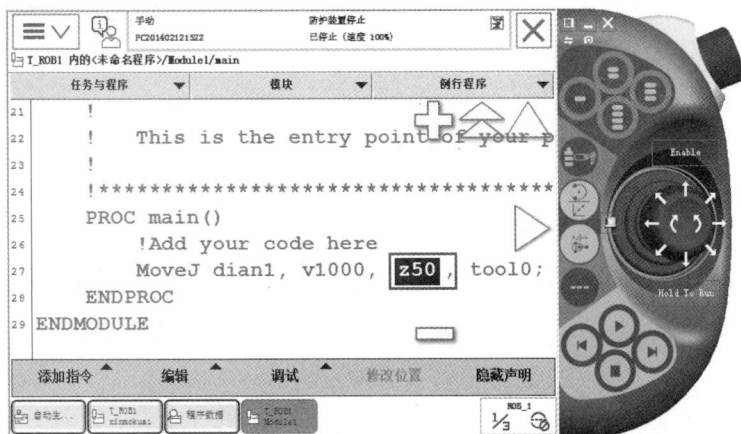

图 4-57　选择相应参数

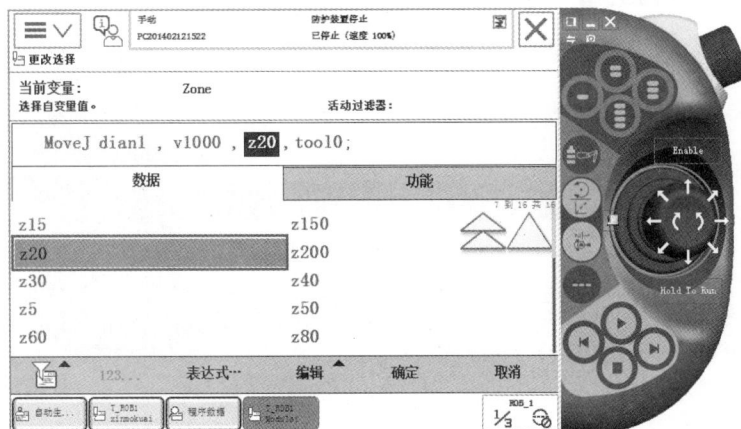

图 4-58　编辑和修改参数值

表 4-6　　　　　　　　　　　　　MoveJ 指令各参数的解析

参数	定义	操作说明
dian1	目标点位置数据	定义机器人的运动目标
v1000	运动速度数据，表示 1000 mm/s	定义机器人运动速度（mm/s）
z50	转弯区数据，它的值越大，机器人的动作越流畅	定义转弯区的大小
tool0	工具坐标系数据	使用系统默认的工具坐标系

3. 线性运动指令 MoveL

线性运动指令 MoveL 指示机器人的 TCP 从起点始终保持以直线运动的方式运动到终点。在此运动指令下，机器人运动状态可控、运动路径保持不变。它一般用于对路径要求较高的场合，如涂胶、焊接等。

第 1 步：在程序编辑窗口中点击"添加指令"选项，再选择要添加的指令 MoveL，如图 4-59 所示，在程序中添加运动指令 MoveL，MoveL 指令的各参数字段如图 4-60 所示。

图 4-59　添加运动指令 MoveL

图 4-60　MoveL 指令的各参数字段

　　第 2 步：在进行程序语句的编写时，选择相应的参数后，即可对参数值进行编辑和修改，如图 4-61 和图 4-62 所示，MoveL 指令各参数的解析如表 4-7 所示。

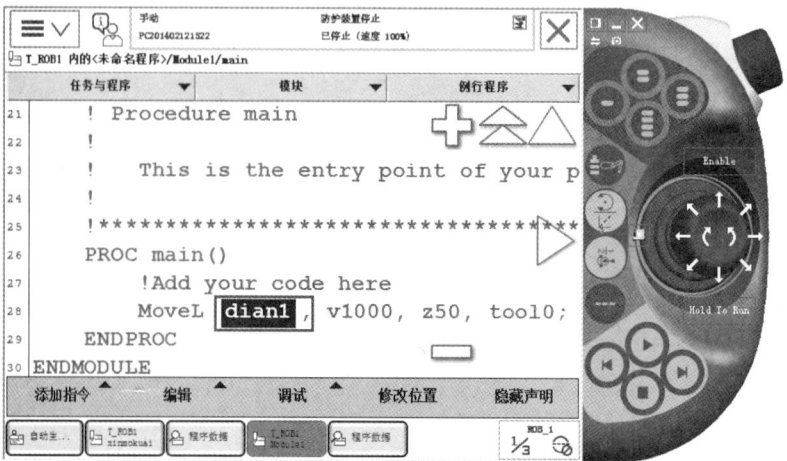

图 4-61　选择相应参数

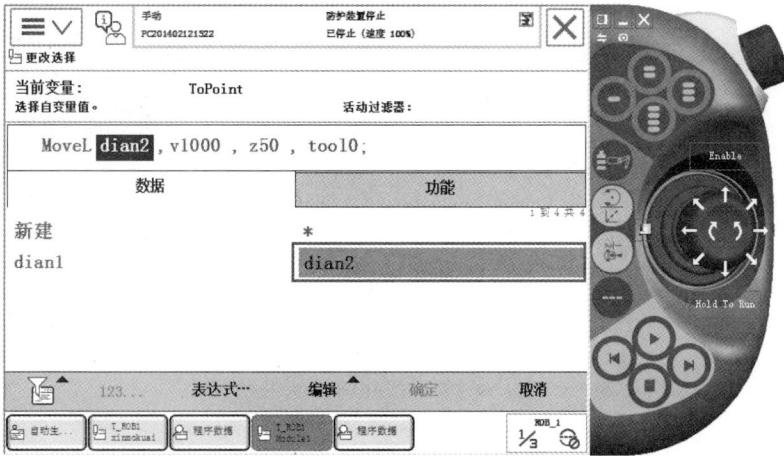

图 4-62　编辑和修改参数值

表 4-7　　　　　　　　　　　　　　MoveL 指令各参数的解析

参数	定义	操作说明
dian1	目标点位置数据	定义机器人的运动目标
v1000	运动速度数据，表示 1000 mm/s	定义机器人运动速度（mm/s）
z50	转弯区数据，它的值越大，机器人的动作越流畅	定义转弯区的大小
tool0	工具坐标系数据	使用系统默认的工具坐标系

4．圆弧运动指令 MoveC

圆弧运动指令 MoveC 指示机器人的 TCP 在可到达的范围内定义 3 个位置点，实现圆弧路径运动。在该指令定义的位置点中，第一个点（机器人 TCP 在上一条运动指令中的目标位置）是圆弧的起点，第二个点（MoveC 指令中的第一个点）是圆弧的中间点，用来确定圆弧的曲率半径，第三个点（MoveC 指令中的第二个点）是圆弧的终点。

需要特别注意的是：一个整圆路径的运动不可能仅通过一条 MoveC 指令完成。

第 1 步：在程序编辑窗口中点击"添加指令"选项，再选择要添加的指令 MoveC，如图 4-63 所示，在程序中添加运动指令 MoveC，MoveC 指令的各参数字段如图 4-64 所示。

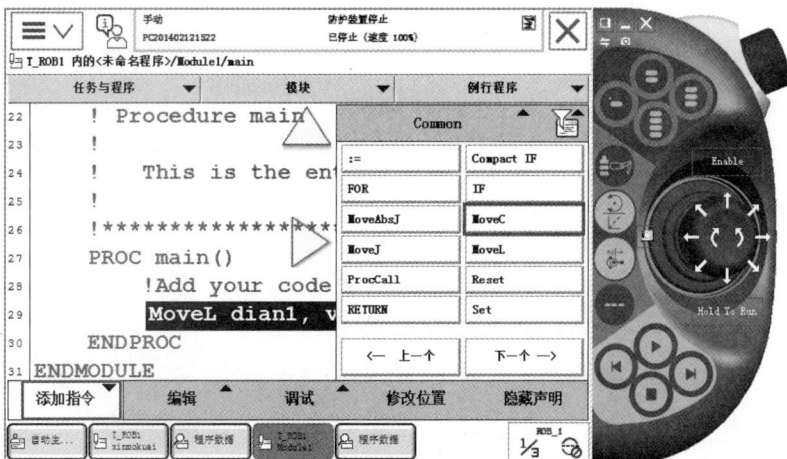

图 4-63　添加运动指令 MoveC

图 4-64　MoveC 指令的各参数字段

第 2 步：在进行程序语句的编写时，选择相应的参数后，即可对参数值进行编辑和修改，如图 4-65 和图 4-66 所示，MoveC 指令各参数的解析如表 4-8 所示。

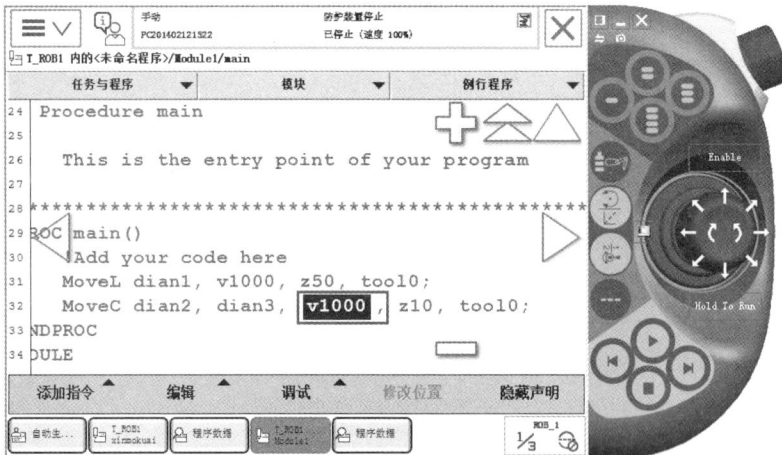

图 4-65　选择相应参数

图 4-66　编辑和修改参数值

表 4-8 MoveC 指令各参数的解析

参数	定义	操作说明
dian1	目标点位置数据	定义圆弧的起点
dian2	第二个点	定义圆弧的曲率半径
dian3	第三个点	定义圆弧的终点
v1000	运动速度数据，表示 1000 mm/s	定义机器人运动速度（mm/s）
z10	转弯区数据，它的值越大，机器人的动作越流畅	定义转弯区的大小
tool0	工具坐标系数据	使用系统默认的工具坐标系

任务考核与评价

用爪夹将 A 地的垛块搬运到 B 地并放置，每次只能搬运一块，需要新建程序模块和例行程序，用赋值指令给变量赋值，用 I/O 控制指令控制爪夹的夹紧和松开，用运动指令控制机器人按照不同的方式运动等。考核与评价细则如表 4-9 所示。

表 4-9 考核与评价细则

姓名		学号		班级		
实操用时		成绩		教师签字		
	任务要点		评分标准		配分	得分
任务模块考核	新建程序模块和例行程序		按要求给新建的程序模块命名		5	
			选择新建的程序模块的类型		5	
			按要求给程序模块中新建的例行程序命名		5	
			选择新建例行程序的类型		5	
			设置例行程序的参数		5	
	程序数据的定义和赋值		按要求用赋值指令:=将常量、数学表达式等赋值给程序数据		10	
			按要求用数字信号置位指令 Set、数字信号复位指令 Reset 为爪夹控制信号赋值		10	
			按要求用 WaitDI 指令控制程序，直到传感器信号输入值为 1 才继续执行		5	
	控制机器人移动的程序的编写		按要求用绝对位置运动指令 MoveAbsJ 控制机器人回到机械原点位置		5	
			按要求用关节运动指令 MoveJ 控制机器人的 TCP 大范围运动		5	
			按要求用线性运动指令 MoveL 控制机器人的 TCP 从起点始终保持以直线运动的方式运动到终点		5	
			按要求用圆弧运动指令 MoveC 控制机器人的 TCP 到达一定范围内的 3 个位置点，实现圆弧路径运动		5	
职业素养考核	安全着装		穿劳保服和绝缘鞋		3	
			工作服袖口束紧		3	
	环境清洁		保持地面及实训平台表面清洁，无线头和扎带		3	
			工具摆放整齐，且在装配桌上		3	
	素养意识		具备爱岗敬业、团队协作的意识		3	
			具备自主学习、吃苦耐劳的意识		3	
	实训报告		撰写认真、规范		12	
总得分					100	

任务思考

创建工业机器人程序，利用运动指令完成对涂胶板上涂胶轨迹的编程。

| 项目总结 |

工业机器人基础编程一般指使用特定的机器人语言编写程序，描述机器人的运动轨迹及控制逻辑顺序。本项目围绕工业机器人的基础编程任务展开，任务 4.1 主要讲解程序数据的基本概念、程序数据的分类、程序数据的存储类型、程序数据创建、程序数据赋值、程序数据查询等理论知识和实践技能。

任务 4.2 主要讲解如何创建工业机器人程序，主要包含 ABB 工业机器人编程语言和程序架构、ABB 工业机器人赋值指令的功能和用法、ABB 工业机器人 I/O 控制指令的功能和用法、ABB 工业机器人运动指令的功能和用法等。

通过对本项目的学习，学生能够掌握程序数据和与工业机器人程序相关的理论知识，掌握程序数据创建、赋值、查询的方法，掌握程序模块、例行程序的创建方法，掌握常用赋值指令、常用 I/O 控制指令和常用运动指令的使用方法。

实践过程中，学生既要胸怀技能报国的爱国热忱，勇挑重担，也要培养时间管理、协调沟通、团队合作的综合素养，同时需掌握查阅资料、解决问题的实践方法，更要以注重细节、追求完美的工匠精神为准则。

| 思考与练习 |

一、填空题

1．程序数据的存储类型可以分为 3 类，分别为＿＿＿＿＿＿、＿＿＿＿＿＿和＿＿＿＿＿＿。

2．在定义程序数据时，所有＿＿＿＿＿＿量必须被赋予一个相应的初始值。

3．在新建程序数据时，可在数据参数设定界面中设定数据可使用的范围，有＿＿＿＿＿、＿＿＿＿＿＿和＿＿＿＿＿＿3 个选择，其中＿＿＿＿＿＿表示数据可以应用在所有的模块中。

4．工业机器人在空间中的运动方式主要有＿＿＿＿＿＿＿、＿＿＿＿＿＿＿、＿＿＿＿＿和＿＿＿＿＿＿＿4 种，一种运动方式对应一条运动指令，分别为＿＿＿＿＿＿＿、＿＿＿＿＿＿＿、＿＿＿＿＿＿和＿＿＿＿＿＿。

二、判断题

1．MoveAbsJ 指令常用于让机器人回到机械原点位置或 Home 点。　　　　　　（　　）

2．reg2:=reg1+17，这样的赋值方式称为常量赋值。　　　　　　　　　　　（　　）

3．线性运动指令 MoveL 所设定的运动不一定沿直线运动到终点。　　　　　（　　）

4．使机械臂沿直线移动的指令是 MoveAbsJ。　　　　　　　　　　　　　　（　　）

5．指令 MoveL p10, v1000, fine, tool0; 设定的运动速度较快，因此不能使机器人末端执行器到达目标位置。　　　　　　　　　　　　　　　　　　　　　　　　　（　　）

|任务 5.1　工业机器人的日常维护保养|

任务描述

　　某企业计划新建一条以工业机器人为核心的数智化生产线，该生产线包括多种型号的工业机器人。为确保设备长期、稳定运行，现需制订一套满足实际生产现场需求的维护保养计划。该计划将可集成到企业 MES（制造执行系统）中，以便实现全面管理和监控。因此，本任务将重点讲解工业机器人的日常维护保养，希望学生能够掌握必要的维护保养技巧，确保机器人能正常运行，并提高生产效率。

任务目标

知识目标

　　（1）掌握工业机器人的基本结构，包括传感器、执行器、控制系统等组成部分。

　　（2）熟悉工业机器人的保养和维护计划，了解维护和保养的重要性以及相关操作步骤。

能力目标

　　（1）能够进行工业机器人的日常巡检，包括检查传感器、执行器、电缆等部件的状态是否正常。

　　（2）能够进行机器人的润滑和清洁操作，确保机器人各部件正常运行。

素质目标

　　（1）具备安全意识和责任心，自觉遵守相关的安全规范和操作流程，保障自身和他人的安全。

　　（2）具备团队合作和沟通能力，能够与他人有效合作，共同完成机器人的维护和保养任务。

思维导图

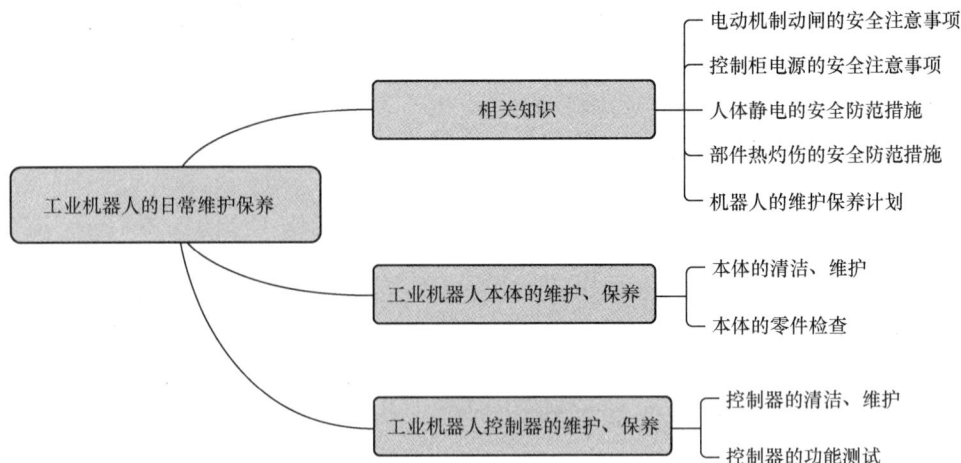

相关知识

知识点 1：电动机制动闸的安全注意事项

工业机器人的电动机制动闸用于在本体处于非运行状态时对轴电动机进行制动。工业机器人本体一般较重，每个轴电动机都单独配置有制动闸，部分小型工业机器人的所有轴电动机共用一个制动闸。

如果制动闸出现未连接、连接错误、部件损坏或其他故障，导致制动闸无法使用，不仅会危及操作人员安全，还可能造成机器人本体损坏。

在对机器人本体进行操作或维护前，应检查所有轴电动机的制动闸性能是否正常，若有问题，应马上停止使用并及时检修。若需对送闸按钮进行测试，必须提前做好本体防跌落保护措施，对于小型机器人可以用手托住机械臂，其他机器人则需配备辅助吊装工具，并由专业人员进行操作。

知识点 2：控制柜电源的安全注意事项

即使在工业机器人控制柜主电源被关闭的情况下，控制柜内部的部分器件仍然是带电的，如果操作不当将造成人身伤害。因此在检修控制器之前，不但要关闭控制柜的主开关，还要关闭控制柜上一级电源的断路器，最后使用万用表测量各个裸露的端子，以确保所有端子之间没有带电。

知识点 3：人体静电的安全防范措施

在日常生活和工作中，未接地的人员可能会积累并传导大量的静电荷。这时如果进行工业机器人本体与控制器的检修工作，就会导致人体与电器元件发生静电放电，从而使电器元件受到损坏。

通常在进行机器人及控制器检修前需要先消除身上的静电，可以用手接触触摸式静电消除器消除人体静电，然后佩戴控制柜上的静电手环进行检修。

知识点 4：部件热灼伤的安全防范措施

工业机器人在正常运行过程中许多部件会发热，在环境温度高、机器人作业时间长的情况下，驱动电动机和齿轮箱部位会产生高温，人体直接触摸可能会造成热灼伤风险。在控制柜中，驱动部件的温度也可能较高。在检修时，应当使用温度检测工具，确认无热灼伤风险后才可进行触摸。若要拆卸机器人本体，必须等发热组件冷却后才可工作。

知识点 5：机器人的维护保养计划

机器人本体和控制柜组成了简单的机器人系统，必须定期对其进行维护，以确保其功能正常发挥。本任务以 IRB 120 机器人和 IRC5 Compact 控制器为例，讲解机器人的维护保养，表 5-1 所示为机器人日常维护保养计划。

表 5-1　　　　　　　　　　　机器人日常维护保养计划

序号	日常维护保养	3 个月维护保养 （包括日常维护保养）	1 年保养 （包括日常维护保养、3 个月维护保养）
1	检查设备的外表有没有灰尘附着	检查各接线端子是否固定良好	检查控制柜内部各基板接头有无松动
2	检查外部电缆是否有磨损、压损，各接头是否固定良好，有无松动	检查机器人本体的底座是否固定良好	检查内部各线有无异常情况（如各接点是否有断开的情况）
3	检查冷却风扇工作是否正常	清扫内部灰尘	检查本体内配线是否有断开
4	检查各操作按钮动作是否正常	—	检查机器人的电池电压是否正常（正常电压为 3.6 V）
5	检查机器人动作是否正常	—	检查机器人各轴电动机的制动是否正常

5.1.1　工业机器人本体的维护、保养

1．本体的清洁、维护

要想使工业机器人长时间、正常地运行，一项重要、必不可少的工作就是定期清洁。

（1）注意事项

① 为了保障设备安全和人员安全，必须关闭工业机器人的所有电源，然后进入设备的工作空间之内。

② 根据机器人的不同防护类型，采用不同的清洁方法，因此清洁之前务必确认机器人的防护类型。

③ 清洁后确保没有液体流入机器人内部或滞留在缝隙或表面。

④ 务必按照规定使用清洁设备，任何规定以外的清洁设备都可能会缩短机器人的使用寿命。

⑤ 清洁前务必先确认所有保护盖都已安装到机器人上，切勿卸下任何保护盖或其他保护设备。

⑥ 切勿将清洗水柱对准连接器、接点、密封件或垫圈等。

微课

工业机器人本体的维护、保养

⑦ 切勿使用压缩空气清洁机器人。

⑧ 切勿使用未获 ABB 批准的溶剂清洁机器人。

（2）清洁方法

表 5-2 所示为不同防护类型的 IRB 120 所允许的清洁方法。

表 5-2　　　　　　　　不同防护类型的 IRB 120 所允许的清洁方法

防护类型	清洁方法			
	真空吸尘器	用布擦拭	用水冲洗	高压水或蒸气
Standard（标准防护）	是	是，使用少量清洁剂	否	否
Clean Room（洁净室防护）	是	是，使用少量清洁剂、酒精或异丙醇	否	否

（3）清洁内容

① 漏油的清洁。

如果检查到漏油并怀疑来自齿轮箱，那么需要执行以下操作。

a.检查怀疑的齿轮箱中的油位是否符合标准（查阅机器人附带的光盘或手册）。

b.记下油位。

c.过一段时间（如 6 个月）后再次检查油位。

d.如果油位降低，需要更换齿轮箱。

e.在完成所有涉及油液的修理和维护工作后，务必将机器人擦拭干净，除去多余的油。

② 线缆的清洁。

需要保证机器人的可移动线缆能够自由移动，在其使用过程中若发现以下情况，则需要将其清洁干净。

a.沙、灰和碎屑等废弃物妨碍电缆移动，应将其清除。

b.电缆有硬皮（如干性脱模剂硬皮），应进行清洁。

2．本体的零件检查

（1）布线的检查

机器人布线包含机器人与控制柜之间的电气布线，一般通过目测检查，如果需要更换备件，那么可能需要准备其他工具。

检查步骤如下。

① 关闭连接到机器人上的电源、液压源、气压源等，之后才能进入工业机器人的工作空间内。

② 目测检查机器人与控制柜之间的布线，查找有无磨损、切割或挤压损坏等情况。

③ 更换磨损或损坏的布线。

（2）机械停止装置的检查

检查步骤如下。

① 关闭连接到机器人上的电源、液压源、气压源等，之后才能进入工业机器人的工作空间内。

② 目测检查机械停止装置，查找有无弯曲、松动或损坏等情况。

③ 紧固松动部件，更换弯曲、损坏部件。

注意：齿轮箱与机械停止装置的碰撞可导致机械停止装置使用寿命缩短。

（3）阻尼器的检查

检查步骤如下。

① 必须关闭连接到机器人上的电源、液压源、气压源等，才能进入工业机器人的工作空间内。

② 目测检查阻尼器是否出现裂纹或者有超过 1 mm 的印痕。

③ 目测检查所有连接螺钉是否变形。

④ 更换损坏的阻尼器。

（4）塑料盖的检查

检查步骤如下。

① 必须关闭连接到机器人上的电源、液压源、气压源等，才能进入工业机器人的工作空间内。

② 目测检查所有塑料盖是否存在裂纹或者其他类型的损坏。

③ 更换有裂纹或损坏的塑料盖。

（5）同步带的检查

检查步骤如下。

① 必须关闭连接到机器人上的电源、液压源、气压源等，才能进入工业机器人的工作空间内。

② 卸除盖子。

③ 目测检查同步带或同步带轮有无磨损或损坏的情况。

④ 更换磨损和损坏的同步带与同步带轮。

⑤ 检查每条同步带的张力。

⑥ 调节张力不满足要求的同步带。

5.1.2　工业机器人控制器的维护、保养

微课

工业机器人控制器的
维护、保养

1. 控制器的清洁、维护

（1）注意事项

① 清洁控制器外部时，切勿卸除任何保护盖或其他保护装置，确保所有保护盖已安装在控制器上，切勿打开柜门。

② 切勿使用压缩空气或使用高压清洁器进行清洁。

③ 推荐使用受 ESD（防止静电放电）保护的真空吸尘器来清洁机柜内部。

（2）控制器周边杂物的清理

在工作中，机器人控制器的周边需要保留足够的空间与位置，以便控制器的操作、维护与散热。如图 5-1 所示，IRC5 Compact 控制器需要在两侧保留 50 mm 以上的空间，在控制器背部保留

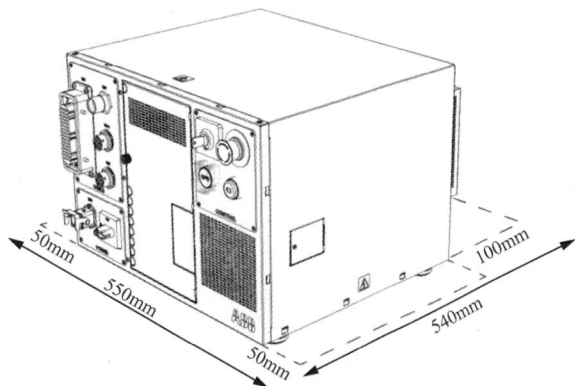

图 5-1　IRC5 Compact 控制器保留空间

100 mm 以上的空间，另外还需要确保控制器的周围没有杂物。

（3）散热风扇的检查与清洁

散热风扇是控制柜散热的必要部件，良好的散热能够帮助控制器内的处理器等设备延长使用寿命。需要定期对散热风扇进行检查，一般为 6 个月一次。

操作步骤如下。

① 关闭控制器主电源。

② 卸下控制器外壳或散热风扇保护罩。

③ 检查散热风扇叶片是否完整，若有破损须立即更换。

④ 使用毛刷清扫散热风扇叶片及防护网上的灰尘，注意不要让灰尘进入控制器部件内。

⑤ 使用真空吸尘器消除控制器内部遗留的灰尘。

（4）控制器内部的清洁

控制器内部的清洁一般为 12 个月一次。

操作步骤如下。

① 关闭控制器主电源。

② 打开控制器柜门或拆除控制器背部盖板，使用真空吸尘器清除灰尘。

（5）连接器及线缆的检查

控制器与机器人本体及其他设备之间使用线缆进行连接。主要有伺服电动机动力线缆、转数计数器线缆、示教器线缆和用户线缆（选配）等，有些设备还会配备一些外接电缆和气路管线等。在控制器内部还有许多连接线，使控制器内的各个器件进行连接通信，需要定期对这些连接器及线缆、插口等进行检查。

操作步骤如下。

① 关闭工业机器人电源。

② 关闭工业机器人的液压供应系统。

③ 关闭工业机器人的气压供应系统。

④ 使用目测方式观察机器人与控制器之间的控制线缆，若有断裂、破损或挤压损坏等现象，应及时更换线缆。

⑤ 佩戴静电手环，使用目测和手动方式对各个连接器进行检查，若有针脚折弯、接口松动及损坏等现象，应及时修理或更换。

（6）示教器的清洁、维护

仅可使用软布、温水或温和的清洁剂对示教器表面进行清洁，禁止使用压缩空气、溶剂、洗涤剂或擦洗海绵等来清洁装置、操作面板和操作元件等，操作过程中注意 ESD 保护。

操作步骤如下。

① 关闭控制器主电源。

② 检查以确保所有保护盖都已安装到位。

③ 使用软布和温水或温和的清洁剂来清洁触摸屏和相关按键。

④ 确保没有异物或液体能够渗透到装置中。

2．控制器的功能测试

（1）检测控制器运行是否正常

在控制器正常上电后，应检查示教器有无报警，控制器背面的散热风扇是否运行正常。

若示教器有报警信息，参考相关手册进行排查。

机器人的控制器配有一些 LED 指示灯，它们能为故障排除提供重要信息。图 5-2 所示为计算机单元上的 LED 指示灯及其含义，若机器人控制器异常，可查阅操作员手册，了解更多信息。

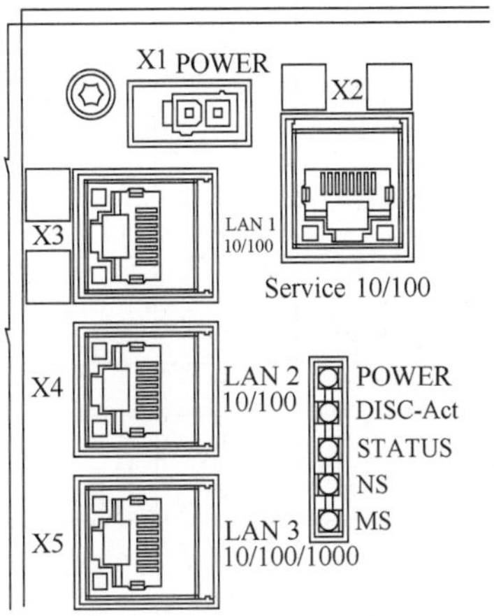

描述	含义
POWER (绿)	正常启动: • 关，在正常启动期间，此LED指示灯熄灭，直到计算机单元内的COM快速模块启动; • 长亮，启动完成后LED指示灯长亮。 启动期间遇到故障(闪烁间隔熄灭)。1到4短闪，1s熄灭。这将持续到电源关闭为止。 • 电源、FPGA和/或COM快速模块。 • 更换计算机装置。 运行时电源故障(闪烁间隔快速闪烁)。1到5闪烁，20快速闪烁。这将持续到电源关闭为止。 • 暂时性电压降低，重启控制器; • 检查计算机单元的电源; • 更换计算机装置
DISC-Act (黄)	(磁盘活动) 表示计算机正在写入SD卡
STATUS (红/绿)	启动过程: • 红灯长亮，正在加载bootloader; • 红灯闪烁，正在加载镜像; • 绿灯闪烁，正在加载RobotWare; • 绿灯长亮，系统就绪。 故障表示: • 红灯始终长亮，检查SD卡; • 红灯始终闪烁，检查SD卡; • 绿灯始终闪烁，查看FlexPendant或CONSOLE的错误消息
NS (红/绿)	(网络状态) 未使用
MS (红/绿)	(模块状态) 未使用

图 5-2　计算机单元上的 LED 指示灯及其含义

（2）急停功能测试

在日常的调试和生产中，若遇到紧急情况应第一时间按下急停按钮。ABB 工业机器人的急停按钮有两个，一个位于示教器上，另一个位于控制柜上。在维护、保养中，需要按检修、保养计划定时对急停按钮进行检查并复位，确保其功能正常。

操作步骤如下。

① 对急停按钮进行目测检查，确保没有物理损伤，否则必须更换。

② 启动机器人系统。

③ 按下急停按钮，如果在示教器日志中显示事件消息 10013 emergency stop state（10013 表示急停状态），那么测试通过。

④ 松开急停按钮，并按下"电动机上电"按钮以复位急停状态。

任务考核与评价

经查询记录，某机器人需进行周期为 12 个月的维护、保养，请根据计划，完成该机器人的维护、保养操作。考核与评价细则如表 5-3 所示。

表 5-3 考核与评价细则

姓名		学号		班级		
实操用时		成绩		教师签字		
	任务要点	评分标准			配分	得分
任务模块考核	本体的维护、保养 （间隔 1 年）	清洁机器人本体			10	
		确认本体无异常磨损或污染			5	
		确认阻尼器、机械停止装置无异常，否则更改			5	
		确认线缆无异常，否则更改			5	
		确认塑料盖无异常，否则更改			5	
		确认同步带无异常，否则更改			5	
	控制器的维护、保养 （间隔 1 年）	清洁机器人控制器及触摸屏			10	
		确认系统散热风扇运行正常			5	
		确认控制器运行正常			5	
		安全防护装置及急停功能正常			5	
		按钮和开关功能正常			5	
		确认清洁、维护后示教器功能正常			5	
职业素养考核	安全着装	穿劳保服和绝缘鞋			3	
		工作服袖口束紧			3	
	环境清洁	保持地面及实训平台表面清洁，无线头和扎带			3	
		工具摆放整齐，且在装配桌上			3	
	素养意识	具备爱岗敬业、团队协作的意识			3	
		具备自主学习、吃苦耐劳的意识			3	
	实训报告	撰写认真、规范			12	
		总得分			100	

任务思考

（1）查阅资料，制订一份适用于工业机器人雕刻工作站的检修、保养计划，已知该工作站主要由 IRB 2600 工业机器人和真空吸尘器等组成，平均每天运行 8 h。

（2）查阅资料，制订一份适用于工业机器人焊接工作站的检修、保养计划，已知该工作站主要由 IRB 1410 工业机器人、变位机、焊机和除尘器等组成，平均每天运行 22 h。

任务 5.2 工业机器人的常见故障与排除方法

任务描述

目前在现代工业生产过程中，工业机器人被广泛应用于各类自动化生产线中，包括制造业、物流和仓储、农业和食品加工、服务业等领域。工业机器人配有触摸屏或文字显示器，一般设备的常见故障会显示在上面。因此，相对而言，工业机器人的故障原因可以快速确定，可及时排除故障。再好的机器人设备也难免会出现故障，要么是操作人员不熟悉操作造成报警，要么是其他问题，下面简单介绍一下工业机器人的故障诊断方法和故障处理方法。

机器人的维修应严格按照产品的使用说明进行。当机器人上电，要求维修人员进入安全防护空间内进行维修时，应做到下述几点。

（1）对机器人系统进行目检，以判断是否存在可能引起误动作的情形。

（2）为确保示教器能进行正常操作，使用前应进行功能测试。

（3）若发现某些故障或引起误动作的情形，则维修人员在进入安全防护空间之前应对其进行排除或修复。

在安全防护空间内的维修人员应拥有机器人或机器人系统的总控制权，且做到使机器人的控制脱离自动操作状态，机器人不能响应任何远程控制信号，所有机器人系统的急停装置应保持有效，启动机器人系统进入自动操作状态前应恢复暂停作用的安全防护装置。

任务目标

知识目标

（1）了解工业机器人的常见故障。

（2）掌握工业机器人常见故障的排除方法。

能力目标

能够排除工业机器人常见故障。

素质目标

（1）践行社会主义核心价值观。

（2）具备吃苦耐劳、爱岗敬业的职业素养。

（3）具备自主学习、勇于创新的工匠精神。

思维导图

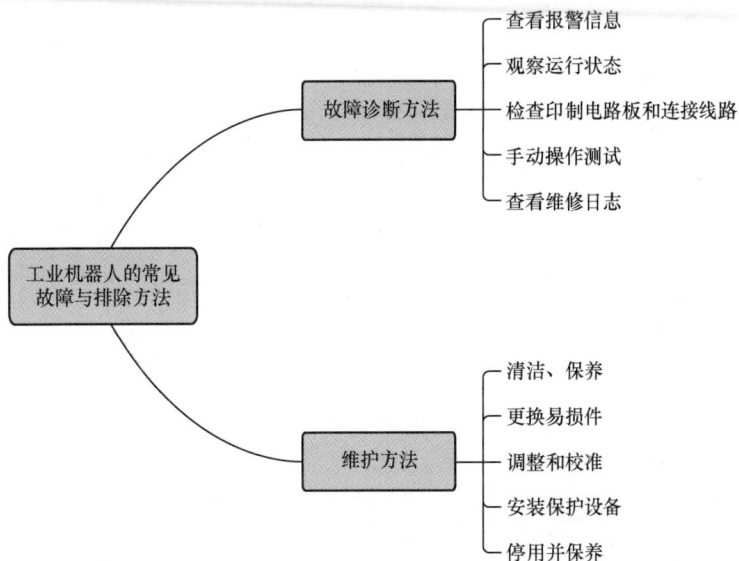

相关知识

知识点 1：工业机器人的故障诊断方法

查看报警信息：工业机器人通常会在出现问题时自动发出报警信息，这些信息可以帮助维修人员查找故障原因。

观察运行状态：观察机器人的运行状态，包括移动速度、位置、力矩、温度等参数，并将其值与正常情况下的值进行比较，以确定是否存在故障。

检查印制电路板和连接线路：检查印制电路板和连接线路是否有损坏或松动，若有损坏或松动则需要更换或重新固定。

手动操作测试：通过手动操作机器人运动来检测各个部分的功能是否正常，如关节运动是否流畅、末端执行器是否灵活、传感器是否准确等。

查看维修日志：维修日志中记录了机器人的维修历史，包括故障类型、维修过程和处理结果等信息，通过查看维修日志有助于对同类故障进行快速判断和解决。

知识点 2：工业机器人的维护方法

清洁、保养：定期清洁机器人表面和内部的零部件，以防止尘土、油脂等物质的积累影响机器人的性能和寿命。

更换易损件：定期更换机器人易损件，如传感器、电动机、减速器等，以保证机器人正常运行。

调整和校准：定期对机器人进行调整和校准，确保其精度和稳定性。

安装保护设备：安装防护罩、限位开关等保护设备，避免机器人在工作中发生碰撞或受到其他损坏。

停用并保养：在非工作期间将机器人停用，并进行保养维护，以延长其使用寿命。

5.2.1 工业机器人的常见故障

工业机器人运行过程中难免会发生故障，要么是操作人员不熟悉操作造成报警，要么是其他问题，一般设备的常见故障会显示在示教器上。下面列举一些工业机器人的常见故障。

微课

工业机器人的
常见故障

（1）开关电源指示灯不亮。

（2）控制器电源指示灯不亮。

（3）控制器通信指示灯不亮。

（4）伺服控制器通信指示灯不亮。

（5）I/O 通信模块电源指示灯不亮。

（6）示教器显示报警，检测伺服控制器处于错误状态。

（7）伺服控制器数码管无显示。

（8）伺服控制器数码管显示报警代码。

（9）主接触器不吸合。

（10）主电路上电指示灯不亮。

（11）合上旋转开关后，控制柜没反应。

（12）ABB 工业机器人机械原点丢失。

5.2.2 工业机器人常见故障的排除方法

以 ABB 工业机器人机械原点丢失故障为例，详细说明工业机器人常见故障的排除方法。例如，一台 ABB 工业机器人应用于喷涂表面处理领域。设备开机后机器人示教器上显示"SMB 串口测量板后备电池已丢失，机器人转数计数器数据丢失"，机器人无法动作。

1. 故障原因分析

ABB 工业机器人使用的编码器为单圈绝对式编码器，即编码器能实时反馈电动机在一圈内的位置信息，单圈内的位置信息不需要额外供电存储。由于减速机/齿轮箱的存在，机器人的某根轴旋转 180° 时电动机已经旋转了几十圈，电动机旋转超过一圈，编码器反馈的位置又从零开始，故对于单圈绝对式编码器，还需要一个设备对电动机的旋转圈数进行计数。

SMB 板具有两个作用：一是模数转换，将编码器传过来的模拟信号转换为数字信号；二是对电动机的旋转圈数进行计数。而电动机的旋转圈数在 SMB 板中的存储需要电源供电，在机器人控制柜开启时，由控制柜给 SMB 板供电；在关闭控制柜时，则由 SMB 板上的电池进行供电。

由此分析故障原因，可能是电源不稳定或其他因素，导致电动机的旋转圈数丢失。拆卸机器人本体下方 SMB 板上的电池，进行测量后确认故障原因是电池电量不足导致转数计数器数据丢失。

由于机器人电动机单圈编码器反馈的存储不需要电池，即机器人电动机单圈参考位置正确，因此在人工移动机器人各轴到刻度位后的转数计数器更新不会影响机器人的精度。

2. 故障处理

（1）更换 SMB 板上的电池，完成后进行各轴机械原点的校准工作。

（2）以单轴运动模式手动移动机器人的各关节至机械原点刻度线，此时一定要以机器人本体的刻度线为准，示教器显示的数据可能已经混乱。在现场如果不能使所有轴同时移动到原点，那么可根据实际情况先移动某一单轴。

（3）进行示教器→校准→转数计数器→更新转数计数器操作，完成单轴机械原点校准。

（4）依次完成 6 根轴的机械原点校准。

任务考核与评价

为排除工业机器人工具坐标误差较大的故障，以 ABB 工业机器人为例，完成工业机器人 6 根轴的微校的创建。考核与评价细则如表 5-4 所示。

表 5-4　　　　　　　　　　　　　考核与评价细则

姓名		学号		班级		
实操用时		成绩		教师签字		
	任务要点	评分标准			配分	得分
任务模块考核	编辑电动机校准偏移	按照本体 6 根轴的参数编辑电动机校准偏移			15	
	清除机械手存储器的数据	能清除机械手存储器的数据			15	
	替换 SMB 板	会替换 SMB 板			20	
	更新转数计数器	能按要求更新转数计数器			20	
职业素养考核	安全着装	穿劳保服和绝缘鞋			3	
		工作服袖口束紧			3	
	环境清洁	保持地面及实训平台表面清洁，无线头和扎带			3	
		工具摆放整齐，且在装配桌上			3	
	素养意识	具备爱岗敬业、团队协作的意识			3	
		具备自主学习、吃苦耐劳的意识			3	
	实训报告	撰写认真、规范			12	
总得分					100	

任务思考

若 ABB 工业机器人示教器的触摸屏按键失灵，查阅资料，按照相关步骤排除故障。

|项目总结|

在工业机器人的生产过程中，需要对工业机器人进行日常维护与保养、定期检修等。

任务 5.1 主要讲解了工业机器人本体的维护、保养，工业机器人控制柜的维护和保养，包括本体的清洁、维护，本体的零件检查，控制器的清洁、维护及功能测试等。

任务 5.2 主要讲解了工业机器人的常见故障、工业机器人常见故障的排除方法，列举了 12 项生产过程中工业机器人的常见故障，并以 ABB 工业机器人机械原点丢失故障为例，详细说明工业机器人常见故障的排除方法。

通过对本项目的学习，学生能够掌握工业机器人的日常维护与保养、检测与维修相关的理论知识，并能够在实践中掌握工业机器人的日常维护与保养和检测与检修的核心技能、操作规范、安全规范等。

实践过程中，学生应掌握扎实的专业知识与熟练的操作技能，展现高度的责任心，积极融入团队，共同面对挑战；保持对新技术、新方法的敏锐洞察，勇于创新；坚持严谨细致的学习态度，确保质量与效率；具备持续学习的能力，能够紧跟行业步伐，不断提升自我。

| 思考与练习 |

一、判断题

1. 当工作环境干净时可适当延长控制柜保养周期，当工作环境恶劣时要缩短保养周期。

（　　）

2. 控制柜内部结构精密，不能进行人工清洁。 （　　）

二、简答题

1. 简述清洁工业机器人时的注意事项。

2. 简述清洁控制柜的操作方法。

3. 在进行功能测试之前，机器人系统需要达到什么条件？

参考文献

[1] 刘小波. 工业机器人技术基础 [M]. 2 版. 北京：机械工业出版社，2020.

[2] 张春芝，钟柱培，许妍妩. 工业机器人操作与编程 [M]. 北京：高等教育出版社，2018.

[3] 巫云，蔡亮，许妍妩. 工业机器人维护与维修 [M]. 北京：高等教育出版社，2018.

[4] 杨小庆，兰扬. 工业机器人编程与操作实训 [M]. 大连：大连理工大学出版社，2019.

[5] 张超，张继媛. ABB 工业机器人现场编程 [M]. 北京：机械工业出版社，2017.

[6] 许文稼，张飞. 工业机器人技术基础 [M]. 北京：高等教育出版社，2017.

[7] 叶晖. 工业机器人实操与应用技巧 [M]. 2 版. 北京：机械工业出版社，2017.

[8] 甘宏波. 工业机器人技术基础 [M]. 北京：航空工业出版社，2019.

[9] 郝巧梅，刘怀兰. 工业机器人技术 [M]. 北京：电子工业出版社，2016.